普通高等教育"十二五"规划教材

# 环境科学概论

孙 强 编著

化学工业出版社

·北京·

本书适宜作为全国高等院校进行环境科学教育的公共课教材。

本书自始至终贯穿人类可持续发展这条主线，以事实为根据，立足于国内环境，顾及全球环境，从人类经济活动影响到自然环境着手，揭示社会环境与自然环境之间的相互作用与耦合关系。全书共计9章，包括：绪论（所含环境及环境类型、环境特性、环境科学及其发展、环境科学逻辑思维方法论）；人类与大气圈；人类与水圈；人类与生物圈；人类与土壤圈；人类与岩石圈；人口与环境；环境伦理；走可持续发展道路。本书章节互为衔接，前后融会贯通于一体。关于书中出现的疑难专业名词、重要全球环境保护公约以及涉及的著名人物都在书后分别附录：Ⅰ全球环境与生态保护公约；Ⅱ名词解释；Ⅲ著名人物介绍。

为了便于读者弄懂书中的每一个概念，每章之后附有课后习题，教师可以进行选择性指导。本书由实图表格和叙述文字共同组成，以求图文并茂，诱导理解。

本书充分体现环境哲学思想，理论阐述深入浅出，可作为全国高等院校环境科学与环境工程专业本科生基础教材，以及本科非环境专业的环境科学、环境工程专业的硕士研究生教材；亦可作为当代大学生进行环境保护普适教育的通用教科书。

**图书在版编目（CIP）数据**

环境科学概论/孙强编著. —北京：化学工业出版社，2012.8（2022.9重印）
普通高等教育“十二五”规划教材
ISBN 978-7-122-14989-3

Ⅰ.①环… Ⅱ.①孙… Ⅲ.①环境科学-高等学校-教材 Ⅳ.①X

中国版本图书馆CIP数据核字（2012）第172949号

责任编辑：满悦芝　　装帧设计：尹琳琳
责任校对：宋　玮

出版发行：化学工业出版社（北京市东城区青年湖南街13号　邮政编码100011）
印　　装：北京科印技术咨询服务有限公司数码印刷分部
787mm×1092mm　1/16　印张12½　字数319千字　　2022年9月北京第1版第9次印刷

购书咨询：010-64518888　　售后服务：010-64518899
网　　址：http://www.cip.com.cn
凡购买本书，如有缺损质量问题，本社销售中心负责调换。

定　　价：39.80元

# 前　言

当前，地球环境污染形势不容乐观，我国环境污染形势依然严峻，人类生存环境质量每况愈下，为改善我们的生存环境质量，预防环境恶化，人类必须走可持续发展的道路。世界各国的大学都在积极地进行环境科学的普适教育，以便为子孙后代的发展作好铺垫。我国以科学发展观为纲，走可持续发展道路，当然也不会例外，很多大学逐渐都对各个专业学科开设了“环境科学概论”或“环境学”这一公共基础课程。

为使国内大学开好这门课程，必须修正以往教科书存在的某些遗憾。要强调环境科学要以事实为根据，当前的事实不宜与上几个世纪的事实相比较，事实上，科学研究几乎都是如此，否则人类就无科学可言。由此，本书从大环境科学的视角启示于自然环境和社会环境背景，着力将环境科学思维方法、环境哲学思想、环境科学原理透入本书，以利于当代大学生从本书的学习中获得正确的环境科学思想、环境伦理道德、环境科学知识，从中深刻地认识人类为什么必须走可持续发展道路的道理。本书用人类经济活动破坏了地球圈层的鲜活实事，去分析人类与大气圈、人类与水圈、人类与生物圈、人类与土壤圈、人类与岩石圈的关系，通过各个关系的交叉研究，系统地阐述了环境科学方法论、地球环境的形成与演化原理、人类社会与自然环境之间的协调平衡理论。从人类可持续发展的高度，揭示社会演替过程中亟待解决的自然环境与社会环境之间的矛盾及其相互关联问题。书中系统地阐述了人类社会可持续发展思想的形成过程，明确阐述实现可持续发展的有效途径、方法与理论。

本书撰写的突出特点：①以最新环境变化事实阐述环境科学理论；②尽力用环境哲学思想浸透全书；③尽最大可能剔除陈旧事物与错误观念；④力求理论观点与可持续发展观念相吻合。

本书学科跨度很大，撰写过程参考了多领域的众多中外学者的论著，收益颇丰。在此，谨向你们深深地鞠躬表示衷心的谢意和敬意！

尽管本人潜心努力，但由于才疏学浅，书中疏漏在所难免，恳请读者批评指正，提出宝贵意见。

**编著者**

**2012 年 8 月**

**于大连大学环境与化学工程学院**

# 目　录

# 第1章 绪 论

第二次世界大战结束至今，社会经济与自然环境的可持续发展已经成为世界各国普遍关注和亟待解决的重大命题。从人类工业革命以来，社会生产力的水平已经大大提高，商品市场空前繁荣，物质财富得到了从没有过的积累，但是，这并不能说明全球绝大多数人比以往任何一个时期都生活得更加舒适和健康。工业化过程追求的是社会集聚效应和人工资本的积累，却不关注人类文明赖以生存的基础——自然资本。自然资本不仅包括人类生产、生活所利用的资源，还包括草原、平原、沼泽、港湾、海岸、河岸、海滩、珊瑚礁、苔原、荒野和森林在内的环境系统，这些复杂系统构成的地球衍生出生命，并向人类及其他生命提供无偿的服务，这些服务从没有过替代物，也无法估算它们的价值。

长期以来，人类理所当然地享受着大自然这“免费大餐”，贪婪地向大自然索取，肆无忌惮地破坏人地系统，导致的严重后果是人与自然陷于日益激化的矛盾之中，不断遭到大自然无情的报复，将人类带到了灾难的边缘，由此引发一系列全球性环境问题——全球变暖，大气臭氧层破坏；珍稀物种灭绝，生物多样性锐减；有毒有害化学品污染全球；冰川消融，海平面上升；草场退化，土地沙化加剧等。

当前，生态环境破坏导致人类生存艰难，工业污染扩散促使生命过早夭折。可见，西方早期追求产值、利润的工业化发展模式已经不适应于发展中国家，尤其是中国，中国解决环境污染问题的唯一选择就是坚定不移地走人口、资源、环境与社会、经济的可持续发展道路。

## 1.1 环境及环境类型

### 1.1.1 环境的概念

所谓环境是指与体系有关的周围客观事物的总和，体系是指被研究的对象，即中心事物。环境是一个相对的概念，它以某项中心事物作为参照系，因中心事物的不同而不同，随中心事物的变化而变化，中心事物与环境之间存在着对立统一的相互作用关系。

自然环境是人类生存、繁衍、进化与社会文明发展的物质基础，社会环境是人类为了生存去主动改造自然环境、创造人工环境的作用结果。这一结果导致了自然、经济、社会复合生态系统的形成，在这个复合生态系统中存在着物质、能量和信息流动，由此构成了环境科学研究的一个巨大的、开放的复杂体系，详见图1-1。

《中华人民共和国环境保护法》明确指出：“环境是指影响人类生存和发展的各种天然的和经过人工改造过的自然因素的总体，包括大气、水、海洋、土地、矿藏、森林、草原、野生生物、自然遗迹、人文遗迹、自然保护区、风景名胜区、城市和乡村等。”

### 1.1.2 环境的类型

环境是一个非常复杂的开放巨系统，目前还没有形成统一的分类方法。一般是按照环境的主体、环境的范围、环境的要素和人类对环境的利用方式或环境功能进行分类。

如果不考虑环境伦理道德的约束，可以将人类看作是环境的主体，则该主体的环境包括：自然环境，社会环境。如果考虑环境伦理道德的约束，可以根据奥尔多·利奥波德的大

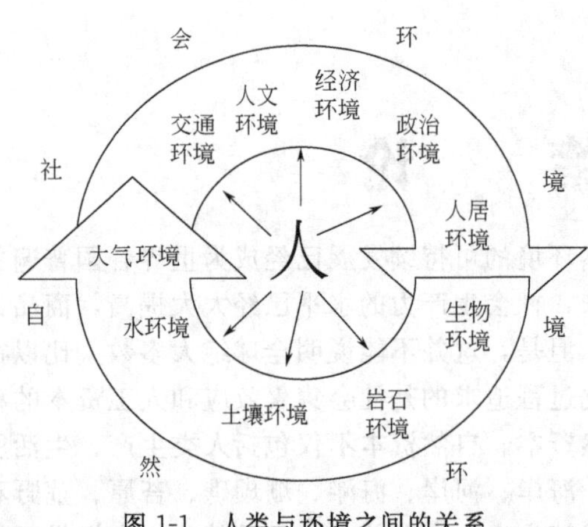


图 1-1 人类与环境之间的关系

地伦理学将人定位在大地的一员，此时的人就是生态位顶尖上的动物，可以将邻近态位的动物与人一起看作是环境的主体，则该主体环境包括：自然环境、人类社会环境、其他动物社会环境。

按照环境的范围来分类，可以把环境分为特定空间环境、劳动环境、生活环境、城市环境、区域环境、全球环境和星际环境。

目前地球上的环境，虽然由于人类经济活动产生了巨大的变化，但它仍基本按照自然规律在演进。在自然环境中，按其主要环境组成要素，还可以细分为大气环境、水环境（地面水、地下水）、土壤环境、生物环境（如森林环境、草原环境等）、地质环境等。

### 1.1.3 环境的特性

#### 1.1.3.1 环境的整体性

环境系统中的各部分之间存在着紧密的相互联系、相互制约关系。环境中的大气、水、土壤、生物及声、光、电等各个环境要素相互依存，相互影响。环境中的各种变化也不是孤立的，而是多种因素的综合反映。局部地区的环境污染或生态环境破坏，总是对其他地区造成影响和危害。例如，发达国家在20世纪60年代末就开始禁止使用有机氯农药，可10年后，南极的企鹅、海豹、对虾等很多海洋生物，北极圈内的北极熊体内，都陆续检测出六六六和DDT等有机氯农药，甚至在南极的陆地植物地衣中，也发现有六六六和DDT。有机氯农药属于持久性有机污染物（POPs），它们在自然界的残留期较长，可通过大气环流、海洋环流以及食物链进入南北极，危害动植物的生存。由此可见，环境问题是跨越国界、无处不在的，因此，人类的生存环境及其保护，从整体上看是没有地区界限、省界和国界的。

#### 1.1.3.2 环境的区域性

由于纬度和经度的差异，导致了地球热量和水分在各个自然环境中的分布极不均等，形成了陆地生态系统和水域生态系统的垂直地带性分布和水平地带性分布特点，这是自然环境的基本特征。不同时空尺度下区域生态环境特征变化很大，使我们对环境规律的探索和运用面临困难。

#### 1.1.3.3 环境的相对稳定性

在一定的时空尺度下，环境具有相对稳定的特点。所谓相对稳定，是指环境在物流、能流和信息流的不断输入、输出中始终处于稳-亚稳的变化状态，该变化状态的环境系统具有一定的抗干扰能力和自我修复的调节能力，只要外来干扰强度不超过环境系统所能承受的阈限，环境系统的结构和功能就能得以逐渐恢复，表现出其相对的稳定性。

#### 1.1.3.4 环境变化的滞后性

自然环境受到外界影响后，其产生的变化往往是潜在的、滞后的，这主要表现为：①引发的许多环境影响不能很快地反映出来；②环境受到影响后，发生变化的时空范围和影响程度很难了解清楚，也很难预测到位；③一旦环境被破坏，所需要的恢复时间很长，尤其是当超过环境阈限之后，一般就很难再恢复了。

#### 1.1.3.5 环境的脆弱性

科学家发现地球受到各种各样的复杂因素影响后，地理环境表现出如下脆弱性。

① 来自宇宙的影响：太阳耀斑在短时间内可以释放相当于100亿颗百万吨级氢弹爆炸的能量，这样大的能量会引起局部区域瞬时被加热，可见光、紫外线、红外线、X射线、高能粒子及宇宙射线瞬时增强，可能破坏大气电离层结构，影响无线电通讯，或者产生磁爆，使航行罗盘失去作用。据天文观测数据统计，地球每隔40万年就可能发生一次外来星体的撞击事件，实验结果表明，只要有一颗质量10000t（直径只有50m）的星体以20km/s的速度轻轻擦过地球表面，就能摧毁半径50km以内所有突出地表的建筑物或山丘。所以，只要有一个外来星体与地球相撞，就可能成为一颗太空炮弹。

② 突发地球生物大灭绝：地质古生物科学家研究证实，2.5亿年前发生的地球生物大灭绝不是以往认识的逐渐消亡或分期灭绝，而是一次突然爆发的灾难性事件。地球自6亿年前出现动物以来，曾发生6次重大的生物灭绝事件。其中规模最大、影响最深远的是2.5亿年前古生代与中生代之交的生物大灭绝，约有50%的海洋生物种群、30%的陆生生物种群在这次大灭绝中消亡，此次灭绝生物的种群数量是其他5次（灭绝事件）种群灭绝数量的总和，由此地球生态系统也得到了彻底更新，出现了演化至今的新生物门类，地球生物种出现重大改变。

③ 来自人类的影响：20世纪50年代后，全球人口迅速增长，成为环境影响的重要因素，人口学家把这种人口现象称作为“人口大爆炸”。地球及其存在的资源能供养人口的数量是有限的，而人口却在快速增长，二者必然产生不可调和的矛盾。促进地球脆弱的重大影响是人口呈指数型膨胀，这种无限性人口大膨胀正在加速趋近于地球承载力的阈限。

## 1.2 环境科学及其发展

环境科学是为了解决环境问题产生的科学，是自然科学、社会科学和技术科学的交叉边缘科学，是由多学科到跨学科组成的庞大科学体系，世界上环境科学的学科体系呈现理工科学和人文科学相互渗透的趋势。这种学科发展趋势表明了人类正确认识自然的决心，为人们树立正确的环境伦理观、自然价值观、低熵社会人生观提供了理论支持，以便引领我们走社会经济的可持续发展道路。

### 1.2.1 当代环境问题

环境问题的具体内涵随社会的发展而不同。原始社会人口稀少、生产力低下，这时的环境问题表现为洪水、猛兽、林火、风暴以及各种自然灾害对人类生存的威胁。农牧社会人类的生活依靠种植业和畜牧业，环境问题主要表现在：一方面是自然灾害（包括病虫害）使农牧业生产遭到破坏；另一方面是人们过度垦荒引起水土流失和生态环境退化，并一直延续至今，仍然是当代的主要环境问题之一。18世纪中叶后，人类进入工业革命时期，环境问题又增加了新的内容，这就是在运用科技力量耗竭性挖掘自然资源的同时，向自然界大量地排放废弃物，破坏了大气环境、水环境、土壤环境和生物环境等，使人类陷入了难以生存的境地。尤其是20世纪中叶后，环境破坏的速度加快，因环境污染而造成人群中毒的公害事件频频发生，例如，1952年12月英国伦敦的烟雾（煤烟污染）事件；1953～1961年日本九州南部熊本县的水俣（水中甲基汞污染）事件；1955年后，以日本四日市为中心的邻近十几个城市的哮喘病（$SO_2$、煤烟、重金属粉尘等污染）事件；1968年日本九州爱知县等23个府县的米糠油（多氯联苯污染）事件；1950～1975年日本富山县神通川流域及其支流的骨痛病（镉中毒）事件。还有臭名昭著的印度博帕尔市毒气泄漏事件，1984年12月3日凌晨，设在博帕尔的美国联合碳化物公司一家农药厂发生了异氰酸甲酯毒气泄漏事件，直接致使3150人死亡，5万多人失明，2万多人受到严重毒害，近8万人终身残疾，15万人接受治疗，受这起事件影响的人口多达150余万人，约占博帕尔市总人口的一半。之后，前苏联切尔诺贝利核电站发生泄漏爆炸事件，该核电站位于乌克兰北部，距首都基辅只有140km，1986年4月26日核电站的第4号核反应堆在进行半烘烤实验中突然失火，引起核爆炸。据估算，事故后产生的放射性污染强度是日本广岛原子弹爆炸的100倍。爆炸瞬时机组完全损坏，约10t铀、锶、铯、钚及其核废料泄漏，尘埃随风飘荡，污染扩散到俄罗斯、白俄罗斯和乌克兰的许多地区，也波及欧洲的部分地区，如土耳其、希腊、摩尔多瓦、罗马尼亚、芬兰、丹麦、挪威、瑞典、奥地利、匈牙利、斯洛文尼亚、波兰、瑞士、德国、意大利、爱尔兰、法国和英国等。这次事件当场死亡31人，随后死亡10人，135000人背井离乡。20年后，据“绿色和平组织”发言人称，此次事件全球受影响人口20亿，27万人因此患上癌症，其中5000名儿童患上甲状腺癌，目前患病致死者达到9.3万人。这些污染事件共同的特点是，波及面积广，伤害人口多，污染潜伏期长，自然恢复期难以预料，社会影响至深。

可以说，当代的环境问题主要是由于环境污染而不断发生的公害事件以及人类生存环境质量的恶化而引起公众的警觉。但是，问题却不可以仅仅局限于环境污染治理，即狭隘主义的环境保护。如果说，1972年召开的联合国人类环境会议还局限于狭隘主义的环境保护中，那么，从此以后，人们越来越清楚地认识到环境问题只有和人口与发展问题联系起来才能找到正确的解决办法。1991年6月在北京举行了发展中国家环境与发展部长级会议，会议发表了《北京宣言》，宣言中指出：当代普遍严重的环境问题包括空气污染、气候变化、臭氧层耗损、淡水资源枯竭、河流、湖泊和海洋环境污染、大陆架及其海岸带资源减退、水土流失、草原退化、土地沙漠化、森林破坏、生物多样性锐减、酸沉降、有毒物品扩散和管理不当、有毒有害物品和废弃物的非法贩运；城市化速度不断加快，人口密度越来越大，致使城乡生活环境和工作条件恶化，就业困难，穷人增多，长期处于不良生活条件的穷人很容易感染疾病，造成传染病在人群中蔓延；发展中国家通过外国资本的引入，盲目追求GDP却拉大了基尼系数，导致富者更富，贫者更贫，从而妨碍了穷人的最基本生活需求和住房保障，他们渴望脱贫却无路可走，唯一能做的就是蚕食自然，对自然环境施加更大的压力。

与过去相比当代环境问题有以下主要特点。

① 人类自身的发展已经达到了一个难以容忍的阈值。

② 工商企业法人以个人利益最大化为驱动力，已经由过去的无意识污染行为转变为寻找法律漏洞，逃避法律制裁的故意污染行为。

③ 目前人类以其新科学技术为经济发展手段，促使人为经济活动强度和规模已经达到了可以与自然力相匹敌的程度。而且，有些经济活动的强度与速度已经超过了自然演变、更替或修复过程。

④ 污染环境的同时资源不断被消耗。

⑤ 人类利用化学技术，合成了许多自然界原来并不存在的物质，将它们用作杀虫剂、润滑剂、增塑剂、杀菌剂、载热油和制冷剂等。这些人工合成物质绝大部分已经散布全球并借助上升气流进入大气层。

⑥ 人类在大规模干预环境的行动中，已经造成了某些自然过程不可逆转的改变。工业污染使大气中的$CO_2$浓度持续增高，大气温室效应逐渐增强，地球表面气温升高，导致全球气候变暖，两极冰盖和高山冰川加速消融。

⑦ 分析近代以来人类与环境的矛盾，人口增长是矛盾的主要方面，如何在尽可能短的时期内控制世界人口的增长，使世界人口稳定在适度发展的规模，早已成为解决环境问题的关键。在人口-资源-环境-发展（PRED）模式中，人口问题必然放在首位。

⑧ 国内环境污染问题和全球环境影响问题正激励着世界环境保护运动蓬勃展开，成为国际社会、国家政府、国民大众都十分关心的焦点问题，并渗透到人们日常生活、社会经济等各个领域。

### 1.2.2　环境科学的形成与发展

虽然古代就已经产生了朴素的环境科学思想，但是作为一门独立的学科，环境科学是20世纪60年代才诞生的，70年代得到了迅速发展，80年代形成学科体系，90年代学科体系趋于成熟，21世纪环境科学向纵深拓展。它的形成和发展可以分为环境科学分化发展阶段和多学科交互整合发展阶段。

#### 1.2.2.1　环境科学分化发展阶段

第二次世界大战结束以后，各个国家加速本国经济发展，导致全球性环境质量下降，生态环境退化，生物种群锐减，无意和故意性公害事件频频发生，其污染面积之大，受害人群之多，严重威胁着人类的生存环境和正常生活，由此产生的环境问题受到了人们的极大关注。为了解决这些问题，历史上第一次把人为活动所引起的“环境问题”与自然因素所造成的“灾害”区别开来，并作为专门的科学进行研究。当时几乎所有的国家都把人流涌动而嘈杂的商业街视为市场繁荣，把工厂区处处冒黑烟视为工业昌盛，向广阔的田野施用大量的化肥、喷撒大量的农药去换取更多的粮食。这个时期，美国著名的科普作家、海洋生物学家蕾切尔·路易斯·卡逊（Rachel Louise Carson）经过她的森林生态学调查与研究之后，发现森林中的许多鸟类、河流中的许多鱼类还有其他生物是由于人类滥用DDT、六六六等杀虫剂或除草剂而死亡。为了警示人类不要滥用杀虫剂、除草剂等化学合成物，她于1962年发表了对世界环境保护事业具有重大影响的惊世之作《寂静的春天》(*Silent Spring*)，就此拉开了全球环境保护运动与环境保护事业的帷幕。这一阶段人类为了减轻污染，进行了大量的污染源治理与控制，因此，初期的环境科学主要是偏向于自然科学与工程技术的交叉。

生物学、化学、物理学、地理学、医学、工程学、气候学、生态学、规划学、经济学、哲学等学科的专家学者从自身研究的角度，运用其理论与方法进行环境问题的研究，形成了在各自原有学科基础上的分支学科，如环境生物学、环境化学、环境地学、环境物理学、环境工程学、环境生态学、环境规划学、环境经济学、环境哲学等。这样从“环境问题”的提出到“环境问题”的研究，经历了自然和社会时空的考验，诞生了“环境科学”的雏形，完成了环境科学发展史上的第一次质的飞跃。

环境科学的诞生说明在各基础学科内部有关环境问题的研究已经孕育成熟，逐渐走向独立发展的新阶段。因为它们是从不同学科内部分化得到的产物，所以对相关学科具有一定的传承性。各学科分支仅局限于用各自不同的理论与方法去研究和解决原有学科范围内不同性质的环境问题，却没有从一个自然-经济-社会复合生态系统的整体角度去思考环境的现在与未来。在这一阶段，各学科还是处于分散研究状态，此时的“环境科学”也仅仅是一个多学科的集合概念，还没有形成一个较完整的复合生态统一体系。

#### 1.2.2.2　多学科交互整合发展阶段

人们从环境污染控制的实践中逐渐领悟到环境问题主要是来自社会经济发展方面的原因，要想使环境问题得到根本解决，必须使人类社会经济活动适应自然环境的演化规律，这种认识是人类发展史上的一次飞跃。因此，环境科学的研究扩展到了社会科学、经济学等领域。自1987年《我们共同的未来》发表以来，特别是1992年“联合国环境与发展大会”以后，大多数国家都确立了走“可持续发展”的道路，即在社会经济发展的过程中同时合理利用资源、防治环境污染，走社会经济与自然环境协调发展的道路。至此，环境科学关注的焦点从单纯的环境问题转移到自然环境与社会发展之间的关系上来了，人类从单纯以经济增长为目标的发展转向了复合生态系统（社会、经济、环境）的综合发展；从以物为本的发展转向了以人为本的发展；从资源推动型的发展转向了知识经济推动型的发展。

### 1.2.3 环境科学的研究对象

人类具有双重属性，人类的生物属性决定了人类必然是自然界中的一员，必然要和自然界中几乎所有的事物发生联系；人类的群居属性决定了人类必然是自己社会中的一员，人类与其他动物的唯一区别就是比其他动物都聪明，这一高度聪明的头脑决定了人类的行为活动具有社会与经济性质。通常这两个属性共同影响并制约着人类的行为，因此，人类与环境之间的关系具有交互性和复杂性。

环境科学以“人类-环境”这一矛盾体为其特定的研究对象，是一门跨领域、多学科交融在一起的综合性很强的系统工程科学。它在宏观上研究人类同环境之间的相互作用、相互促进、相互制约的对立统一关系，其目的在于揭示人类社会持续发展对复合生态系统的影响以及自然环境的变化规律，从而通过人类自身行为的调整来保护和改善环境质量；在微观上研究人类经济活动排放的污染物质在自然环境中的迁移、消解与转化规律，特别是污染物分子、原子等微粒子在生物体内的迁移、转化、蓄积过程及其微运动规律，探索它们对生命体健康的影响及其作用机理。

### 1.2.4 环境科学的任务

为了不使人类在地球上消亡，环境科学有以下主要任务。

#### 1.2.4.1 探索全球范围内的环境演化规律

在自然进化的过程中，为了促使人类与环境协同进化，避免人类无理智的行为，就必须了解全球环境变化的历史演变过程，其中包括地球环境的组成形式与结构、基本特性与演化机理等。

#### 1.2.4.2 揭示人类活动与自然环境之间的关系

揭示人类活动与自然环境之间的关系，探索自然环境变化对人类生存和地球环境安全的影响。站在人类可持续发展的平台上去研究人与自然协同进化的关系，研究人类经济活动对生态环境的影响和环境质量的变化规律。

#### 1.2.4.3 探究环境变化对人类生存的影响

人类不断追求舒适生活的欲望激励他们毫无遏制地挖掘自然资源，同时人地系统也遭到了严重破坏，发生了一系列逆向的地球物理、化学、生物、气候等若干环境因素的变化，变化过程释放出大量的污染物。因此，环境科学必须研究污染物在环境中的迁移、转化以及影响人类生存的作用机制，探索污染物深入人体的途径和危害健康的作用机理，研究杀虫剂、杀菌剂、除草剂等化学合成物散布在环境中的毒理学作用，从而为人类正常繁衍、健康生活提供保障性服务。

#### 1.2.4.4 研究环境污染综合防治对策

实践证明环境保护需要法律对策、环境经济手段、行政命令、系统工程与技术等措施共同作用于商品经济社会才能起到良好效果。环境科学要研究的法律对策主要包括：为国家制定的环境法律与法规，其中包括国家法定的污染物排放标准和环境质量标准；为地方制定的环境法规，其中包括地方法定的污染物排放标准和环境质量标准。环境科学要研究的环境经济手段主要包括：通用排污收费制度；排污权交易许可证制度；环境资源价值评估方法；受害者赔偿计算方法；受害者赔偿制度等。环境科学要研究的行政命令主要包括：环境管理办法；环境管理条例；环境管理规定；与环境相关的通知与通告；国家和地方的环境应急预案。环境科学要研究的系统工程与技术措施主要包括：区域环境规划（有国家、省、自治区、直辖市、省辖市等）；区域污染治理工程；重点污染治理工程；大气污染治理工程；水污染治理工程等。

#### 1.2.4.5　引导人类走可持续发展道路

积极推进从小学到大学的环境科学普及教育和环境伦理道德教育，帮助人类树立正确的环境价值观、环境道德观、社会发展观，引导人类走可持续发展的道路。

### 1.2.5　环境科学的跨学科性

环境科学主要是运用自然科学和社会科学的有关学科理论、技术与方法来研究人类与环境问题。环境科学与有关学科相互渗透、交互作用中形成了许多分支学科。属于自然科学体系的有环境地学、环境生物学、环境化学、环境物理学、环境医学、环境工程学等；属于社会科学体系的有环境管理学、环境经济学、环境法学、环境哲学、环境教育学、环境心理学等。

环境地学以人-地系统为对象，研究它的发生与发展、组成与结构、调节与控制、开发与利用。主要研究内容有：地理环境和地质环境等的组成、结构、性质与演化，环境质量调查、评价与预测，以及环境质量变化对人类的影响等。环境地学的学科体系尚未完全定型，目前较成熟的分支学科有环境地质学、环境地球化学、环境海洋学、环境土壤学、污染气象学等。

环境生物学研究生物与受人类干预的环境之间相互作用的机理和规律。它有两个研究领域：一个是针对环境污染问题的污染生态学；一个是针对环境破坏问题的自然保护。环境生物学以研究生态系统为核心，向两个方向发展：从宏观上研究污染物在生态环境系统中的迁移、转化、富集和归宿，以及污染物对生态系统结构与功能的影响；从微观上研究污染物对生物的毒理作用和遗传变异影响的机理和规律。

环境化学主要是鉴定和测度化学污染物在环境中的含量，研究它们的存在形态和迁移、转化规律，探讨污染物的回收利用和分解成为无害的简单化合物的机理。它有两个分支：环境污染化学和环境分析化学。

环境物理学研究物理环境和人类之间的相互作用。主要研究声、光、热、电磁场和射线对人类的影响，以及消除其不良影响的技术途径和措施。声、光、热、电、射线均为人类生存与发展所必需的，但是，它们在环境中的量过高或过低，都会对人类造成污染和危害。

环境医学研究环境与人群健康的关系，特别是研究环境污染对人群健康的有害影响及其预防措施，包括探索污染物在人体内产生的生理生化反应和动态循环作用机理，查明环境致病因素和致病条件，阐明污染物对健康损害的早期反应和潜在的远期效应，以便为制定环境卫生标准和预防措施提供科学依据。环境医学的研究领域有环境流行病学、环境毒理学、环境医学监测等。

环境工程学是运用工程技术原理与方法防治环境污染，合理利用自然资源，保护生态环境，改善环境质量。主要研究内容有：①大气污染防治工程；水污染防治工程；固体废物的安全处置与综合利用；生态环境修复工程；噪声污染控制工程等。②环境污染综合防治技术，运用系统分析与系统工程的理论与方法，从区域环境的整体上寻求解决环境问题的最优方案。此外，环境工程学还研究控制污染的技术经济问题。

环境管理学研究采用行政的、法律的、经济的、教育的和科学技术的各种手段调整社会经济发展同环境保护之间的关系，处理国民经济各部门、各社会集团和个人有关的环境问题及其相互关系，通过全面规划和合理利用自然资源，以期达到保护环境和促进社会经济发展的目的。

环境经济学研究社会经济发展与自然环境保护之间的相互制约关系，研究合理调整人类经济活动与环境资源之间的物质流动与分配关系、自然资源与社会经济之间的投入与产出关系，研究商品生产与物质交换的基本规律，其目的是使人类经济活动取得经济效益和环境效益双赢的同时实现社会成本最小。

可见，环境科学是一个系统性很好的有机整体，在发展过程中，各个分支学科既有自身的特点，又相互渗透、相互依存，它们是这个整体中不可分割的组成部分。

### 1.2.6 环境科学的未来

随着人类环境污染控制取得的进展，环境科学日趋成熟，并形成自己的理论基础和研究方法。它从分门别类地研究环境和环境问题，逐步发展到从整体上进行综合研究。

现有环境科学的分支学科，正处于蓬勃发展时期。这些分支学科在深入研究环境科学的基础理论和解决环境问题的途径与方法过程中，还将出现新的分支学科。例如环境生物学在研究污染物对微生物分裂和种群结构的影响方面，导致了环境微生物学的出现。这种学科分支发展的趋势将使环境科学成为一个枝繁叶茂的庞大学科体系。

## 1.3 环境科学的逻辑思维方法论

随着全球环境问题的日益严峻，人类开始关注环境问题，并着手改善人类经济活动与自然环境的关系。环境科学以人类社会经济与自然环境这个复合生态系统为整体，针对不断变化的环境问题，通过自然科学、社会科学、工程技术科学开展跨学科的综合性研究，构成了相异于传统学科的交叉学科的理论基础，逐渐形成了特有的逻辑思维方法论。

### 1.3.1 整体性

整体性主要指时空结合的概念，对贯穿整个复合生态系统的各个功能与作用进行分析，而不是系统内各个分支系统的简单叠加或组合。

环境科学的特点是强调研究对象的整体性，把开放的复合生态系统看作是具有特定结构和环境功能的有机整体。作为整体的复合生态环境大于环境诸要素之和，环境的性质和功能要比组成环境的各要素之和丰富、复杂得多，环境各要素相互联系、相互作用产生的多维综合效应组成了整体的复合生态环境。复合生态环境遇到的污染和破坏，常常不是因为一个因素在起作用，而是多种因素相互作用的集中表现。例如，南极臭氧层破坏、全球温室效应、北半球普降酸雨等，这些问题看来原因各异，但实质上都是相互关联的，因为全球性的碳、氧、氮、硫、氯、氢等物质的地球化学循环之间有着许多交互性联系。因此，在环境科学的整体化进程中，应充分运用各个学科的相关知识，对人类活动引起的环境变化及其相互作用与影响，以及控制影响的途径和方法进行系统的立体化研究。可见，未来环境问题的研究与解决必定是全方位、跨领域、多学科交叉的互促互进与系统性的合作。

### 1.3.2 系统性

环境科学所研究的环境是一个复杂的、开放的、有时空变化的动态复合生态系统。之所以说环境是一个复合生态系统，是由于在各个子系统和各个组成要素之间存在着相互作用关系，并构成了立体网络结构。环境系统内外存在着物质、能量和信息的相互流动与变化，并在流动中实现自组织，维持其结构与功能的有序性，一旦相互流动被停止，系统就会自动地趋向无序，最后导致环境问题。

环境问题往往是由于人们在解决其他问题时，给环境留下的后患，有时是解决一个环境问题的同时又引起了新的环境问题，也就是没有考虑环境的系统性，从而导致环境系统的无序。因此，环境科学必须运用整体系统论的方法对复合生态环境系统进行全面的分析与研究，识别系统各要素间隐含的因果关系。整体系统论的方法就是从环境整体出发，对复合生态系统进行结构与功能性分析，把系统分解为结构单元和组成要素，把总过程分解为分过程，把总目标分解为子目标，以了解它们在环境中所处的生态位置和系统作用。

### 1.3.3 综合性

环境问题都具有综合性特点，一方面，复合生态系统的失衡是在多种环境问题综合作用下产生的，这种综合作用对环境的影响常常大于各环境问题的效应之和；另一方面，环境问题都是多种因素综合作用的结果。复合生态环境是一个有机整体，因为它既涉及自然环境要素也涉及社会环境要素，所以环境问题的解决必须是多学科相互合作的综合性研究。

环境科学是在当代社会经济发展中，在环境问题日益突出的情况下萌生和成长起来的一门跨学科的综合性科学。它涉及的学科面很广，并具有自然科学、社会科学、技术科学相互交叉、相互渗透的历史渊源和理论基础，几乎涉及现代科学的各个领域。如果把社会科学（将哲学列入社会科学之中）、自然科学和技术科学看作是人类早已确立的三大科学领域，那么环境科学便是立足在这三大科学领域交叉的土地上。环境科学的研究范围涉及人类经济活动和社会行为活动的各个领域，包括工业管理、社会经济、科学技术、文化教育、政府行为、国防工业、军事等人类社会的各个方面。环境科学的形成过程、特定的研究对象以及非常广泛的学科基础和研究领域，决定了它是一门系统性和综合性都非常强的新兴学科。

### 1.3.4 复杂性

环境科学所研究的复合生态环境是一个巨大而复杂的多级开放大系统。环境的各组成要素除了具有本身的特征外，各要素之间都有交互作用，它使系统具有自我调节的能力，保持系统自身的稳定和平衡，这种交互作用越复杂，彼此的调节能力就越强，因此，环境的结构与功能越复杂，其系统稳定性就越好，越容易保持平衡，否则，反之。随着人类社会的加速发展，环境问题也越来越复杂，为适应这种复杂性，环境科学理论、方法与相应的经济技术手段也在发展变化。当代环境问题的特点包括：人为性；隐蔽性；瞬时性与长期性；不确定性与加速性；动态发展性与动态可变性；时空分布上的区域差异性。这些特点加重了环境问题及其环境科学理论与实践的复杂性。20 世纪中叶，尤其是第二次世界大战结束后，科学技术的发展日新月异，环境问题的生成速度也超过了以往数千年积累的水平，人类向环境施加的影响越来越大，对等的，环境对人类社会的反作用强度也愈来愈大，环境问题已经成为一个综合的复杂性问题。人类社会愈加速发展，自然致灾因素愈加速复杂，系统交互性的伤害现象也愈多，自然报复性强度也愈大，同时也使环境问题的解决方法和处理手段日趋复杂。相异的环境问题并不是相互独立的，它们互为因果，相互交叉，彼此协同强化，驱使复合生态环境问题趋向复杂化。因此，今后环境科学工作者将面临着更大的自然环境与社会环境问题的挑战。

## 习 题

1. 如何定义环境？
2. 环境的类型有哪些？
3. 环境具有哪些特性？

4. 当代环境问题的性质和特点是什么？
5. 能分析清楚中国环境问题及其发展趋势吗？
6. 请说说环境科学研究的对象与承担的任务是什么。
7. 能说清楚环境科学的形成与发展经历了几个阶段吗？
8. 如何理解环境科学的跨学科性，学科之间的相互渗透性、系统性、综合性？
9. 如何理解环境科学的逻辑思维方法论？
10. 环境科学存在未来前景吗？用自己的科学眼光加以论证。
11. 为什么世界上几乎所有的高等院校都要进行环境科学教育呢？

# 第2章 人类与大气圈

大气圈就是包围整个地球的空气层，是由气体和悬浮物组成的复杂流体系统。地球在行星系统中开始出现时，还没有大气圈。大气是由地球本身产生的物理化学和生物化学过程经过长期演化形成的。低层大气的主要成分是氮气和氧气，此外，还有惰性气体和二氧化碳、甲烷等微量气体。

大气圈的这种组成并非自古如此，也并非一成不变，而是大气圈长期发育演变的结果，其发育与演变又受到地球其他圈层发育演变的影响。

## 2.1 大气圈的结构与组成

### 2.1.1 大气圈的演化

46亿年前，在地球发育的早期阶段，在太阳发射的红外线、可见光、紫外线和X射线等作用下，C、H、O与N等原子结合成$H_2$、$NH_3$、$CH_4$与$H_2O$等分子，构成了原始大气的主要成分。

经过漫长的地质年代，到了大约30亿年前，原始海洋中的C元素在射线作用下与其他元素结合产生了少量的有机分子，例如，原始病毒（Protovirus)，它能从原始海洋中有机化合物的发酵中获取必要的能量，同时以副产品的形式放出$CO_2$。这是大气圈发育史中的一个重要事件，它为叶绿素通过光合作用合成糖创造了条件。

在20亿年前，含叶绿素的生物出现了，它是大气圈发育史上另一个划时代的事件，光合作用产生了$O_2$，这种极其活泼的元素对大气圈进行了一次“氧化革命”，它与$CH_4$作用生成$CO_2$和$H_2O$，与$NH_3$作用生成$N_2$和$H_2O$，与高空中的$O_2$相互作用生成$O_3$。它的出现逐渐减弱了紫外线辐射的强度，为高等海洋植物的出现提供了条件。

大气圈中$O_2$含量的变化可以从岩石学中找到证据：世界上许多地方都发现了叠层石（Stromatolites)，这种20亿～30亿年前形成的岩石外表上像一本本揉皱了的书，是古海洋中的河流冲积物在细菌作用下形成的。这个过程现代还在进行，不同之处是现代叠层石是在蓝绿藻作用下形成的，已经氧化，而30亿年前的叠层石却未受氧化，这说明当时大气中$O_2$很少。

值得指出的是，这场“氧化革命”的主角竟然是毫不引人注目的原核生物——蓝绿藻。

在古海洋中，蓝绿藻长期以来是释放$O_2$的主要生物。它与其他生物一样，在光合作用时摄入$CO_2$，放出$O_2$，但藻类本身的呼吸作用又吸入少量的$O_2$，把$CO_2$放回大气中。藻类死亡后沉入海底被覆盖，之后进行不完全的分解，造成$O_2$的摄入与释放之间微小的不平衡，使$O_2$有所积累，在积累中重新找到平衡。$O_2$长期积累的最终结果是改变了大气圈以及地球的面貌。可见，如果没有生命的活动，今天大气圈的组成将完全是另一种情形。

众所周知，生物圈是在大气圈与水圈、岩石圈的共同作用下产生的。但另一方面，正是原始生物的出现以及生物圈的形成，深刻地改变了大气圈的组成和其他圈层的面貌，这也是自然界中相互依存、互为因果的极好佐证。

### 2.1.2 大气圈的结构

上文虽然明确大气圈就是包围整个地球的空气层，但是大气圈的边界（上界）很难确定。从流星和北极光的最高发光点推算，在离地球表面 800km 的高空还有少量空气存在。据此，人们认为，大气圈的厚度约为 1000km。

大气圈的总质量估计为 $5.2\times10^{15}$ t，相当于地球质量（$5.974\times10^{21}$ t）的一百一十五万分之一。大气质量在垂直方向的分布是极不均匀的。由于受地心引力的作用，大气的质量主要集中在下部，其中的 50%集中在离地面 5km 以下；75%集中在 10km 以下，90%集中在 30km 以下。

按照分子组成，大气可分为两个大的层次：均质层（同质层）和非均质层（异质层）。

均质层是指，从地表至约 90km 高度的大气层，其密度随着高度的增加而减小。除了水汽有较大的变动外，它们的组成基本是稳定均一的。这是大气低层的风和湍流连续运动的结果。

均质层上面是非均质层，根据其成分又可分为 4 个层次：氮层（距地面 90～200km）；原子氧层（200～1100km）；氦层（1100～3200km）；氢层（3200～9600km）。在这 4 个层次之间，都存在过渡带，并没有明显的分界面。

按照大气的化学和物理性质，大气圈也可分为光化学层和电离层，两层大致以平流层顶为分界线。

大气圈垂直方向有各种各样的分层方法。目前世界各国普遍采用的分层方法是 1962 年世界气象组织（WMO）执行委员会正式通过大地测量和地球物理联合会（IUGG）所建议的分层系统，即根据大气温度随高度垂直变化的特征，将大气分为对流层、平流层（同温层）、中间层、热成层（增温层）和逸散层，详见图 2-1。

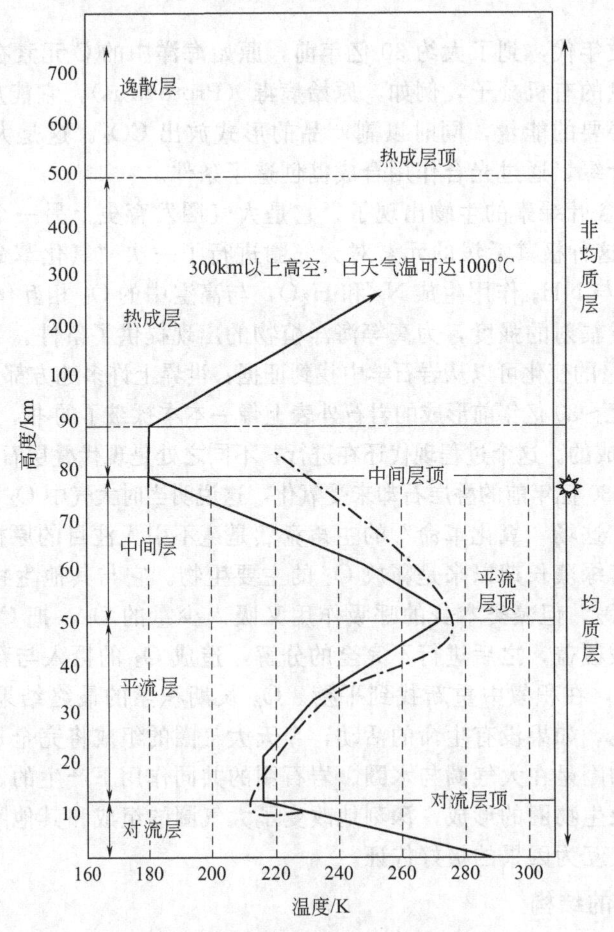


图 2-1 大气圈垂直温度剖面图

#### 2.1.2.1　对流层

大气圈的最低一层是对流层（Troposphere），其平均厚度约为 12km，是大气中最活跃的一层，存在着强烈的垂直对流作用，同时也存在着较大的水平运动。对流层里水汽、尘埃较多，雨、雪、云、雾、雹、霜、雷、电等主要的天气现象与过程都发生在这一层。此层大气对人类的影响最大，通常所指的大气污染就是针对此层而言。尤其是靠近地面 1～2km 的范围内，受地形、生物等影响，局部空气更是复杂多变，该范围内的空气层又称空气环境。

对流层内大气温度随高度的增加而下降，其平均温度递减速度约为－6.5℃/km。

对流层顶的实际高度随季节和纬度位置而变化。对流层的高度从赤道向两极减小，平均来说，在低纬度地区约为 18km，中纬度地区为 11km，高纬度地区为 8km。

对流层相对于整个大气圈的总厚度来说是相当薄的，而它的质量却占整个大气总质量的 75％以上。

#### 2.1.2.2　平流层

从对流层顶以上到大约 50km 左右的高度叫平流层（Stratosphere）。平流层的下部有一高度区间是很明显的稳定层，其温度不随着高度的变化而变化或者变化极小，近似等温，因此平流层又称为同温层。但是，在大约 20km 高度以上，随着高度增加，温度又有明显的上升。其原因是地表辐射影响的减少和氧气及臭氧被太阳辐射而吸收加热，使大气温度上升。这种温度的结构抑制了大气垂直运动的发展，大气只有水平方向的运动。

在平流层中水汽、尘埃含量很少，没有对流层中那种云、雨等天气现象。

平流层向上，距地面大约 50km 的地方温度达到了最高值，这就是平流层顶。

#### 2.1.2.3　中间层

平流层顶以上到大约 80km 的一层大气称为中间层（Mesosphere）。在这一层中温度随着高度的增加而下降。在中间层顶，气温达到极低值，低至－83℃以下，是大气中最冷的一层。

在中间层内，大气又可发生垂直对流运动。该层水汽浓度很低，但由于对流运动的发展，在某些条件下仍能出现夜光云。在大约 60km 的高度上，大气分子在白天开始电离。因此，在 60～80km 之间是均质层转向非均质层的过渡层。

#### 2.1.2.4　热成层

在中间层顶之上至大约 500km 的大气层称为热成层（Thermosphere），又称为暖层、增温层或电离层。热成层顶这条分界线是较模糊的，在热成层中大气温度随着高度的增加而急剧上升。到大约 300km 高空，白天气温可达 1000℃以上。由于太阳和其他星球释放各种辐射线的作用，导致该层大部分空气分子发生电离，成为原子、离子和自由电子，所以这一层又叫电离层。

由于在热成层中太阳辐射强度的变化，使各种化学成分在解离过程中表现出不同的特征。因此大气化学组成也随着高度的增加而发生很大变化，这就是非均质层的由来。

#### 2.1.2.5　逸散层

在热成层顶之上至 2000～3000km 以外空间的大气层统称为逸散层（Exosphere），它是大气圈的最外层，所以又称为外大气层。该层大气密度很小，是向星际空间过渡的大气圈层。该层大气在宇宙射线作用下完全发生电离，空间温度随着高度而急剧上升，各粒子间很少发生碰撞，中性粒子基本上呈抛物线轨迹运动，有些运动速度较快的粒子能够克服地球引力而逸入宇宙空间。

### 2.1.3　大气的组成

地球（Earth）大气的主要成分是氮和氧，这种大气的化学组成在太阳系中非常特殊。

离地球最近的两颗行星——金星（Venus）、火星（Mars）的大气化学组成就与地球大气完全不同，其主要成分是二氧化碳，氧含量极少。

地球大气的主要成分除氮和氧外，还有氩和二氧化碳，上述4种气体占大气圈总体积的99.99%。此外还有氖、氦、氪、氙、氢、甲烷、一氧化二氮、一氧化碳、臭氧、水汽、二氧化硫、硫化氢、氨、气溶胶等微量气体（详见表2-1）。

在组成地球大气的多种气体中，包括稳定组分和不稳定组分。氮、氧、氩、氪、氙、氢、氖、氦等是大气中的稳定组分，这一组分的比例，从地球表面至90km的高度范围都是稳定的。二氧化碳、二氧化硫、硫化氢、臭氧、水汽等是地球大气中的不稳定组分。

另外，地球大气中还含有一些固体和液体的杂质。主要来源于自然界的火山爆发、地震、岩石风化、森林火灾等和人类活动产生的煤烟、尘、硫氧化物和氮氧化物等，这些也是地球大气中的不稳定组分。

**表2-1 地球大气的组成**

| 成分 | 体积分数 | 气体寿命 | 成分 | 体积分数 | 气体寿命 |
|---|---|---|---|---|---|
| $N_2$ | $7.8083\times10^{-1}$ | $1\times10^6$a | $CH_4$ | $1.7\times10^{-6}$ | 10a |
| $O_2$ | $2.0947\times10^{-1}$ | $5\times10^3$a | $N_2O$ | $3\times10^{-7}$ | 25a |
| Ar | $9.34\times10^{-3}$ | $1\times10^7$a | CO | $1\times10^{-7}$ | 0.2～0.5a |
| $CO_2$ | $3.5\times10^{-3}$ | 5～6a | $O_3$ | $1.0\times10^{-8}$～$5.0\times10^{-8}$ | 2a |
| Ne | $1.82\times10^{-6}$ | $1\times10^7$a | $H_2O$ | $2.0\times10^{-6}$～$1.0\times10^{-3}$ | 10d |
| He | $5.2\times10^{-6}$ | $1\times10^7$a | $SO_2$ | $3.0\times10^{-11}$～$3.0\times10^{-8}$ | 2d |
| Kr | $1.1\times10^{-6}$ | $1\times10^7$a | $H_2S$ | $6.0\times10^{-12}$～$6.0\times10^{-10}$ | 0.5d |
| Xe | $1\times10^{-7}$ | $1\times10^7$a | $NH_3$ | $1.0\times10^{-10}$～$1.0\times10^{-8}$ | 5d |
| $H_2$ | $5\times10^{-7}$ | 6～8a | 气溶胶 | $1.0\times10^{-9}$～$1.0\times10^{-6}$ | 10d |

## 2.2 大气污染及其类型

就大气污染来说，环境科学家的一般定义是：由于自然的或人为的过程，改变了大气圈中某些原有组分和增加了某些有毒有害物质，致使大气环境质量恶化，影响原来有利的生态平衡体系，严重威胁着人体健康和正常工农业生产，损害建筑物、机械设备和各种财产等，这种现象通称为大气污染。较为准确的英文表达可以写成：Atmosphere Pollution。

### 2.2.1 大气污染分类

#### 2.2.1.1 按照大气污染的影响范围划分

按照大气污染的影响范围可划分为4类：局部性污染、地区性污染、广域性污染、全球性污染。上述分类方法中所涉及的范围只能是相对的，没有具体的标准。例如，广域性污染是大工业城市及其附近地区的污染，但对于某些面积较小的国家或邻国边境城市来说，就可能发生国与国之间的国际性污染。

#### 2.2.1.2 按照能源性质和污染物的组成或反应划分

按照能源性质和污染物的组成或反应可划分为4类：煤炭型、石油型、混合型、特殊型。

煤炭型污染的一次污染物是烟气、粉尘和二氧化硫。二次污染物是硫酸及其盐类所构成的气溶胶。此污染类型多发生在以煤炭为主要能源的国家与地区，工业革命时期和发展中国家的大气污染多属于此种类型。

石油型污染又称为排气型或联合企业型污染，其一次污染物是烯烃、二氧化氮以及烷、醇、羰基化合物等。二次污染物主要是羟基、过氧氢基等自由基以及臭氧、醛、酮和PAN

（过氧乙烯硝酸酯）。此类污染多发生在油田及其石油化工城市和汽车较多的区域，尤其是当代追求高速度发展的发展中国家的大、中城市，多属于此种类型的大气污染。该类型污染的特点是污染物由低空逐渐向高空扩散，污染物受低空风影响，低空滞留时间较长，对人群呼吸系统的伤害很严重。

混合型污染是指以煤炭为主，辅以石油为燃料所组成的污染源排放体系。此种污染类型是由煤炭型向石油型过渡的阶段，它取决于一个国家的能源发展结构和经济发展速度。

特殊型污染是指某些工矿企业排放的特殊气体所造成的污染，如氯气、恶臭、金属蒸气或硫化氢、氟化氢等气体。

前 3 种污染类型造成的污染范围较大，第 4 种污染类型所涉及的范围较小，主要发生在污染源附近的局部地区。

#### 2.2.1.3　按照污染物的化学性质划分

按照污染物的化学性质及其在大气环境中的行为，可将污染划分为两种类型：还原型污染和氧化型污染。

① 还原型（燃煤型）污染：多发生在以燃煤为主、兼用燃油的地区。主要污染物为 $SO_2$、CO 和颗粒物，在低温、高湿度的阴天，风速很小，并伴随有逆温天气的情况下，一次性污染物在低空聚积，生成还原性烟雾，如 1952 年 12 月在英国发生“伦敦烟雾”事件时的大气污染类型。由此人们称之为伦敦烟雾型。

② 氧化型（汽车尾气型）污染：多发生在以石油燃料为主、煤炭燃料为辅的地区，污染物的主要来源是汽车尾气、燃油锅炉和石油化工生产企业。主要的一次污染物是 CO、$NO_x$ 和碳氢化合物，它们在强阳光照射下能发生光化学反应，生成二次污染物 $O_3$、醛类、酮类和过氧乙烯硝酸酯等化学物质。此类物质有极强的氧化性，对人的皮肤、眼睛、呼吸道均产生强烈的刺激作用，如 1943 年初秋在美国首次发生“洛杉矶烟雾”事件时的大气污染类型。由此人们称之为洛杉矶光化学烟雾型。

### 2.2.2　大气污染源的类型

大气污染可分为自然的和人为的两大类。前者是自然界所发生的火山爆发、地震、森林火灾等自然灾害所造成的，后者是人类活动所排放的有毒有害气体造成的。目前，一般所说的大气污染多指后者。人为造成大气污染的污染源较多，根据不同的研究目的以及污染源的特点，大气污染源的类型有 4 种划分方法。

① 按照污染源存在的形式，可划分为固定污染源和流动污染源两类，此种划分方法适用于进行大气质量评价时绘制污染源分析图。

② 按照污染物的排放方式，可划分为线源、面源和点源 3 种类型，其中点源又可分为低架点源、中架点源和高架点源，此种划分方法适用于污染扩散计算。

③ 按照污染物的排放时间，可划分为连续源、间断源和瞬时源 3 类，此种划分方法适用于分析大气污染物排放的时间规律。

④ 按照污染物产生的类型，可划分为生活污染源、工业污染源和交通污染源 3 类，此种划分方法适用于区域大气环境质量评价。

## 2.3　大气污染物的种类及其转化规律

### 2.3.1　大气污染物的种类

大气污染物的种类很多，并且因污染物的不同而有所差异。目前大气污染物的物理、化学性质非常复杂。根据污染物的性质，可将其分为一次污染物（原发性污染物）与二次污染物（继发性污染物）。一次污染物是从污染源直接排出的污染物，它可分为反应性物质和非反应性物质。前者不稳定，还可与大气中的其他物质发生化学反应；后者比较稳定，在大气中不与其他物质发生反应或反应速度缓慢。二次污染物是指不稳定的一次污染物与大气中原有物质发生反应，或者污染物之间相互反应，从而生成了新的污染物质，这种新的污染物质与原来的物质在物理、化学性质上完全不同。但无论是一次污染物还是二次污染物，都能引起大气污染。

按照污染物的物理状态，可分为固态、液态、气态等形式。其中约90%以气态形式存在，10%以气溶胶的形式存在。

根据物理化学性质不同，大气污染物一般被分为9类。

① 碳氧化物，主要指CO和$CO_2$；

② 氮氧化物，主要指NO和$NO_2$，通常用$NO_x$表示；

③ 硫氧化物，主要指$SO_2$等，用$SO_x$表示；

④ 碳氢化合物，通常包括醛、酮和H—C—O化合物；

⑤ 卤素化合物，主要指氟氯溴烃（$CF_2ClBr$）和氟溴烃（$CF_3Br$），这两种物质的别名为哈龙；还有一氟三氯甲烷（$CFCl_3$）、双氟双氯甲烷（$CF_2Cl_2$）等氟氯烃（CFCls）化合物，它们统称的别名为氟里昂（Freon）；

⑥ 氧化剂，主要指$O_3$、PAN和过氧化物等；

⑦ 颗粒物、微粒及其气溶胶；

⑧ 放射性物质，如铀、钍、钴60等；

⑨ 特殊污染物，如汞蒸气、铅蒸气、玻璃纤维尘和石棉尘等。

### 2.3.2 大气环境中主要污染物的迁移转化规律

这里主要阐述大气中一氧化碳、氮氧化物、碳氢化合物、硫化氢（$H_2S$）和二氧化硫（$SO_2$）的来源、迁移、转化和归宿，还有光化学烟雾的形成机制与过程。

#### 2.3.2.1 一氧化碳（CO）的来源、迁移、转化和归宿

CO是大气对流层中较常见的气态污染物，正常底层大气中一氧化碳的背景浓度值在0.01～0.23$mg/m^3$，平均值为0.05$mg/m^3$，在这一背景浓度下对人体无害，如果浓度超过背景值，将会对人体健康产生影响。

目前，随着人类对煤炭和石油等燃料消耗的持续增长，一氧化碳已经成为全球人为排放量第二大的气态污染物。CO的人为排放主要来自于汽车尾气、燃烧植物质、垃圾和化石燃料以及尸体火化等。根据全球植物质、垃圾、尸体焚烧量以及燃烧条件，化石燃料的消耗量以及燃烧条件，汽车发动机运行效率以及气化燃烧条件等的实际测算，1974年全球人为排放CO总量约为$3.72\times10^8$t，1984年约排放$6.40\times10^8$t，1994年约排放$10.0\times10^8$t，2004年约排放$13.9\times10^8$t，2009年约排放$15\times10^8$t，呈逐年上升趋势。

自然界的CO主要来自于火山爆发、地震、生物残体的燃烧、海洋和森林中释放的萜烯化合物。此外，还有甲烷和其他碳氢化合物不完全氧化所产生的一氧化碳。

以前，人们认为海洋是吸收CO的重要途径，但通过实测研究发现，表层海水中的CO是饱和的，根据海水和大气中CO浓度之差估算出海洋每年向大气中排放CO量约为$1.00\times10^8$t。森林火灾以及生物残体燃烧排放的CO的量约为$6.00\times10^7$t。甲烷和其他碳氢化合物的氧化向大气排放CO的量很难估算，因为甲烷转化成一氧化碳的中间产物很多，因此该来源的估算值相差很大。

大气中甲烷被氧化成一氧化碳的主要反应过程是，$CH_4$首先与OH·作用生成$CH_3$·和$H_2O$，即

$$CH_4 + OH\cdot \longrightarrow CH_3\cdot + H_2O$$

所生成的$CH_3$·很快与大气中的氧反应生成$CH_3O_2$，此生成物继续反应，生成$CH_2O$，进而转化为CO。大气中CO的最终归宿有两个方向。

① CO在大气中很容易与OH·自由基反应，氧化生成$CO_2$，这一过程对大气中CO的清除率约为90%。

② CO被土壤吸收，土壤吸收CO能力的大小取决于土壤的类型，不同类型的土壤吸收率差别很大。根据实验资料推测，全球地表土壤的CO吸收量为$4.50\times10^8$t/a，约占全球CO总量的10%。

应该指出的是，对流层中CO的浓度变化深受海陆分布与人类活动的影响，北半球中纬度地区CO浓度最高，并且空间浓度随着高度和纬度的增加而减少；南半球大气CO的浓度较低，并且随着高度和纬度的变化都很小。这种空间分布特征，可能是由于CO的人为源主要集中在北半球中纬度大陆上，加上该地带高浓度甲烷转化产生较多的CO，因此北半球中纬度地区CO浓度很高；而南半球CO主要来自于自然源，所以浓度较低，分布比较均匀。

就全球大气中的CO而言，尽管人为活动在低空排放的CO量逐年增加，但全球平均浓度却未发现有显著变化，这可能是由于CO寿命较短，最终都通过光化学反应转化为$CO_2$之故，从而不可能在大气中长期积累。

不过城市空气中CO浓度相当高，CO年均浓度低值范围在$0.86<\rho\leqslant4.00$ (mg/m$^3$)；年均浓度中值范围在$4.00<\rho\leqslant13.00$ (mg/m$^3$)；年均浓度高值范围在$13.00<\rho\leqslant23.00$ (mg/m$^3$)。

另外，关于大气中CO的归宿问题在科学界还存在着争论。有人认为大气中的$O_3$、$NO_2$、OH·、$HO_2$·、RO·等可将CO氧化成$CO_2$，但由于这些物质浓度低，反应速率慢，不可能对CO的清除产生重大影响；而CO又不易溶于水，在大气中被雨水清除的可能性也很小；再加上人为源对全球大气CO本底值影响不明显的事实，这就充分说明大气中的CO存在着巨大的消耗途径。因此，有人认为土壤吸收是消耗大气中CO的主要原因，而且土壤吸收CO主要是依靠土壤中的微生物来实现的，它们将CO转化为$CO_2$。

也有人认为对流层中CO也会有一小部分被输送到平流层中，并发生如下反应：

$$CO + 2OH\cdot \longrightarrow CO_2 + H_2O$$

上述问题的争论还有待于我们进一步深入研究，但是无论如何争论，低空CO浓度的增高有害于人体健康是无疑的。

### 2.3.2.2 硫化氢($H_2S$)的来源、迁移、转化和归宿

$H_2S$主要来自陆地生物源和海洋生物源，人为排放源较少。地球陆地生物$H_2S$年释放总量为$7.20\times10^7$t/a，其中北半球年释放量为$5.20\times10^7$t/a；南半球年释放量为$2.00\times10^7$t/a。地球海洋生物$H_2S$年释放总量为$3.20\times10^7$t/a，其中北半球年释放量为$1.40\times10^7$t/a，南半球年释放量为$1.80\times10^7$t/a。陆地生物系统$H_2S$的产生过程与$CH_4$的产生过程相类似。如果缺氧土壤中富含硫酸盐，厌氧微生物（还原菌）则将其分解还原成$H_2S$。土壤中产生的$H_2S$一部分重新被氧化成硫酸盐，另一部分被释放到大气中。土壤中$H_2S$释放率取决于多种因素，包括土壤中$H_2S$产率、氧化率和输送效率。另外，光辐射强度、土壤温度、土壤化学成分和酸度等，也都影响着土壤中$H_2S$的释放率。

由于$H_2S$主要来自于自然源，它的空间浓度分布变化较大。大陆上空$H_2S$的浓度为

0.05～0.1μg/m³，随着高度增加浓度迅速下降。海洋上空 $H_2S$ 的浓度为 0.0076～0.076μg/m³。也就是说，大气中 $H_2S$ 的浓度陆地上空高于海洋上空，乡村上空高于城市上空。$H_2S$ 在大气中残留的时间长达 20d。

$H_2S$ 在大气中最终会氧化为 $SO_2$，但其中间转化过程目前还不清楚，可能产生如下反应：

$$H_2S + OH\cdot \longrightarrow SH + H_2O$$

$$H_2S + O \longrightarrow SH + OH$$

$$SH + O_2 \longrightarrow OH + SO$$

$$SO + \frac{1}{2}O_2 \longrightarrow SO_2$$

$$H_2S + 3O \longrightarrow SO_2 + H_2O$$

$$H_2S + \frac{3}{2}O_2 \longrightarrow SO_2 + H_2O$$

$$H_2S + O_3 \longrightarrow SO_2 + H_2O$$

上述反应在气相中进行很慢，但在大气中的微颗粒物表面上反应速度则很快。由于 $H_2S$、$O_2$、$O_3$ 均溶于水，所以在云雾中反应速度也很快，特别是有过渡金属元素存在时，这种氧化过程进行得就更快了。

#### 2.3.2.3 二氧化硫（$SO_2$）的来源、迁移、转化和归宿

$SO_2$ 是大气中分布广、影响大的物质，常把它作为大气污染的主要指标。$SO_2$ 来自于自然源和人为源。自然源是火山爆发和还原态硫化物（$H_2S$）的氧化物；人为源主要是化石燃料的燃烧，其次是金属冶炼，还有石油加工和硫酸制备等过程。1976 年全球人为排放 $SO_2$ 量为 $1.038\times10^8$ t/a，当时全球人口为 40 亿，随着人口的增加，全球金属冶炼、石油加工和硫酸制备过程增强，化石燃料需求量明显增大，$SO_2$ 排放量以每年 5.79% 的速度增加，到了 2008 年全球人口增加到 65 亿时，$SO_2$ 排放量已增加到 $2.941\times10^8$ t/a。

自然界煤和石油中的硫多以无机硫和有机硫两种形式存在，在燃烧过程中主要发生下述反应。

无机硫绝大部分以硫化金属矿的形式存在，燃烧时产生 $SO_2$：

$$4FeS_2 + 11O_2 \longrightarrow 2Fe_2O_3 + 8SO_2$$

有机硫化物（如乙硫醇、甲硫醚等）燃烧时，先生成 $H_2S$，然后继续氧化为 $SO_2$。

燃烧过程中生成的 $SO_2$ 气体从烟气中排出，少部分生成硫酸盐存于灰渣中。

$SO_2$ 进入大气圈后会发生一系列氧化反应，形成 $H_2SO_4$、硫酸盐和有机硫化物。目前，一般认为 $SO_2$ 的氧化过程有两种途径，即催化氧化和光化学氧化。这两种氧化途径虽不能截然分开，但还是有主次之分的。国内外大量研究表明，太阳辐射强度、温度、湿度、气溶胶、云、雾以及氧化剂均是影响 $SO_2$ 转化途径和速率的重要因素。

（1）二氧化硫的催化氧化　在清洁干燥的大气中，$SO_2$ 被缓慢地氧化成 $SO_3$。但是，在电厂烟气中 $SO_2$ 被氧化的速度非常之快，其氧化速率是清洁干燥大气中的 10～100 倍，这与 $SO_2$ 在溶液中有催化剂存在条件下的氧化反应相似，其总反应方程式可表示为：

$$2SO_2 + 2H_2O + O_2 \xrightarrow[\text{（金属盐）}]{\text{催化剂}} 2H_2SO_4$$

在上述反应中，催化剂是指 $MnSO_4$、$FeSO_4$、$MnCl_2$、$FeCl_2$ 等金属盐类。

催化氧化的基本机理是：由于 Mn、Fe 的硫酸盐和氧化物常常以微粒的形式悬浮在空气

中，当湿度高时，这些颗粒物就成为凝结核与水形成液滴。这些液滴吸收 $SO_2$ 和 $O_2$，并使其在液相中进行一系列化学反应，其具体步骤为：①气态 $SO_2$ 向液滴表面扩散→②$SO_2$ 从液滴表面渗入内部→③$SO_2$ 在液滴内部发生催化氧化反应。

通常认为 $SO_2$ 的催化氧化符合一级动力学反应规律，其氧化速度与 $SO_2$ 的浓度有关，并随着催化剂类型与相对湿度而变化。

(2) 二氧化硫的光化学氧化　在底层大气中，$SO_2$ 受太阳辐射时被缓慢地氧化成 $SO_3$。但是，一旦生成 $SO_3$，它便迅速地与大气中的水蒸气反应转变成 $H_2SO_4$。如果含有 $SO_2$ 的大气中同时存在氮氧化物和碳氢化合物，则 $SO_2$ 转化为 $SO_3$ 的速度将大大加快，并常常伴随着大量气溶胶的形成。

在大气中只存在 $SO_2$ 时，其光化学氧化反应过程如下所述。

大气 $SO_2$ 的吸收光谱表明，在 384nm 处为弱吸收峰，$SO_2$ 吸收此波长的光能之后转化为三重态 $^3SO_2$；在 294nm 处为强吸收峰，$SO_2$ 吸收此波长的光能之后转变为单重态 $^1SO_2$。也就是说，当 $SO_2$ 在大气中吸收不同能量的光波时，形成不同激发态的 $SO_2$：

$$SO_2 + h\nu(340 \sim 400\text{nm}) \longrightarrow {}^3SO_2(\text{第一激发态})$$

$$SO_2 + h\nu(290 \sim 340\text{nm}) \longrightarrow {}^1SO_2(\text{第二激发态})$$

$^3SO_2$ 能量较低，比较稳定。$^1SO_2$ 能量较高，它在进一步反应中，或者变为基态 $SO_2$，或者变为能量较低的 $^3SO_2$。$^1SO_2$ 遇到第三体 M（$O_2$、$N_2$）时，很快地转变为基态 $SO_2$ 或 $^3SO_2$。

大气中 $SO_2$ 的光化学反应产物主要是 $^3SO_2$，而 $^1SO_2$ 的作用主要在于生成 $^3SO_2$。大气中 $SO_2$ 转化为 $SO_3$ 主要是 $^3SO_2$ 与其他分子反应的结果。其中一部分 $^3SO_2$ 与其他吸收能量的分子产生反应，转化为基态 $SO_2$，其反应如下：

$$^3SO_2 + M \longrightarrow SO_2 + M$$

而当 M 为 $O_2$ 时，则有

$$^3SO_2 + O_2 \longrightarrow SO_3 + O$$

这是大气中 $SO_2$ 转化为 $SO_3$ 的重要光化学反应过程。

正常情况下，在阴天，相对湿度大和颗粒物浓度高时，$SO_2$ 的转化途径以催化氧化为主；在晴天，相对湿度低时，大气中同时还含有氮氧化物和碳氢化合物时，尤其是颗粒物含量很少时，$SO_2$ 的转化途径则以光化学氧化为主。$SO_2$ 氧化后立即与 $H_2O$ 反应，生成 $H_2SO_4$。如果大气中还有 $NH_3$ 存在时，就会与 $H_2O$ 一起生成 $(NH_4)_2SO_4$。所以，大气中的 $SO_2$ 经过一系列的化学变化后，最终形成硫酸或硫酸盐，然后以湿沉降或干沉降的形式降落到地球表面。

#### 2.3.2.4　氮氧化物的来源、转化及归宿

大气中的氮氧化物主要包括 $N_2O$、$NO$、$N_2O_3$、$NO_2$、$N_2O_5$。$N_2O_3$ 和 $N_2O_5$ 在大气条件下易分解成 $NO$ 和 $NO_2$，即

$$N_2O_5 \longrightarrow N_2O_3 + O_2$$

$$N_2O_3 \longrightarrow NO + NO_2$$

通常将 $NO$、$NO_2$ 统称为奇氮，它们是主要的大气污染物，常用 $NO_x$ 表示。

进入大气对流层中的 $NO_x$ 既有自然源又有人为源。自然源主要来自于生物圈中氨的氧化，生物质的自然燃烧；土壤中生物化学反应后的释放物；闪电后的光电化学反应产物；还有从平流层进入的氮氧化物质。据估计，大气对流层中 $NO_x$ 自然源释放量占总排放量的 43.4%～44.5%，人为源释放量占总排放量的 55.8%～56.4%（详见表 2-2）。

表 2-2 大气中 $NO_x$ 主要自然源和人为源及其排放量估计（2008 年）

| 释放源 | 估计排放量/($\times 10^6$t/a) | 占自然源、人为源排放量/% | 占总排放量/% |
|---|---|---|---|
| 自然源： | | 占自然源排放量 | |
| 1. 闪电 | 26 | 21.80～22.40 | 9.67～9.77 |
| 2. 平流层注入 | 2 | 1.68～1.72 | 0.74～0.75 |
| 3. 氨氧化 | 27～30 | 23.95～24.57 | 10.59～10.70 |
| 4. 生物质自然燃烧 | 35 | 29.41～30.17 | 13.01～13.16 |
| 5. 土壤释放 | 26 | 21.85～22.41 | 9.67～9.77 |
| 合计 | 116～119 | 99.49～100.47(平均值:99.98) | 43.36～44.49 |
| 人为源： | | 占人为源排放量 | |
| 1. 燃烧化石燃料 | 96 | 64 | 35.69～36.09 |
| 2. 生物质人为燃烧 | 54 | 36 | 20.07～20.30 |
| 合计 | 150 | 100 | 55.76～56.39 |
| 总计 | 266～269(平均值:267.5) | | 99.75～100.25 |

$NO_x$ 人为源主要指化石燃料燃烧、生物质燃烧、工业生产和交通运输等过程排放的 $NO_x$。据不完全统计，20 世纪 60 年代全世界人为 $NO_x$ 的年排放量在 $0.5\times 10^8$t，到了 80 年代人为 $NO_x$ 的年排放量上升到 $1.1\times 10^8$t，90 年代人为 $NO_x$ 的年排放量达到 $1.3\times 10^8$t，到了 21 世纪初（2008 年）人为 $NO_x$ 的年排放量已跃升到 $1.5\times 10^8$t。这一期间相应的人口数是 31 亿人、52 亿人、56 亿人、67 亿人，随着人口数量的增长，全球人为 $NO_x$ 的年排放量逐年增多，与全球人口增长数量呈正向相关。

化石燃料燃烧排放的氮氧化物是指人类燃烧化石燃料时所释放的烟气中含有 NO，它排入大气后，迅速转化为 $NO_2$。

人为生物质燃烧释放的氮氧化物是指人类利用秸秆、稻草、树枝等生物残体作为燃料，在燃烧过程所释放的烟气含有 NO，进入大气后与 $O_2$ 作用转化为 $NO_2$。

工业生产排放的氮氧化物是指生产硝酸、氮肥的企业，有机合成工业，电镀行业等在生产过程中大量排出的 $NO_x$。

交通运输过程排放的氮氧化物是指各种机动车辆、船舶和飞机等交通工具在行驶过程排放的尾气中含有大量的 $NO_x$。目前，机动车尾气已经成为城市空气中的主要动态污染源。

大气中 $NO_x$ 的化学转化和归宿是大气环境化学中的一个重要问题。

在对流层最初排放的 $NO_x$ 中，NO 作为一次污染物占有绝对优势，而 $NO_2$ 的体积含量仅占不到 0.5%。它们在太阳光的作用下参与了大气中的各种化学反应，在光化学烟雾形成的过程中起着重要作用。

(1) NO 的主要转化途径　NO 在大气中可以发生如下反应：

$$2NO+O_2 \longrightarrow 2NO_2$$

$$NO+O_3 \longrightarrow NO_2+O_2$$

$$NO+HO_2 \longrightarrow NO_2+OH$$

$$NO+RO_2 \longrightarrow RO+NO_2$$

$$NO+NO_2+H_2O \longrightarrow 2HNO_2$$

$$HNO_2+h\nu \longrightarrow NO+OH\cdot$$

(2) $NO_2$ 的主要转化途径　$NO_2$ 在大气中主要发生如下反应：

$$NO_2+h\nu \longrightarrow NO+O\cdot$$

$$NO_2+OH\cdot+M \longrightarrow HNO_3+M$$

$$NO_2+RO_2\cdot+M\longrightarrow RO_2NO_2(PAN)+M$$
$$NO_2+RO+M\longrightarrow RONO_2+M$$
$$NO_2+O_3\longrightarrow NO_3+O_2$$
$$NO_2+NO_3\cdot+M\longrightarrow N_2O_5+M$$
$$N_2O_5+H_2O\longrightarrow 2HNO_3$$
$$NH_3+HNO_3\longrightarrow NH_4NO_3$$
$$2NO_2+NaCl\longrightarrow NaNO_3+NOCl$$

$NO_x$ 的上述化学转化过程可由图 2-2 形象地表示出来。

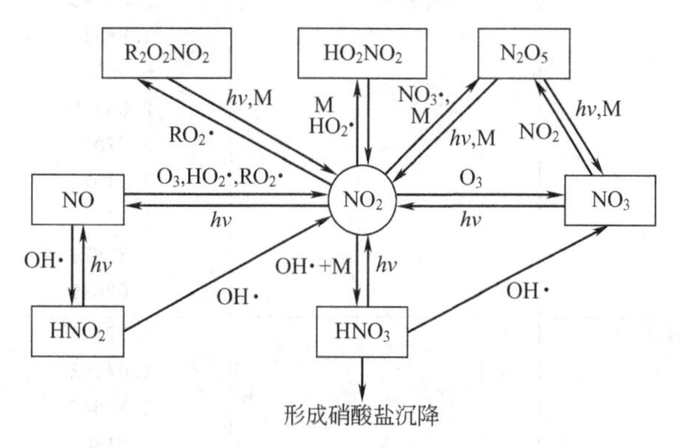


图 2-2　大气中氮氧化物的气相化学反应过程

从图 2-2 的过程反应可以看出，$NO_x$ 的最终归宿是形成硝酸和硝酸盐。大颗粒的硝酸盐可直接沉降，小颗粒的硝酸盐会被雨水溶出，沉降到地表和海洋中。

### 2.3.2.5　碳氢化合物的来源、转化及归宿

大气中由碳元素和氢元素构成的化合物总称为碳氢化合物。

碳氢化合物主要包括烷烃、烯烃、炔烃、脂环烃和芳香烃。

1960 年全球向大气中排放的碳氢化合物约为 $1.8583\times10^9$ t，其中 16%来自于人为排放源，84.0%来自于自然排放源，主要为甲烷和少量萜烯类化合物（Terpenes）。2008 年全球向大气排放的碳氢化合物约为 $4.5513\times10^9$ t，其中 65.7%来自于人为排放源，34.3%来自于自然排放源，48 年间碳氢化合物的排放总量增加了 $2.693\times10^9$ t，年均增加 $6.2628\times10^7$ t，年均递增速率为 3.37%，增加量（率）主要来自于人为排放源，如燃料燃烧、有机溶剂的挥发、石油提炼、种植稻米、人畜肠道发酵、垃圾填埋、采煤过程、石油与天然气的开采与传输、汽车尾气排放等，详见表 2-3 全球碳氢化合物的年排放量估计（2008 年）。

表 2-3　全球碳氢化合物的年排放量估计（2008 年）

| 来源 | 原燃料消耗量 /($\times10^6$ t 油当量) | 占碳氢化合物排放比例/% | 碳氢化合物排放量 /($\times10^6$ t) |
|---|---|---|---|
| 煤 | 3468.900 | 0.07421 | 3.377 |
| 动力消耗 | 1413.300 | 0.00497 | 0.226 |
| 工业消耗 | 1587.200 | 0.01778 | 0.809 |
| 家庭和商业消耗 | 468.400 | 0.05146 | 2.342 |
| 石油 | 3967.200 | 1.29492 | 58.936 |
| 石油提炼 | 1964.200 | 0.16789 | 7.641 |
| 汽油消耗 | 459.500 | 0.90864 | 41.355 |
| 煤油消耗 | 121.200 | 0.00246 | 0.112 |
| 燃料油 | 348.100 | 0.00268 | 0.122 |
| 残余油 | 614.700 | 0.00527 | 0.240 |
| 挥发和运输损耗 | 459.500 | 0.20798 | 9.466 |

续表

| 来源 | 原燃料消耗量/(×10⁶t油当量) | 占碳氢化合物排放比例/% | 碳氢化合物排放量/(×10⁶t) |
|---|---|---|---|
| 自然源释放 $CH_4$ | | 30.4967 | 1388.000 |
| 沼泽地 | | 13.8422 | 630.000 |
| 潮湿地带 | | 14.7430 | 671.000 |
| 其他 | | 1.91154 | 87.000 |
| 人为源释放 $CH_4$ | | 62.8392 | 2860.000 |
| 种植稻米 | | 6.28392 | 286.000 |
| 人、畜肠道发酵 | | 18.8518 | 858.000 |
| 燃烧生物质 | | 1.88518 | 85.800 |
| 污水释放 | | 5.65553 | 257.400 |
| 粪肥释放 | | 2.50478 | 114.400 |
| 采煤过程 | | 3.77035 | 171.600 |
| 垃圾填埋 | | 7.54070 | 343.200 |
| 石油、天然气开采与传输 | | 11.3111 | 514.800 |
| 农业其他来源 | | 4.39874 | 200.200 |
| 固定与机动燃料的燃烧 | | 0.62839 | 28.600 |
| 来自植物的萜烯化合物 $(C_5H_8)_n$ | | 3.77914 | 172.000 |
| 针叶林 | | 1.07662 | 49.000 |
| 阔叶林、耕地和草原 | | 1.18647 | 54.000 |
| 原胡萝卜素的分解 | | 1.51605 | 69.000 |
| 其他 | | 1.51517 | 68.960 |
| 溶剂使用 | | 0.41746 | 19.000 |
| 焚尸炉 | 0.3(柴油) | 0.0000002 | 0.00001 |
| 垃圾焚烧炉 | 1029.2(柴油+垃圾) | 1.07113 | 48.750 |
| 森林火灾 | | 0.02659 | 1.21 |
| 总计 | | 100.000 | 4551.273 |

城市低空中碳氢化合物的人为污染主要源于机动车尾气，即机动车在行驶过程中燃油（汽油、柴油）处于不充分燃烧状态下的裂解或氧化而形成的烃类污染物，详见表2-4普通机动车尾气排放成分一览表。

**表2-4 普通机动车尾气排放成分一览表**

| 总烃化合物及其体积分数 | | 总醛化合物及其体积分数 | |
|---|---|---|---|
| 化合物 | 体积分数/% | 化合物 | 体积分数/% |
| 甲烷 | 14～18 | 甲醛 | 60～73 |
| 乙烯 | 15～19 | 乙醛 | 7～14 |
| 乙炔 | 8～14 | $C_2H_5CHO+CH_3COCH_3$ | 0.4～16 |
| 丙烯 | 6～9 | 丙烯醛 | 2.6～9.8 |
| *n*-丁烷 | 2～5 | 丁醛 | 1～4 |
| 异戊烷 | 2～4 | 巴豆醛 | 0.4～1.4 |
| 甲苯 | 3～8 | 戊醛 | 0.4 |
| 苯 | 2.4 | 苯醛 | 3.2～8.5 |
| 正戊烷 | 2.5 | 苯甲醛 | 2～7 |
| 间二甲苯和对二甲苯 | 1.9～2.5 | 其他 | 0～10 |
| 丁烯 | 2～6 | | |
| 乙烷 | 1.8～2.3 | | |
| 2-甲基戊烷 | 1.5 | | |
| 正己烷 | 1.2 | | |
| 异辛烷 | 1.0 | | |
| 其他 | 22～30 | | |

从环境污染的角度看，烃类污染物的化学成分与含量并不能直接反映其环境污染的水平，我们更为关注的是，它们在空气中与其他化学物质共同反应的产物及其含量。因为大多数烃类污染物的毒性较小，但由于它们是形成光化学烟雾的主要成分，由此产生的二次污染物 PAN 等却对人类健康有很大危害。

烃类化合物进入大气后经历了一系列的主要氧化反应过程。大气中烃类化合物及其衍生物很多，常见的有烷烃、烯烃、芳香烃、醛和酮等。这些烃类化合物可与各种自由基——OH·、$HO_2$·、$RO_2$·和 O·、$O_3$ 产生如下反应。

(1) 烷烃、烯烃、芳香烃与 OH·自由基反应：

$$CH_3CH_2CH_3 + OH\cdot \longrightarrow CH_3\dot{C}HCH_3 + H_2O$$

$$C_2H_4 + OH\cdot \longrightarrow HOCH_2\dot{C}H_2$$

$$C_6H_5CH_2CH_3 + OH\cdot \longrightarrow C_6H_5\dot{C}HCH_3 + H_2O$$

从上述反应中可以看出：丙烷与 OH·反应会引起脱氢，形成烷基和水；乙烯与 OH·反应会形成加合物，即 OH·在烯烃双链上加成；乙苯与 OH·反应引起芳香烃侧链上的脱氢，形成 $C_6H_5\dot{C}HCH_3$ 和水。

(2) 烷烃、烯烃与 O·反应：

$$CH_3CH_2CH_3 + O\cdot \longrightarrow CH_3\dot{C}HCH_3 + OH\cdot$$

$$R_1R_2C{=}CR_3R_4 + O\cdot \longrightarrow R_1R_2C\overset{O}{-}CR_3R_4 \longrightarrow R_1-\dot{C}R_2R_3 + R_4-\dot{C}{=}O$$

或者

$$R_1-\dot{C}{=}O + R_2-\dot{C}R_3R_4$$

从上述反应中可以看出：丙烷与 O·反应能引起脱氢反应，形成烷基和氢氧基；烯烃与 O·反应，首先形成激发态的环氧化合物，然后分解为烷基和酰基。

(3) 烯烃与 $O_3$ 反应 它的反应与气态烯烃和液态烯烃与 $O_3$ 的反应机理相似，虽然烯烃与 $O_3$ 的反应速度常数不如与 OH·反应的大，但是，$O_3$ 在大气中的浓度要比 OH·高，以致增高了烯烃与 $O_3$ 在大气中的反应重要性。当 $O_3$ 在大气中的浓度仅为 $3.0\times10^{-8}\sim4.0\times10^{-8}$ $mg/m^3$ 时，烯烃的寿命随着取代烃基的增加而变短，如乙烯变为 2,3-二甲基-2-丁烯时，其寿命从 7～9d 缩短到只有 14～21min。

在大气中，烯烃与 $O_3$ 首先发生加成反应，反应中 $O_3$ 加合到烯烃的双链上，形成第一臭氧化物 (Primary Ozonide)，即

$$O_3 + R_1R_2C{=}CR_3R_4 \longrightarrow R_1R_2C(-O-O-O-)CR_3R_4$$

第一臭氧化物

随后第一臭氧化物的 O—O 键和 C—C 键会断裂，并分别转化成为一个羰基化合物和一个 Criegee 中间产物（该产物是 Criegee 于 1957 年首先提出来的，故以他的名字命名）。

a O b

O O

$R_1$ C C $R_4$

$R_2$ $R_3$

过程 a → $R_1R_2C{=}O + R_3R_4\dot{C}O\dot{O}$ Criegee 中间体

过程 b → $R_1R_2\dot{C}O\dot{O} + R_3R_4C{=}O$ Criegee 中间体

在大气中，两个由断键而生成的化合物会很快分开，加上 Criegee 中间体带有过剩的能量（来自于一级热反应产物 $R_1R_2\dot{C}O\dot{O}$，称为 Criegee 双自由基)，因而会进一步分解：

$$O_3+2H_2C \longrightarrow HCHO+H_2COO$$

$$H_2COO\cdot+M \longrightarrow H_2COO$$

$$H_2COO\cdot \longrightarrow HOCOH\cdot \xrightarrow{a} CO+H_2O$$

$$H_2COO\cdot \longrightarrow HOCOH\cdot \xrightarrow{b} CO_2+H_2$$

$$H_2COO\cdot \longrightarrow HOCOH\cdot \xrightarrow{c} CO_2+2H$$

$$H_2COO\cdot \longrightarrow HOCOH\cdot \xrightarrow[M]{d} HOCOH$$

最终转化为醛、酮和无机化合物，如 CO、$CO_2$ 和 $H_2$、$H_2O$ 等。$H_2COO\cdot$ 如遇到大气中的 $SO_2$ 和 $H_2O$ 则会发生如下反应：

$$H_2COO\cdot+SO_2 \xrightarrow{e} HCHO+SO_3 \xrightarrow{nH_2O} H_2SO_4\cdot nH_2O+C$$

$$H_2COO\cdot+SO_2 \xrightarrow{f} H_2COOSO_2\text{(有机硫气溶胶)}$$

反应结果是或产生硫酸或产生有机硫气溶胶，另外，中间产物也可能与 NO、$NO_2$ 反应，形成光化学烟雾。

#### 2.3.2.6 光化学烟雾

由 HC、$NO_x$ 及其光化学反应的中间产物和最终产物所组成的特殊混合物，称为光化学烟雾。

光化学烟雾是一种大气污染现象，最初发生在美国洛杉矶，因此又称为洛杉矶烟雾，洛杉矶烟雾与早期的伦敦烟雾有所不同。伦敦烟雾主要是 $SO_x$ 和悬浮颗粒物的混合物，通过化学作用生成 $H_2SO_4$ 危害人的呼吸系统；而光化学烟雾则是 HC 和 $NO_x$ 在强太阳光作用下发生光化学反应而生成的刺激性产物，如醛、$O_3$ 和 PAN。

光化学烟雾形成的机理很复杂，许多学者都提出了自己的理论。1951 年，美国加利福尼亚大学的 Haggen Smith 首先提出了关于光化学烟雾的形成机理。1956 年，Stephens 又进一步研究了光化学烟雾的形成过程，并以模式图定量表示其中生成物的主要光化学反应物质。1984 年和 1985 年，Leone 和 Seinfeld 提出了包括无机反应、醛反应和 PAN 形成、$\alpha$-双碳酰基（双羰基）化学反应、甲基提取途径、甲苯加入途径和共轭双碳酰基化学反应等 12 个反应方程来描述光化学烟雾的复杂过程。

① $$NO_2+h\nu \longrightarrow NO+O\cdot$$

② $$O\cdot+O_2+M \longrightarrow O_3+M$$

③ $$NO+O_3 \longrightarrow NO_2+O_2$$

④ $$RO+2OH \longrightarrow RO_2\cdot+H_2O$$

⑤ $$RCHO+OH\cdot \longrightarrow RCO\cdot+H_2O$$

⑥ $$2O_2+RCHO+h\nu \longrightarrow RO_2\cdot+HO_2\cdot+CO$$

⑦ $HO_2\cdot + NO \longrightarrow NO_2 + OH\cdot$

⑧ $2OH\cdot + RO_2\cdot + NO \longrightarrow NO_2 + RHO\cdot + HO_2\cdot$

⑨ $RCO\cdot + 2O_2 + NO \longrightarrow NO_2 + RO_2\cdot + CO_2$

⑩ $\frac{1}{2}O_2 + OH\cdot + NO \longrightarrow HNO_3$

⑪ $RCO + O_2 + NO_2 \longrightarrow RCO_3NO_2(PAN)$

⑫ $RCO_3NO_2 \longrightarrow RC(O)O_2 + NO_2$

从上述反应中可以看出以下几点。

① 反应方程式①～③为 $O_3$ 生成与破坏的反应，反应方程式④～⑥为自由基链反应的引发反应，反应方程式⑦～⑨为自由基链反应的传递反应，反应方程式⑩～⑫为链终止反应。

② $NO_2$ 是产生“烟雾”的关键：在低层大气中一次污染物 NO、$N_2$、$O_2$、CO、$C_3H_6$ 等都不吸收紫外辐射，在污染空气中只有 $NO_2$ 吸收紫外辐射。而空气中的 $NO_2$ 来源于燃料燃烧：

$$2NO + O_2 \longrightarrow 2NO_2$$

③ $NO_2$ 的光解是“烟雾”形成的开始：$NO_2$ 光解的结果产生 NO 和 O·，随即形成 $O_3$。因此大气中 NO、$NO_2$ 和 $O_3$ 之间的反应不断循环。如果大气中只发生 $NO_2$ 的光解循环，就无法产生光化学烟雾。当污染的大气中同时存在 HC 时，$NO_2$ 的光解循环才能被打破。

④ HC 是产生“光化学烟雾”的主要成分。

⑤ PAN 是“光化学烟雾”的最终产物。

$NO_2$ 光解产生的 O·、$O_3$ 与 HC 反应形成一系列带有氧化性、刺激性的中间产物和最终产物，从而导致光化学烟雾的形成。

HC参加大气光化学反应的主要途径有两条：第一，HC 在阳光作用下，通过光解形成自由基（R·、RCO·、$RCO_2$·、RO·），然后与 $O_2$ 立即化合而生成过氧基（$RO_2$·、$HO_2$·）和过氧酰基（$RCO_3$·）。第二，HC 在 O·、$O_3$ 和 OH·等自由基的作用下发生链式反应，生成醛、酮、醇、烷、烯和水等，还有重要的中间产物——自由基。由这些自由基的进一步作用促使了 NO 向 $NO_2$ 的转化，形成了光化学烟雾中重要的二次污染物 PAN、RCHO、$O_3$。

总之，光化学烟雾的形成过程是由一系列复杂的链式反应组成的。一般认为 $NO_2$ 的光解是大气光化学烟雾形成的起始反应，并促使了大气中 $O_3$ 的积累；HC 的存在打破了 $NO_2$ 的光解循环，生成了重要的自由基（R·和 RCO·），促使 NO 向 $NO_2$ 的快速转化；$NO_2$ 继续光解产生 $O_3$，同时在转化过程中产生的自由基又继续参与反应生成更多的自由基。上述反应不断循环进行，直到 RCO·自由基最后与 $NO_2$ 结合产生 $RCO_3NO_2$（PAN）的光化学烟雾才终结反应。

## 2.4 人类活动对大气圈的影响

### 2.4.1 全球气候的异常现象与变化趋势

自从地球衍生出人类以来的300万年中，全球气候一直在经常和广泛地发生着变化，这些变化大部分与人类的活动影响无关。在经历过的地质年代，曾有许多不同的自然因素使气候发生了变化，而且现在仍然变化着。

但是，进入20世纪以来，随着人口的增长和科学技术水平的日益提高，人类在改变全球气候的过程中所起到的作用越来越不容忽视了（详见图2-3）。

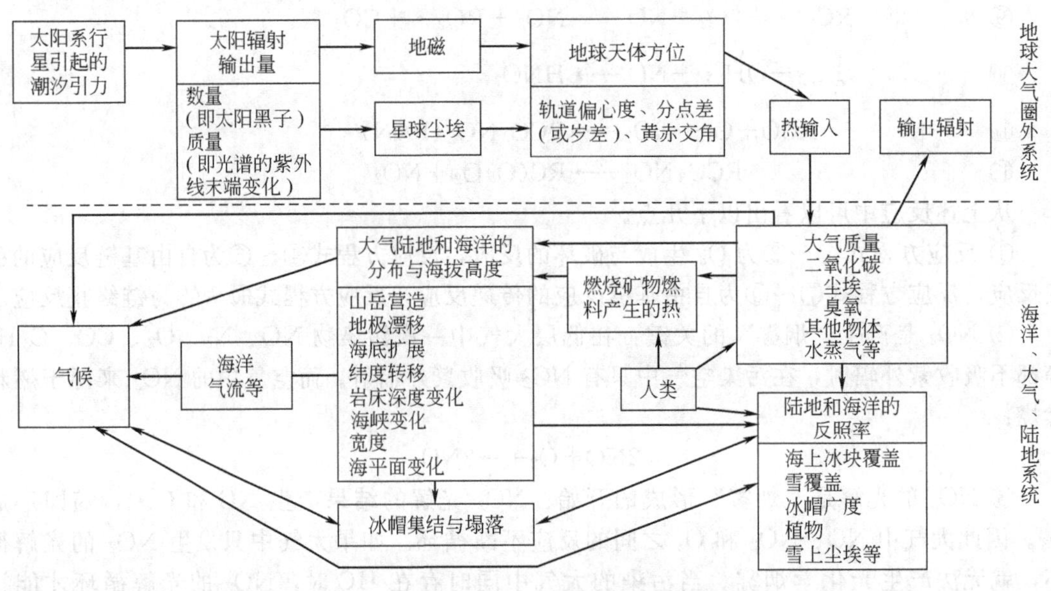


图2-3 一些可能引起全球气候变化的因素

#### 2.4.1.1 全球变冷说

该学说最有力的根据是“米兰戈维支理论”。这种理论认为冰河期的形成起源于地球自转的长时期偏差，从而引起气流与洋流的改变。另外，地球自转的加速已导致大陆积雪的不规则变动，这些都可能引起气候变冷。

变冷说的第二个根据是“太阳黑子理论”。太阳黑子数量的增加将使太阳辐射减弱，引起地球变冷。通过观测发现，中欧出现的严冬多集中在太阳黑子数极大值附近。

图2-4 城市热岛效应示意图

变冷说的第三个根据是“阳伞效应理论”。主要是火山爆发喷出的尘埃和工业、交通、炉灶等不断增加的烟尘排放，这些悬浮在大气中的气溶胶颗粒物就像地球的遮阳伞一样，反射和吸收太阳辐射，引起地面降温。

但是，就目前气候变化而论，该学说的正确与否尚需要历经地质年代的检验，人类很难等到那一天，毕竟全球气候十几年来变化的总趋势是逐渐变暖。

#### 2.4.1.2 全球变暖说

该学说的根据较多，主要的根据是“温室效应”。由于化石燃料的燃烧，大气中$CO_2$含量增加。$CO_2$能够吸收红外辐射，并将它反射回地面，从而干扰地球的正常热平衡，使低层大气温度上升。此种现象与玻璃温室的作用相似，因此被称为“温室效应”。

变暖说的第二个根据是“放大器效应”。大气中含有极少量的氟氯烃（CFCl）、氟氯溴烃（$CF_2ClBr$）、氟溴烃（$CF_3Br$）、甲烷（$CH_4$）和一氧化二氮（$N_2O$）等具有温室放大效应的气体，尽管它们含量很少，但其吸收热量的能力却是巨大的，$CH_4$的温室效应比$CO_2$的效应要强大 300 多倍，而 CFCl、$CF_2ClBr$、$CF_3Br$ 要比 $CO_2$强大 20000～30000 倍。$N_2O$ 也有增强温室效应的放大作用。

变暖说的第三个根据是“热岛效应”。随着人口不断地增长，城市规模不断地扩大。工业大气污染、机动车尾气污染、人为释放的热、自然下垫面的减少、人工下垫面的增多，均大大增强了地表的热反射，从而引起城市上空气温持续上升，致使城区气温比郊外气温高 1.0～8.0℃，此种现象通常被称为“热岛效应”（详见图 2-4）。

变暖说的第四个根据是“厄尔尼诺效应”。“厄尔尼诺”（Ei Nino）一词来源于西班牙语，原意为“圣婴”。19 世纪末，在南美洲的厄瓜多尔、秘鲁等西班牙语系的国家，渔民们发现，每隔几年，从 10 月至次年的 3 月便会出现一股沿海岸向南推进的暖流，使表层海水温度升高 3～6℃。南美洲的太平洋东岸原本盛行的是秘鲁寒流，鱼群随着寒流移动进入厄瓜多尔、秘鲁洋面。但这股暖流一出现，鱼类就会大量死亡，最严重时出现在圣诞节前后。厄尔尼诺效应的最基本特征是：秘鲁和厄瓜多尔附近数千海里的东太平洋海水骤然增温，海水水位上涨，并形成一股暖流向南流动；它使原属冷水域的太平洋东部水域变成暖水域，减弱了东南信风，改变了赤道洋流的流向（详见图 2-5），导致冷水性浮游生物、鱼类和海洋鸟类大量死亡，结果引起飓风、海啸和暴风骤雨，造成一些地区干旱，另一些地区又降雨过多的全球性气候异常变化。

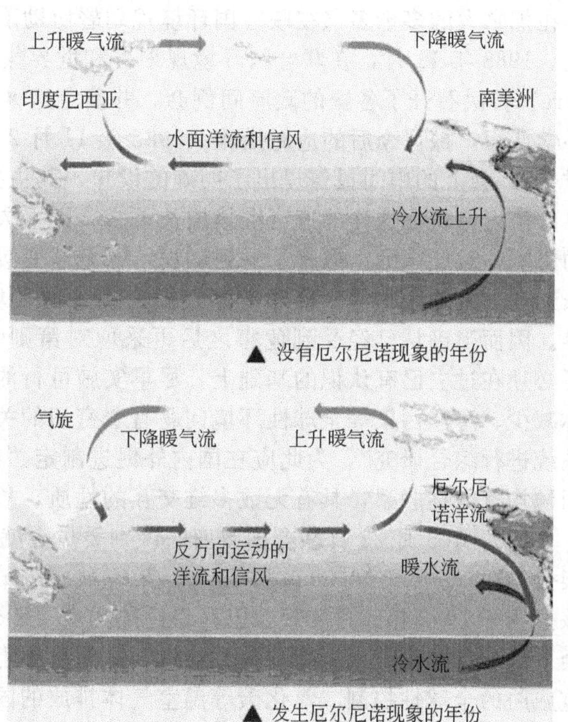

图 2-5　厄尔尼诺效应示意图

厄尔尼诺效应是周期性出现的，大约每隔 2～7 年出现一次。自人类进入 20 世纪 50 年代以来，已经出现了 18 次厄尔尼诺效应。科学家们认为，厄尔尼诺效应的频繁出现与大气环境日益恶化有关，与人类向大自然过多地索取且不加以生态环境保护有关，是全球温室效应增强的结果。

除此之外，臭氧问题也引起了科学家们的密切关注。低层大气（对流层）中的臭氧浓度不断增加，这主要是由于低层大气中 CO 等其他分子浓度上升引起的，还有一部分来自平流层。这一发现非常重要，因为低层大气中的臭氧具有温室效应。

以上所述的 $CO_2$、$N_2O$、CFCs、$CH_4$、$O_3$ 等气体也能够吸收红外线辐射，促使大气温度升高，故也属于温室效应气体。

大气层中有些痕量“活性”气体严格地讲并不是温室气体，因为它们不吸收红外线辐射。但是，它们彼此作用时能促成它种气体的生成或破坏，由此间接影响温室效应。如 CO、$NO_x$、$NH_3$、$H_2S$、二甲基硫化物、甲硫醇、二硫化碳和羰基硫化物，这类气体以很复杂的方式与臭氧相互作用。在 CO、$CH_4$、异戊二烯和萜烯类化合物被破坏时，OH·与

$O_3$ 是主要氧化剂。

#### 2.4.1.3 世人关注气候变暖

全球气候异常变化已影响人类生存，尤其是全球气候变暖引起了世人关注。

1978年美国制定了《国家气候规划法》，将有关政府部门联合起来进行有组织的研究。其研究成果以联邦海洋大气局（NOAA）、能源部（DOE）、美国科学院（NAS），以及联邦宇航局（NASA）的报告形式发表。1987年制定了《全球气候保护法》，从而促进了全球气候变化对策的制定。

1985年和1987年，联合国环境规划署（UNEP）、世界气象组织（WMO）及国际科学协会理事会（ICSU）在澳大利亚的菲拉赫（Villach）联合召开的国际会议上，对有关的科学信息进行了整理、评价，会议肯定了全球气温已经变暖。会议指出，由于大气中温室效应气体（以下简称温室气体）浓度增加的结果，直至21世纪前叶，全球气温将高于历史上任何时期。另外，在上述国际组织的支持下，1987年在意大利的贝拉基奥（Bellagio），1988年在加拿大的多伦多（在联合国环境规划署协助下，由加拿大政府主办）分别召开了国际会议。1988年11月，在联合国环境规划署和世界气象组织的主持下，在瑞士的日内瓦（Ginevra）首次召开了各国的政府间例会，并确定这种例会至少每两年召开一次，以便探求新的科学认识，探讨今后的应对措施。1988年11月2日，日本环境厅召开了"全球变暖问题研讨会"，会上的中间报告提出了明确的设想，其主要内容为："如果大气中二氧化碳等温室气体的浓度像现在这样的速度继续增长下去，则不久的将来全球将变暖，全球环境将受到相当的影响，对此国际上取得了一致认识"，"全球变暖将使全世界受到极大的影响，变暖是一个长期渐进的复杂过程，全球变暖及随之而来的环境变化一旦发生，若想使之恢复则异常困难。因而当确认已经受到危害之后再采取对策则为时已晚"，故今后"在加强研究的同时，还必须在过去已有认识的基础上，尽早实施可行的对策"，"全球变暖与土地沙漠化、热带雨林减少、海洋污染等全球性环境问题有着密切的关系，因而应将它们作为一个相互关联的大系统进行综合研究"，为此应在国内外促进制定"中长期行动方针"。特别提到的是各种环境问题均有内在联系，具有无数多维交互的性质，故应该综合考虑全球变暖的对策问题。

1992年5月22日联合国政府间谈判委员会就气候变化问题达成了《联合国气候变化框架公约》(*United Nations Framework Convention on Climate Change*)，简称《框架公约》，该公约于1992年6月4日在巴西里约热内卢（Rio De Janeiro）举行的联合国环境与发展大会（地球首脑会议）上得到一致通过。这是世界上第一个为应对全球气候变暖给人类带来严重威胁的全球性控制二氧化碳等温室气体排放的国际公约，也是国际社会在应对全球气候变暖问题上进行国际合作的一个基本框架。《框架公约》于1994年3月21日正式生效。1995年3月28日首次缔约方大会在柏林（Berlin）举行（缔约方大会每年举行1次）。

1997年12月11日，《联合国气候变化框架公约》第3次缔约方大会在日本京都召开。149个国家和地区的代表通过了旨在限制发达国家温室气体排放量以抑制全球变暖的《京都议定书》(*Kyoto Protocol*)。《京都议定书》规定，到2010年，所有发达国家二氧化碳等6种温室气体（$CO_2$、$CH_4$、$N_2O$、$SF_6$、HFCs、PFCs）的排放量，要比1990年减少5.2%。具体地说，各发达国家从2008～2012年必须完成的削减目标是：与1990年相比，欧盟削减8%、美国削减7%、日本削减6%、加拿大削减6%、东欧各国削减5%～8%；新西兰、俄罗斯和乌克兰可将排放量稳定在1990年水平上。在联合国气候变化会议上各国政府就温室气体减排目标达成了共识，澳大利亚政府承诺2050年前将温室气体减排60%。

《京都议定书》建立了旨在减排温室气体的3个灵活合作机制：①国际排放贸易机制；②联合履行减排机制；③清洁生产发展机制。以清洁生产发展机制为例，它允许工业化国家的投资者从其在发展中国家实施的并有利于发展中国家可持续发展的减排项目中获取“经证明的减少排放量”。我国成为实现《京都议定书》清洁生产发展机制减排量最多的国家。

2005年2月16日，《京都议定书》正式生效。它在人类历史上首次以国际法规的形式限制温室气体排放。

《京都议定书》是一个具有法律约束力的公约，对发达国家与发展中国家规定的义务以及履行义务的程序有所区别。它要求作为温室气体排放大户的发达国家，要采取具体措施限制温室气体排放，并有义务向发展中国家提供资金支持帮助他们履行公约。而发展中国家有义务提供温室气体源与温室气体汇的国家清单。制定并执行关于温室气体源与汇方面的措施方案。它建立了一个向发展中国家提供资金和技术支持，促使发展中国家能够履行公约义务的激励机制。公约缔约国会议决定资金政策、项目优先次序和项目获批标准。

### 2.4.2　温室效应

自从工业革命以来，人类活动强烈地改变着地球大气的组成，排放出的多种气体中，有许多能够吸收红外辐射，随着吸收热能的气体浓度增加，地球平均温度会逐步上升。在能够引起全球变暖的各种大气污染物质中，最引人注意的是二氧化碳的作用，因为它的排放量在全球最大。

《京都议定书》的目标是减少二氧化碳等温室气体的排放。“温室效应”最早是由瑞典科学家Svante Arrhenius于1896年提出的，并于后来得到了大量的科学证实。其基本观点是：化石燃料（煤、石油、天然气等）燃烧会产生二氧化碳，这些二氧化碳一方面吸收太阳的热能，而另一方面却会阻挡地球的热量向太空发散，太多的二氧化碳将会导致地球气温升高，这对人类的将来是灾难性的。

二氧化碳是大气中原来就有的物质，是植物光合作用不可缺少的，一般不将其看作是大气污染物。释放到大气中的二氧化碳主要来源于自然界和人类社会活动。人类社会活动释放的二氧化碳主要来自于化石燃料的燃烧和土地利用，尤其是森林砍伐和垦荒种田，大大减少了植物生长的总量，破坏了地球上的正常生物碳循环（详见图2-6），引起二氧化碳过量释放到大气。

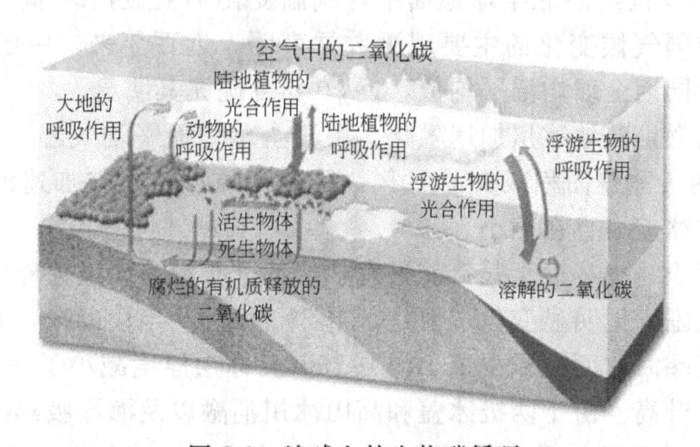


图2-6　地球上的生物碳循环

据环境专家测算，现在全球水泥生产和化石燃料燃烧每年释放的二氧化碳（以C计）约为$8.40\times10^{9}$t，每年由于森林砍伐而无法吸收的二氧化碳释放量约为$6.00\times10^{9}$t，每年从土壤腐殖质中释放的二氧化碳约为$2.00\times10^{9}$t，3项合计全球每年人为源和自然源释放的二氧化碳总量约为$1.64\times10^{10}$t。大气中除了$CO_2$外，还存在着$CH_4$、$N_2O$、CFCs等温室气体，它们对全球变暖也有贡献。

从过去的地质年代看，最近冰河期地球平均温度约降低了2℃。根据对南极帕斯托克等基地深层冰穴气体的分析，此时大气中二氧化碳的浓度为180μL/L。冰河期结束后，大气中二氧化碳的浓度增到了270μL/L，直到19世纪初也未超过280μL/L，期间均无较大变化，当时地球大气圈中$CO_2$浓度与海洋中、陆地上两大绿色植物的$CO_2$储库形成了平衡。

近百年来，大气中二氧化碳的含量大大增加，通过巴罗73°N、斯堪的纳维亚55°N、冒纳罗亚19°N、南极90°S等基地和夏威夷蒙娜洛阿（Mauna Loa）气象台观测记录来看，进入20世纪后，大气中$CO_2$浓度呈逐年上升趋势是显而易见的，这一结果与以前的分析预测结果基本相一致。

过去，科学家曾对温室效应作过种种预测，根据最近的研究结果，若大气中$CO_2$浓度与现在相比增加1倍，全球气温平均值将比现在高1.5～4.5℃。但是，当前还不能准确地区分哪些气候变化是$CO_2$造成的，哪些是自然变化以及$CO_2$以外的因素造成的。另外，一旦$CO_2$浓度增加后，其高浓度状态将持续100年以上，由此造成的气候变化将几乎是不可逆转的。因而，现在世界各国应该携起手来，加强全球气候变暖的科学研究，积极采取有效预防措施，尽快控制气候变暖。这其中有一项很重要的工作就是预测大气二氧化碳浓度变化趋势。而对于人为活动排放的$CO_2$总量预测，不仅涉及自然科学发展前景的预测，还涉及复杂的社会发展前景预测。

### 2.4.3 全球气候变暖的影响

#### 2.4.3.1 全球气候变暖的观测事实

20世纪60年代前科学家最关心的问题是全球变冷，这里有两个原因：第一个原因是担心人类发动核战争；第二个原因是担心下一个冰期来临。但是经过以后的大量地球观测事实证明，从过去的一百多年开始到未来的几百年内气候会持续变暖，主要事实是：地表气温上升；时空降水变化异常；两极冰盖消融，陆地冰川加速融化；北极海冰面积缩小；海平面逐步升高；极端气候天气增多；大气环流和海洋环流异常变化（南方涛动）。

（1）地表气温上升　20世纪前全球地面平均气温无明显变化，20世纪后全球地面平均气温增加了（0.6±0.2)℃。来自北半球树木年轮、珊瑚、冰核和其他历史记录的数据和温度计的数据均显示，20世纪前北半球地面平均气温变化不明显，20世纪后地面平均气温开始明显上升。来自中国气候变化的主要观测数据表明，近百年来，中国年平均气温升高了0.5～0.8℃，略高于同期全球增温平均值，近50年变暖尤其明显。

（2）两极冰盖消融，陆地冰川加速融化　由于全球地面平均气温明显升高，自20世纪60年代以来，南北两极冰盖面积减少了10%，陆地高原冰川也在加速消融，近年来靠近赤道的乞力马扎罗山的冰盖一直在缩小。

（3）北极海冰面积缩小　近十几年前，南半球部分海洋和南极大陆部分地区基本没有变暖，南极海冰基本范围未见明显变化。但是，自20世纪50年代以来，北半球受上升气温影响，在春夏季节北极圈海冰面积减少了10%～15%，冰层厚度减小了40%。

（4）海平面逐步升高　由于两极冰盖和高山冰川消融以及海洋吸热海水膨胀等原因，自20世纪以来，全球海平面平均升高了0.1～0.2m。

（5）时空降水变化异常　受地表气温升高的影响，大气环流发生了变化。自20世纪以来，北半球大陆中高纬度地区云量增加了2%，日温差在减小；大部分地区强降水频率增加了2%～4%，每10年降水增加了0.5%～1.0%，而大部分亚热带大陆却减少了0.3%。

（6）河流与湖泊的结冰期在缩短　在过去的一个世纪里，全球每年湖泊和河流的结冰期平均缩短了两个星期。

（7）极端气候天气增多　由于大气环流和海洋环流异常变化（南方涛动），自20世纪

50 年代以来，极端低温天气出现频率很低，极端高温天气出现频率有所增加。自 20 世纪 70 年代以来，厄尔尼诺（Ei Nino）与拉尼娜（La Nina）轮番出现的频率增高，持续时间更长、强度更大。

根据以上观测到的事实，IPCC（Intergovernmental Panel on Climate Change，联合国政府间气候变化专门委员会）得出基本结论：近 50 年所观察到的全球地表增温几乎都是由于人为温室气体排放浓度增大所致，就地表平均温度而言，南北两半球增温幅度最大的季节是冬季，北半球增温幅度大于南半球；陆地增温大于海洋。高层（400hPa）增温大于低层（800hPa）增温，北半球高纬度是增温较大的区域。就时空降水变化而言，全球平均降水量是增多的，但幅度只有 2.5%，并且区域差异和季节差异都很大。全年平均降水，在东亚季风区降水增多，降水变化较好地呈带状分布；热带和中纬度地区降水有所增多，副热带降水有所减少；各区域降水变化有较大的季节性差异。

#### 2.4.3.2 气候变暖对全球的影响

温室效应造成全球气候变暖对人类所产生的破坏作用是巨大的，不可逆转的。大量的科学观测事实已经证明，全球气温的迅速升高必将引起海平面上升，并导致许多地区气候紊乱。

（1）海平面上升给人类带来的灾难　全球气温升高必然引起海洋受热膨胀和两极冰盖、高山冰川融化，致使海平面上升。在过去的一个世纪，海平面平均升高 0.1～0.2m，太平洋和印度洋的低地势岛国被淹没或即将被淹没。如果依据目前的全球变暖趋势，全球海平面平均每年上升 1～2mm，预计到 2100 年全球海平面将上升 0.9～1.8m。海平面继续升高将对居住在沿海地区的约 32.5 亿人口带来灾难性影响。海平面只要升高 1m，就可以把尼罗河三角洲全部淹没，这个地区的人口数量、可耕地面积和国民生产总值均占埃及的 12%～15%；海平面只要升高 1m，在南亚的孟加拉国，占国土总面积 11.5%的土地就会被淹没，占总人口 9%的居民将背井离乡，致使该国损失 8%的国民生产总值。

（2）全球变暖给人类带来干旱、洪涝、暴雨等气象灾害　全球变暖给不少地区的气候带来了变化，1998 年是 100 多年来最热的一年，而 2001 年是第二个高温年。1998～2007 年是 100 多年来最热的 10 年。未来 100 年中，全球平均气温将上升 1.4～5.8℃，全球变暖的速度和持续时间已经超过了过去 1000 年里的任何时候。在过去的 40 年间，一些前所未有的极端天气和气候事件在世界各地频繁发生，如暴雨、洪水、干旱和热带气旋。在中纬度地区，夏季气温已经超出地球同季平均气温，这意味着中纬度地区变得更加干旱，到处可见干燥的土壤，灼热的阳光。由于蒸发量加大，占世界淡水储量 20%的北美五大湖（苏必利尔湖 Lake Superio、休伦湖 Lake Huron、密歇根湖 Lake Michigan、伊利湖 Lake Erie、安大略湖 Lake Ontario）湖面都有不同程度的下降，湖面下降最为严重的是休伦湖和密歇根湖。全球干旱或半干旱地区的降雨量进一步减少；热带潮湿地区的气候会变得酷热而干燥，热带风暴频繁肆虐，加重了地区洪涝灾害。

（3）气候变暖导致地球生态系统灾难　全球气候变暖最显著的影响主要表现在动植物的生长变化上，在北半球的部分地区，自 1960 年以来，植物生长季节延长了约 11 天，这种植物生长季节的改变与暖冬有关。为了适应变暖的气候环境，生长在乞力马扎罗山、喜马拉雅山、阿尔卑斯山的植物开始从低海拔向高海拔地区迁移，去进行自我生长期的调整，调整中有些植物种存活下来了，有些植物种消失了，它们的这种调整改变了植物群落的组成结构、生物量及生物生长量，因而，从整体上改变了乞力马扎罗山、阿尔卑斯山等森林生态系统的空间格局，当然，植物的这种自我适应性变化，必然导致生物多样性的减少。依靠植物群落栖息的动物和鸟类在这种情况下也会发生相应变化，鸟类在早春时节就产下蛋卵，蜜蜂、蝴蝶向北飞得更远；哺乳动物也积极向高纬度跋涉；海洋中珊瑚大量死亡；北极冰的过早融化使得北极熊没有足够的时间捕捉海豹而被迫捕食同类，预计未来100年的这一变化过程将会使20%～30%的脆弱物种濒临灭绝。在南极大洋，大多数岛屿的植物生长茂盛并逐渐地向南极半岛扩展。由此可见，生物行为的一系列适应性被迫反应在明示人类，它们的生存已经受到了严重威胁。

(4) 北极海底数百万吨甲烷气涌入大气会威胁地球生物安全　2003年科学家们首次发现，由于北极地区最近几十年平均气温升高了4℃，夏季被海冰覆盖的北冰洋面积在急剧缩小，其永久性冻结地带逐渐消融，致使数万年沉积（沉睡）在北极海床底部的数百万吨甲烷气开始缓缓地从海底浮出水面，正连续不断地向大气释放。科学家们认为，甲烷突然释放是地球1万年前5次交替变暖（间冰期）、地表温度迅速上升、气候发生戏剧性变化的罪魁祸首，它甚至可导致某些物种的大量灭绝。为了证实这一点，他们曾搭乘“雅各布号”破冰船沿着俄罗斯北部海岸线进行实地考察，结果在西伯利亚数千平方公里的大陆架上发现了若干个甲烷浓度密集地区，部分地区空气中的甲烷浓度已经达到了正常值的100倍。许多科学家担心海冰厚度与冻土面积的减少，会进一步促使冻土层下和北极海底甲烷外逸。如果大气中甲烷含量增多，就会加速全球气温升高，导致的结果是更多的永久性冻结地带融化，更多的甲烷气外逸，更加速了全球暖化趋势。理由是：①广阔海洋吸收的热量要多于被冰覆盖的海洋洋面；②甲烷气体蕴藏的全球变暖潜势（GWP）23倍于二氧化碳。因此，冰盖消融的北极海底数百万吨甲烷气涌入大气，必将给地球生物安全带来严重威胁。

(5) 气候变暖会增大人类健康的威胁　随着气候变暖，被寒冰封存了几十万年的史前未知名病毒可能重见天日，使全球陷入疫病恐慌；另外，气候变暖也容易滋生各种以前未知的传染性疾病，例如Ebola出血性热病、$H_1A_1$型甲型流行性感冒、SARS冠状流感病毒等，它们通过水源、食物、空气和人与动物、人与人之间的接触为传媒，迅速向全球蔓延，威胁着人类健康。通常气温升高会使携带病菌（毒）的昆虫（如黑蝇、蚊子、苍蝇等）在滋生区更加活跃，并极力向外扩张生存范围。此外，气候异常，细菌容易繁衍，病毒容易变异，致使人类难以应对；炎热难耐、紫外线辐照量的增加，$CH_4$、$N_2O$、HFCs、PFCs、$SF_6$等温室污染物都会抑制人类和其他动物的抗病免疫系统，使他们抵抗疾病的能力下降，发病率上升，死亡率增高。

(6) 气候变暖引发世界秩序动荡　随着气候变暖，半干旱区趋于干旱，干旱区更加干旱，虽然气候变暖使全球降水略有增多，但时空分布极不均匀，加上全球频繁发生的飓风、强降水等极端气候，导致半干旱区和干旱区水资源紧缺和粮食减产，湿润区功能性缺水、洪涝灾害以至于谷物减产。尤其是亚洲、非洲和拉丁美洲缺水地区的粮食产量会下降30%～40%，非洲撒哈拉沙漠以南缺水地区的粮食产量会急剧下滑，而这些地区都是目前饥渴难耐的人口分布区。肌体缺水和忍饥挨饿严重威胁着这些地区的10.5亿人口，在这些地区每分钟就有10名儿童因饥饿或由此引发的疾病而死亡，为了生存，他们被迫离开家园迁移他国或其他地区，大批难民为了获得土地和水展开争斗，从而形成并加剧了地区与地区之间、国家与国家之间的冲突，移民问题成为无可争议的国际事端。

### 2.4.4 温室效应的防治对策

2009年世界气象日的主题是“天气、气候和我们呼吸的空气”。气候对地球上万物的持续生息至关重要，这是因为气候对人类食物保障、生命和财产安全、水资源、生活舒适度和可持续发展都有极其重要的作用。另外，气候在某种程度上会影响人们的情绪，左右人的个性甚至是思维方式和社会文化。然而，越来越多的科学证据表明，人类自觉不自觉地正在通过排放温室气体来改变环绕地球的大气层性质，因而对全球气候产生灾害性影响。

2.4.4.1　**全球温室气体排放趋势**

2009年12月7~18日，192个国家的环境部长和相关官员们在丹麦的哥本哈根召开联合国气候会议，商讨《京都议定书》一期承诺到期后的后续方案，就未来应对气候变化的全球行动签署新的协议。哥本哈根气候峰会的主要目的就是要达成一份具有国际约束力的减排协议。但是在为哥本哈根气候峰会而举行的第一场预备会议中，美国和其他工业强国为控制温室气体排放所做的承诺就无法实现。从过去的5年来看，尽管全球经济在2007年开始下滑，但是2008年的温室气体排放量仍然增长了2%。全球碳排放计划组织（Global Carbon Project）预测，由于2009年全球经济进一步衰退可能会使温室气体排放量减少3%，但是当经济复苏之后，温室气体排放量还会迅速增长。

中国作为负责任的发展中国家，为应对全球气候变化，政府已经通过经济结构调整、提高能源效率、开发利用水电和可再生能源、加强生态建设以及推行计划生育等方面的政策与措施，为减缓气候变化做出了积极的贡献。

2.4.4.2　**中国温室气体排放趋势**

根据《中华人民共和国气候变化初始国家信息通报》，1994年中国温室气体排放总量为$40.6\times10^8$t $CO_2$（扣除碳汇后的净排放量为$36.5\times10^8$t $CO_2$），其中$CO_2$排放量为$30.7\times10^8$t，$CH_4$为$7.3\times10^8$t $CO_2$当量，$N_2O$为$2.6\times10^8$t $CO_2$当量。据中国有关专家初步估算，2004年中国温室气体排放总量约为$61\times10^8$t $CO_2$当量（扣除碳汇后的净排放量约为$56\times10^8$t $CO_2$当量），其中$CO_2$排放量约为$50.7\times10^8$t，$CH_4$约为$7.2\times10^8$t $CO_2$当量，$N_2O$约为$3.3\times10^8$t $CO_2$当量。从1994年到2004年，中国温室气体排放总量的年均增长率约为4%，$CO_2$排放量在温室气体排放总量中所占的比例由1994年的76%上升到2004年的83%。

1904～2004年的100年间，中国温室气体排放量仅仅占全球的8%。无论从总量上看，还是从人均上看，中国温室气体排放量一直处于全球较低水平。根据世界资源研究所的研究结果，1950年中国燃烧化石燃料排放$CO_2$的量为$7900\times10^4$t，仅占当时世界总排放量的1.31%；1950～2002年间中国燃烧化石燃料累计释放$CO_2$的量占世界同期的9.33%，人均累计$CO_2$排放量为61.7t，居世界第92位。根据国际能源机构的统计，2004年中国燃烧化石燃料人均$CO_2$排放量为3.65t，相当于世界平均水平的87%，经济合作与发展组织国家的33%。中国在社会经济稳步发展的同时，单位国内生产总值（GDP）的$CO_2$排放强度总体呈下降趋势。根据国际能源机构的统计数据，1990年中国单位GDP消耗化石燃料排放$CO_2$的强度为5.47kg $CO_2$/美元（2000年可比价），2004年下降为2.76kg $CO_2$/美元，下降了49.5%，而同期全球平均水平只下降了12.6%，经济合作与发展组织国家仅下降了16.1%。

2.4.4.3　**全球共同性温室气体控制对策**

对于温室气体造成的全球气候变化，并由此产生的强大危害，我们都已经有了深刻的认识。为了子孙后代的生存和繁荣，拯救人类，我们现在就应该采取积极的全球共同性温室气体控制对策，详见图2-7。

全球共同性控制温室气体的基本对策有以下几点。

① 控制向大气中排放温室气体；

② 消除大气中超量的温室气体；

③ 研究、制定适应气候变化的规划措施；

④ 积极采用可再生能源，尽量减少温室气体排放量；

⑤ 加强国际合作，缔结国际公约。

2.4.4.4　**中国温室气体控制对策**

自1992年联合国环境与发展大会以来，中国政府就率先组织制定了《中国21世纪人

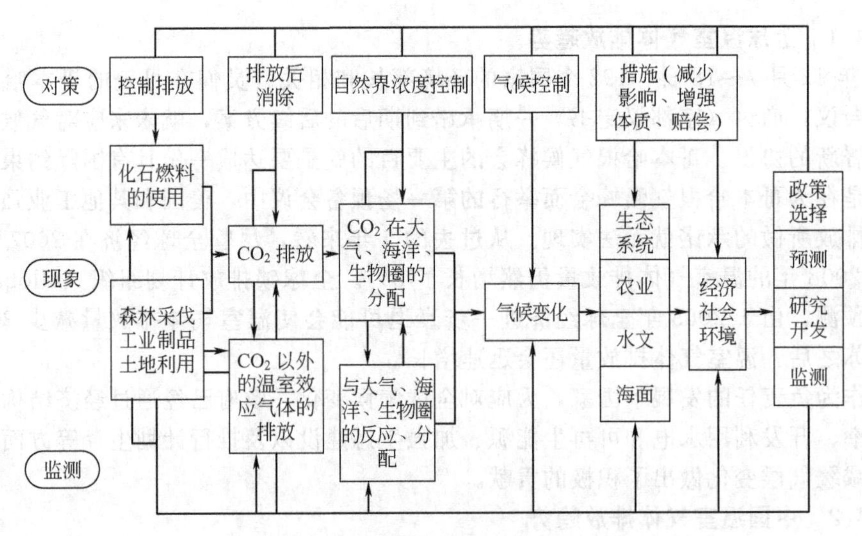


图 2-7 全球共同性温室气本控制对策

口、环境与发展议程（白皮书）》，并从国情出发采取了一系列积极措施，以应对气候变化。

① 为提高能源利用效率，积极调整社会经济结构。

② 发展低碳能源和可再生能源，努力改变能源结构。

③ 大力开展植树造林，加强生态系统建设与保护。

④ 实施计划生育政策，有效控制人口增长。

⑤ 为应对气候变化，制定了相关法律、法规与政策措施。

⑥ 完善了与气候变化相关的机构和体制建设。

⑦ 高度重视气候变化研究及相关能力建设。

⑧ 加大了气候变化的宣传教育力度。

## 2.4.5 阳伞效应

大气中的颗粒物一方面反射部分太阳光，减少阳光的入射，从而降低地表温度；另一方面也能吸收地面辐射到大气中的热量，起着保温作用。两者相比，一般认为前者大于后者，因此总的效应是使气温降低，这就是所谓的“阳伞效应”。

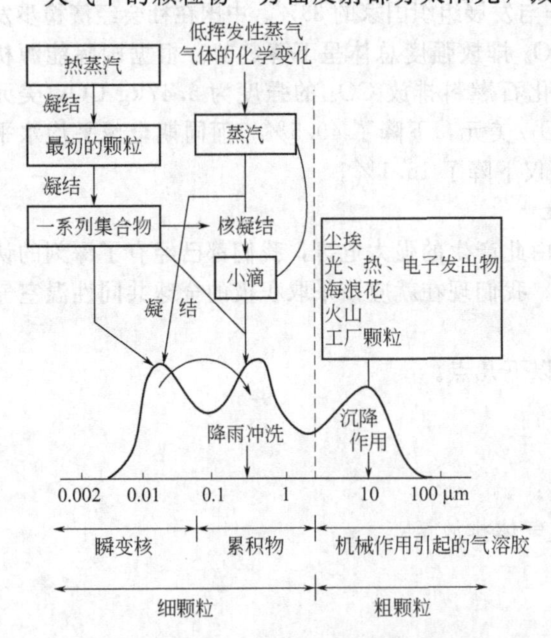


图 2-8 驼峰型大气气溶胶颗粒物分布图解

### 2.4.5.1 颗粒物

大气中的颗粒物主要有固与液两种形态。其直径一般在 0.002～100μm 之间。目前对颗粒物的分类尚无统一规定。一般按照颗粒物的重力沉降速度和粒子的直径将其分为两类：一类是粒径大于 10μm 的颗粒物，由于体积大、质量大，在重力作用下能很快地降落到地球表面，则称为降尘或落尘；另一类是粒径小于 10μm 的颗粒物，由于体积小，质量小，能在大气中飘浮很长时间，则称为飘尘或浮尘；因为这些飘浮在空气中的颗粒物很容易通过人体的呼吸道，滞留于肺部，且不断与人体体液、体细胞、体内微生物发生缓慢作用而影响体内代谢平衡，所以它们又被称作为可吸入颗粒物，通常用 $PM_{10}$ 表示，这类颗粒物是大气化学和大气物理学中极其重要的颗粒群。其中大于 2.5μm 的颗粒物常被称为粗颗粒，小于和等于 2.5μm 的颗粒物常被称为细颗粒。细颗粒群中直径在 0.08～2.5μm 的被称作为累积物（或累积区间），小于或等于 0.08μm 的被称作为瞬变核（或瞬变区间），详见图2-8。这些液态或固态的悬浮颗粒物在空气中可成为水滴或冰晶的凝结核，形成雾、烟、霾、霭（轻雾）等，在环境科学中统称为气溶胶。

#### 2.4.5.2　颗粒物源

大气颗粒物来自于自然源和人为源。自然源主要包括：地面沙尘、岩石碎屑、火山喷发物、林火灰烬、海盐微粒等，这一部分占空气气溶胶的 90%。人为源主要包括：化石燃料燃烧、机动车引擎、露天采矿、建筑工地、土地耕种作业等，这一部分占空气气溶胶的 10%。

大气颗粒物也可以来源于二次污染物，例如大气中的 $SO_2$、$NO_x$ 及 HC 化合物等在大气中进行一系列的化学反应后形成的硫酸盐和硝酸盐以及光化学烟雾等。

据分析研究表明，最近几年，全球大气颗粒物的年排放量为 $3.920\times10^9$t，其中，人类活动每年释放的颗粒物为 $7.130\times10^8$t，而源于自然界每年排放的量为 $3.210\times10^9$t，两者之比约为 1∶4.5。其中每年排放直径小于 5μm 的颗粒物为 $2.600\times10^9$t。另外，全球自然源和人为源排入大气中形成直径小于 20μm 颗粒物的数量约为 $(2.950\sim3.295)\times10^9$t，其平均值为 $3.122\times10^9$t。

#### 2.4.5.3　颗粒物的物理、化学性质

① 物理性质：主要指颗粒物的大小、形状和相对密度、沉降速度。

颗粒物的大小对其物理化学性质十分重要，并对大气中所发生的物理化学过程有明显的影响，因而不同粒径的颗粒物对生态环境、生存环境和人体健康具有不同的影响。

大气中颗粒物粒径大小及其分布状况是大气环境的重要特征之一。大气中颗粒物的大小与其组成物质密切相关，详见表 2-5。从其外观形状即可大致判断颗粒物属于何种物质。由于大气中颗粒物的组成物质不同，其相对密度也有差异，一般为 1.3～2.0，平均为 1.5；由于它们的密度不同，在大气中滞留的时间与空间分布也就不同。

**表 2-5　大气中颗粒物的外观形状**

| 外观形状 | 举　例 | 外观形状 | 举　例 |
|---|---|---|---|
| 球状 | 烟、花粉、飞灰 | 松绒团状 | 氧化镁 |
| 不规则形状 | 无机矿物 | 片状 | 云母 |
| 立方体 | 煤渣 | 不规则空心圆柱状 | 石棉 |
| 板状 | 无机矿物 | 针状 | 滑石 |
| 羽毛状 | 植物纤维 | 链条状 | 碳黑、烟云 |
| 紧绒团状 | 碳粒、烟雾 | 毛圈蓬松 | 人造纤维 |
| 不规则多面体 | 凹凸棒石黏土 | 较规则实心圆柱状 | 玻璃纤维 |

不同粒径的颗粒物沉降到地面的时间相差很大。粒径为 10μm 的颗粒物一般需要 4～9h；粒径为 1μm 的颗粒物一般需要 19～98d；而粒径小于 0.1μm 的颗粒物则需要 5～10a。

② 化学性质：大气颗粒物的组成成分很复杂，包括各种重金属元素、水溶性物质和有机化合物，可以说几乎包含了自然界存在的所有元素。

大气颗粒物的化学组成随着自然条件的变化而有很大差异。一般来说，海洋上空和清洁大陆颗粒物的化学元素组成分别与海水和地壳元素相似，而城市大气颗粒物的组成则不仅包

括了地壳元素，而且也包括了许多工业污染物。

国内外的研究表明，颗粒物中元素的浓度城区高于郊区，而且城区颗粒物的元素浓度高于该区域本底值，这些差别反映了大气颗粒物的空间分布特征。

#### 2.4.5.4 颗粒物对大气环境的影响

大气中颗粒物数量的不断增加，其影响不亚于二氧化碳的排放。据析，1800～1920 年间南极冰层的含尘量为 10mg/L，到 20 世纪 50 年代，含尘量已增大到 200mg/L。大气中颗粒物增加的总效应是使气温降低。例如，1963 年印度尼西亚巴厘岛（Bali Island）的阿贡火山（Gunung Agung）爆发后，大气平均浑浊度在其后 10 年增加了 30%，火山灰围绕地球几周，使气温下降。1991 年，菲律宾的皮纳图博（Pinatubo）火山喷发释放出了 $2900\times10^4$t 火山灰和 $2000\times10^4$t 二氧化硫，遇水结合形成硫酸小液滴，这种酸性气溶胶笼罩地球的平流层 2 年之久，这层薄雾使整个地球温度降低了 1℃，使地球变暖延长了几年，同时，还减薄了 10%～15%的大气臭氧层厚度，让越来越多的紫外线到达地球表面。每年，撒哈拉的沙尘暴都会将 $5\times10^8$～$10\times10^8$t 尘埃卷入大气层，在 4000m 高空顺着气流飘浮，经加那利群岛上空，掠过大西洋，在北美登陆。

人类活动在这方面所造成的影响也较显著。1930 年美国开垦大草原造成 1933～1937 年的沙尘暴似乎开始了气温下降的时期。同样，前苏联 20 世纪 60 年代荒地开垦和印度草原的开垦以及中国西北部荒漠均易造成沙尘暴。

人为活动产生的颗粒物增加了大气中的凝结核，导致低空云量增加，从而增加了地球的平均反照率，使气温降低。现有的观测资料表明，目前全球低空云量为 31%左右。据估算，若低空云量增至 36%，因反照率的增加足以使全球年平均气温下降近 4℃。另有一项估算认为，若进入大气的颗粒物与背景值相比增加 6～8 倍，大气温度则会下降 3.5℃。这两项估计数值均足以使地球开始一个新的冰期。

全球尘埃“积聚”引起了科学家们越来越多的关注。大气中颗粒物增多不仅会减弱光照，影响植物光合作用，造成农作物减产；还会导致一部分地区雨量增加，一部分地区干旱加剧。另外，在大气中四处飘散的颗粒物还会携带化学元素、真菌、细菌等污染物而危害人类健康。

### 2.4.6 南极臭氧洞

#### 2.4.6.1 臭氧层和臭氧洞

臭氧层存在于距地表 16～40km 的平流层中，通常浓度最大值出现在 22～27km 的高度，臭氧层是法国科学家法布里·查尔斯（Fabry. Charles）在 20 世纪初发现的。臭氧层气体非常稀薄，即使在最大浓度处，臭氧与空气的体积比也只有百万分之几，若将它折算成标准状态，臭氧的总累计质量仅仅为 $33\times10^8$t，总累积厚度仅仅约 0.3cm。然而，臭氧层对地球上生命的重要性就像氧气和水一样，如果没有臭氧层这把“保护伞”的庇护，到达地球表面的紫外线辐射剂量就会使人死亡，地球上的生命就会像完全失去空气一样遭到毁灭。

臭氧在大气中的含量虽然很少，但是臭氧浓度的垂直分布很复杂，而且随季节和纬度的不同有很大的变化。图 2-9 是不同季节、不同纬度上臭氧浓度分布的实测结果。该图表明，纬度越高，臭氧浓度峰值所在的高度就越低。在同一纬度上，相异季节峰值浓度所在的高度变化不显著，但峰值浓度每年 4 月明显偏高，每年 10 月明显偏低。

人们关注的南极臭氧洞并不是全年都存在，所谓南极臭氧洞是指在南极的春天（每年 10 月），南极大陆上空气柱 $O_3$ 总量急剧下降，形成一个面积与南极极地涡旋相当的气柱 $O_3$ 总量很低的地区。这个所谓“洞”有两重含义：一方面是从空间分布的角度来看，随着纬度

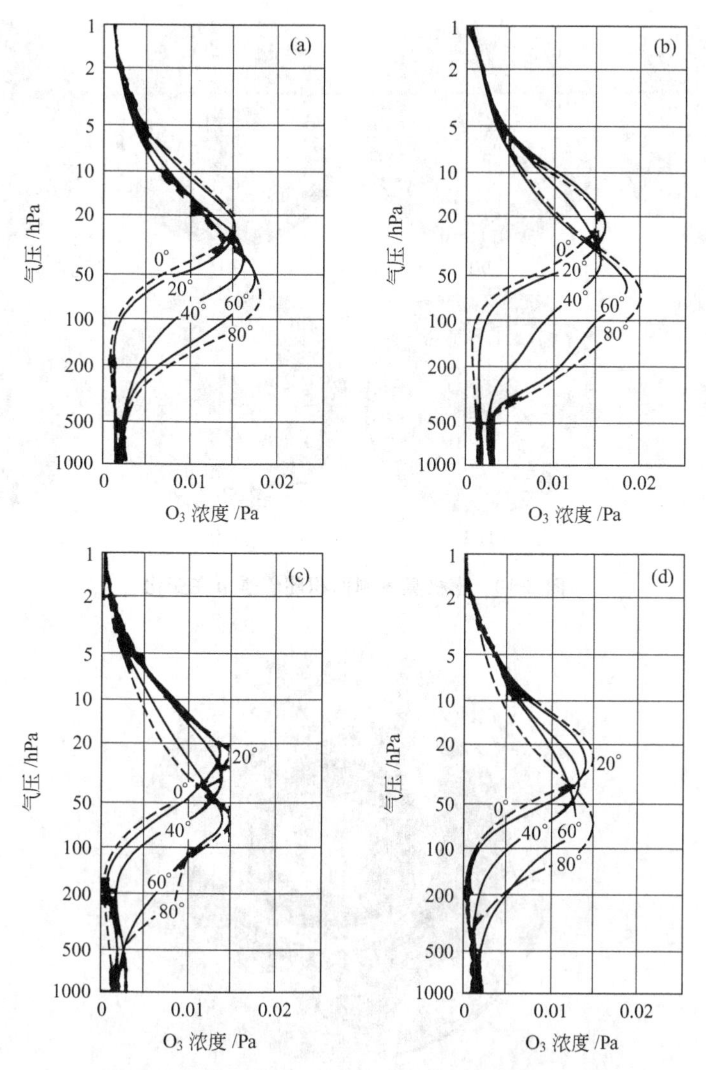


图 2-9　不同季节、不同纬度上臭氧浓度的垂直分布

(a) 1 月；(b) 4 月；(c) 7 月；(d) 10 月

增加气柱 $O_3$ 总量逐渐增加而在南极环极涡旋外围形成 $O_3$ 含量极大值，但进入环极涡旋后，气柱 $O_3$ 总量突然大幅度下降，形成气柱 $O_3$ 总量低值区；另一方面是 9～10 月南极地区气柱 $O_3$ 总量突然大幅度下降，形成季节变化中的低谷。通常南极臭氧在 7 月下旬开始减少，8 月中旬后就出现较为明显的臭氧洞，9 月下旬～10 月上旬臭氧洞面积最大，10 月底以后臭氧量急剧增加，臭氧洞逐渐被填塞，12 月中旬恢复正常，南极上空就不再有臭氧洞了（图 2-10）。

南极臭氧洞是 1957 年英国南极考察队在南极的哈利湾（Halley Bay）用光谱分析法测定臭氧浓度时首先发现的。当时南极出现臭氧洞时，范围很小，自 1970 年以后范围逐年扩大，1979 年出现明显空洞。1987 年 10 月（春季）臭氧洞面积达 $2000\times10^4km^2$，1988 年后稍有缓和，1990 年后再次增大。2000 年 10 月臭氧洞面积最大增至为 $2800\times10^4km^2$，2006 年 10 月最大增至为 $2900\times10^4km^2$；2007 年 10 月最大增至为 $2500\times10^4km^2$；2008 年 10 月最大增至为 $2700\times10^4km^2$。近几年来，臭氧洞面积几乎覆盖了整个南极洲（图 2-11）。与背景值相比，气柱 $O_3$ 总量从 1979 年的 300Dobson 单位（DU）陡然下降到 2008 年的

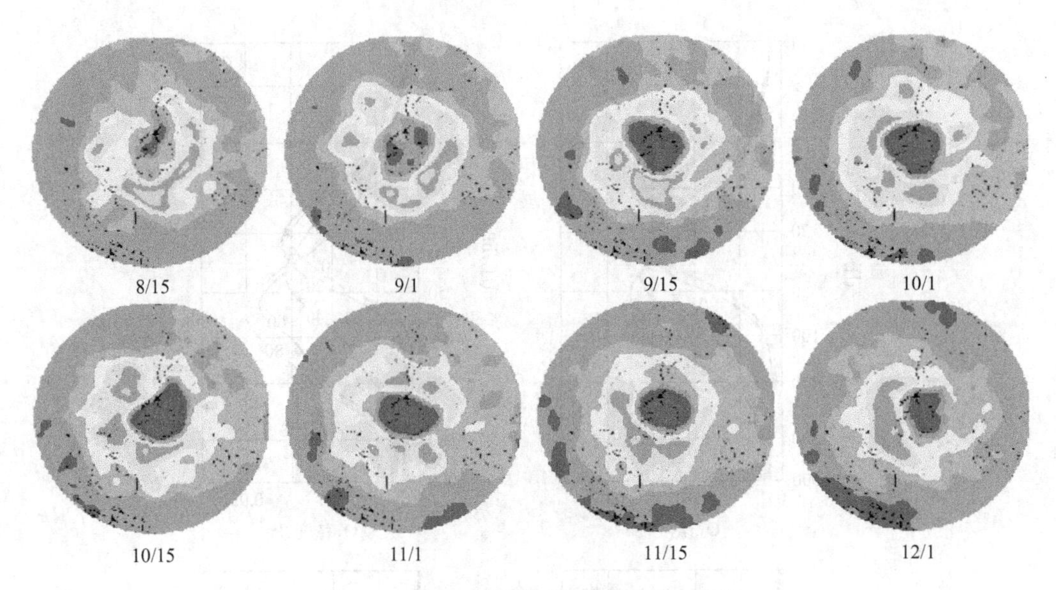


图 2-10　南极臭氧洞面积随着季节在变化

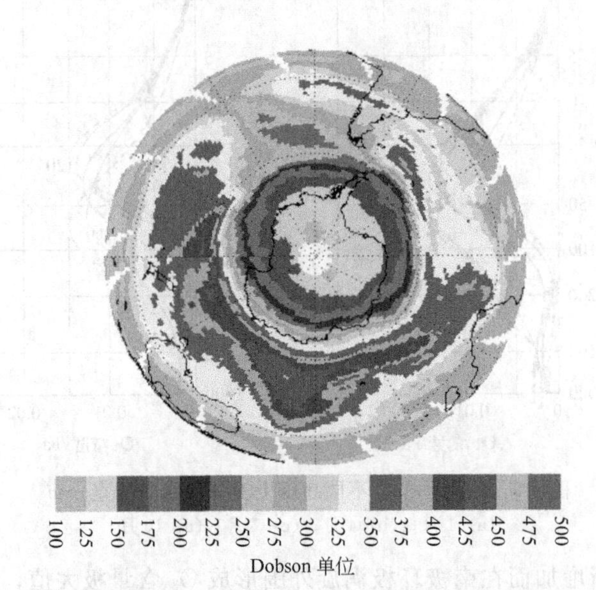


图 2-11　人造卫星在 2008 年 9 月 30 日拍摄下来的南极臭氧洞实景

(Dobson——是将 0℃，标准海平面压力下，5～10m 厚的臭氧定义为 1 单位 Dobson。测量 Dobson 单位用的 Dobson 分光光度计被世界气象组织作为标准测量仪器)

110Dobson 单位，耗损了 50％～70％，平均每年下降 6.6Dobson 单位。更令人担忧的是，南极上空臭氧层的破坏已向赤道方向拓展，达到南纬 45°，只是其影响程度不如南极那么明显。而且，近年来的观测发现，在北极和青藏高原上空也存在着臭氧层损耗的景况。人们担心如果大气层中的臭氧进一步损耗，将会造成严重的生态灾难。

### 2.4.6.2　南极臭氧洞的形成机制

南极臭氧洞的出现，引起了众多科学家的注意，对其形成原因提出了不同的假说。

美国麻省理工学院（Massachusetts Institute of Technology）和克拉克松大学（University of Clarkson）的流体力学教授 Ka-Kit-Tung 等人从大气动力学角度提出了一种“涌井流假说”。该假说认为，从大气动力学观点来看，一般规律是在平流层下部存在两种形式的绝热循环，即大气在赤道上升和两极下降。但是，由于南极的特殊条件，却形成了一个相反的过程，在南极形成相对稳定的极气旋。在极气旋内产生了一个与通常过程相反的逆循环过程（空气上升），而在极气旋的边缘仍保持原循环（空气下降）。空气上升减小了臭氧浓度，而且温度越低，臭氧浓度越小，因而形成臭氧洞。另有人认为，南极臭氧洞的形成是由于对流层空气向上传输，“稀释”了平流层臭氧的浓度。还有人认为，在太阳活动的高峰期，宇宙辐射剂量增大，致使南极上空生成了比平常更多的氮氧化物，结果消耗了臭氧，即奇氮理论。

1974 年，美国加利福尼亚（University of California）大学化学系的 F. S. Rowland 和 Mario J. Molina 在 Paul Crutzen 研究的基础上提出，人工合成的某些含氯和含溴的化合物是造成南极臭氧层破坏的主要原因。这些化合物中最典型的就是被广泛使用的氟里昂（Freon）和哈龙（Halon），前者是制冷剂和喷雾剂，后者主要用于灭火剂。他们经研究证实，$CFCl_3$（一氟三氯甲烷）、$CF_2Cl_2$（双氟双氯甲烷）等氯氟烃化合物（Chlorofluorocarbons，简称 CFCs）吸收紫外线后能被光解释放出氯原子，氯原子很容易与臭氧反应而破坏臭氧层：

$$CFCl_3 + UV \longrightarrow CFCl_2 + Cl$$

$$CF_2Cl_2 + UV \longrightarrow CF_2Cl + Cl$$

$$Cl + O_3 \longrightarrow ClO + O_2$$

$$ClO + O \longrightarrow Cl + O_2$$

后两个反应中 Cl 和 ClO 都未被消耗，其净效果是 $O + O_3 \longrightarrow 2O_2$（详见图 2-12）。据估算，一个氯原子自由基可以破坏 $10^4 \sim 10^5$ 个臭氧分子，而哈龙——$CF_2ClBr$（一溴一氯二氟甲烷）、$CF_3Br$（一溴三氟甲烷）释放的溴原子自由基对臭氧的破坏能力是氯原子的30～60倍。在二者同时存在的情况下，它们相互间的协同作用还要大于二者的加和。

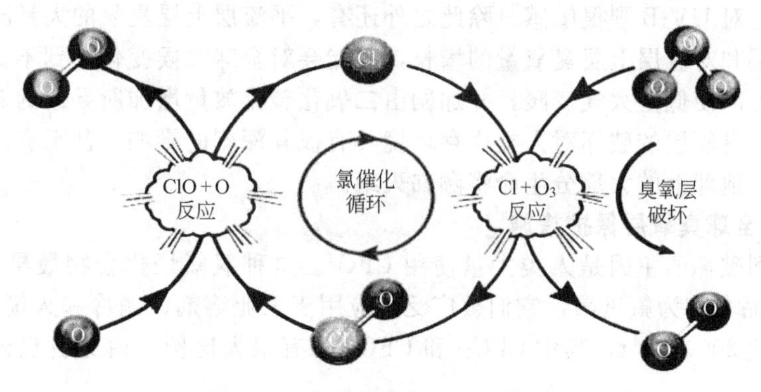


图 2-12　氯循环催化破坏臭氧层

F. S. Rowland、Mario J. Molina 和 Paul Crutzen 等人的研究为全世界停止使用氟里昂 11 和氟里昂 12 等制冷剂、喷雾剂和哈龙等灭火剂做出了极其卓越的贡献。由此，他们荣获了 1995 年的诺贝尔化学奖。

#### 2.4.6.3　臭氧层破坏对人类生存环境的影响

由上述得知，臭氧能够吸收太阳辐射的紫外线（UV）。波长为 200～280nm 的紫外线称作 UV-C，可以杀死人与所有生物，但几乎全部被臭氧所吸收。波长在 280～315nm 的紫外线称作 UV-B，大部分可被臭氧吸收，但不能全部被吸收，这部分紫外线可以杀死生物，导致人类过早患病和皮肤癌发病率上升。此外，这部分紫外线还可抑制植物生长，包括许多食用植物与海洋中的藻类，从而影响农业和渔业生产。波长在 315nm 以上的紫外线称作 UV-A，其危害较小，臭氧只能吸收其中的一部分。

臭氧层的破坏首先会导致紫外线长驱直入地球表面。科学家认为，过量紫外线的侵入会从多方面危害人类生存环境，强烈日光照射下的人们会出现晒斑、免疫功能退化，进而诱发慢性疾病，甚至伤害呼吸系统；致使患各种眼病、皮肤病，并增大患皮肤癌的危险性。流行病学已经证实非黑瘤皮肤癌的发病率与日光照射紧密相关，各个肤色人种都有患非黑瘤皮肤癌的可能，但在浅色皮肤人群中发病率较高。动物实验发现，UV-B是致癌作用最强的波长区域。

臭氧浓度与影响效应的数量关系目前还不十分清楚。据环境医学统计研究表明，平流层的总臭氧量减少1%（即UV-B增强2%），皮肤癌的发病率将增加5%～7%，白内障患者将增加1.2%～1.6%。自1983年以来，加拿大皮肤癌的发病率增加了235%，1991年皮肤病患者多达4.7万人。目前，全世界患皮肤癌的人已占癌症患者总数的33%。

另外，受紫外线侵害还可能会诱发麻疹、水痘、疟疾、疱疹、结核病、麻风病、淋巴癌。紫外线辐射量的增加还会引起海洋浮游生物及虾、蟹幼体、贝类的大量死亡，进而影响食物链，造成某些生物死亡，甚至灭绝。紫外线辐照的结果还会使成群的兔子患上近视眼，成千上万的牛羊双目失明。

UV-B削弱光合作用，根据非洲海岸的实验推测，在增强的UV-B照射下，浮游生物的光合作用被削弱了约5%。增强的UV-B还可通过消灭水中微生物而导致淡水生态系统发生变化，并因而减弱了水体的自净化作用。如果南极海洋中原有的浮游生物极度下降，则海洋生物从整体上会发生很大变化。但是，有的浮游生物对紫外线很敏感，有的则不敏感。紫外线对不同生物的DNA破坏程度有100倍的差别。

UV-B使叶绿素的光合作用能力下降了20%～30%，因而阻碍了各种农作物和树木的正常生长。有些植物如花生和小麦，对UV-B有较好的抵御能力，而另一些植物如莴苣、西红柿、大豆和棉花对UV-B则很敏感。除此之外还有，平流层上层臭氧的大量减少以及与此有关的平流层下层和对流层上层臭氧量的增长，可能会对全球气候变化起到不良作用。臭氧的这种垂直分布可能使低空大气变暖，并加剧由二氧化碳排放量增加所导致的温室效应。

综上所述，臭氧层的破坏对人类生存环境具有极其深刻的影响，甚至有人认为，臭氧层减少到1/5时，地球上的大部分生命将濒临灭绝。

#### 2.4.6.4 全球臭氧层保护措施

臭氧层遭到破坏的主因是人类大量使用CFCs。这种氯氟烃化合物最早制成于20世纪30年代，其商品名称为氟里昂，它们被广泛地应用于工业溶剂、制冷和火箭用的气溶胶等，全球年产量高达$200\times10^4$t，其中$CFC_{11}$和$CFC_{12}$占有很大比例，由此引起科学家们的普遍关注。

1974年，美国科学家首先从理论上提出含氯氟烃的化合物通过复杂的物理化学过程，可能达到平流层，与臭氧发生一系列化学反应。该理论于1976年被美国国家科学院所确认，1978年美国环境保护局（EPA）开始禁止使用氟里昂作为制冷剂、喷雾剂。之后，其他一些国家也相继采取了措施。

1976年4月，联合国环境规划署理事会决定召开一次“评价全球臭氧层”的国际会议之后，于1977年3月在美国华盛顿召开了有32个国家参加的“专家会议”。会议通过了第一个“关于保护臭氧层行动的世界计划”。这个计划包括：监测臭氧和太阳辐射；评价臭氧耗损对人类健康的影响；臭氧耗损对生态系统和气候的影响；用于评价控制措施的费用与收益的方法；提出对受控物质生产与使用的管制建议；并要求联合国环境规划署建立一个全球臭氧层问题协调委员会。

1985年3月，22个国家在奥地利的维也纳签署了关于臭氧层保护的《维也纳公约》，这是原则上限制使用含氯氟烃化合物的初步协议，但就何时实现减少 CFCs 的生产和使用的意见并不统一。

1986 年 5 月在罗马，1986 年 9 月在弗吉尼亚的利斯堡，联合国环境规划署又召开了两次会议，讨论 CFCs 的控制策略。会议期间，日本、加拿大和前苏联提出新的建议，并采取了灵活态度。

1987 年 4 月，30 多个国家的代表出席了瑞士日内瓦关于《臭氧层保护公约》的临时磋商会议，并通过一项条约，将 CFCs 的生产与使用冻结在 1986 年的水平上。只要有 2/3 主要签约国的努力，在 6～8 年内平流层中的 CFCs 就会降低 30%。

1987 年 9 月，46 个国家的代表在加拿大的蒙特利尔通过了关于臭氧层耗损物质的《蒙特利尔议定书》，并于 1989 年 1 月 1 日生效。此协议要求 1993 年各国削减 CFC-11、CFC-12 实际消耗量的 20%，1998 年削减 50%。

1988 年 10 月，在荷兰的海牙召开了关于保护臭氧层的国际会议。与会代表认为，即使实施了《蒙特利尔议定书》，也不能更好地修补好南极臭氧洞，因此，需要更加严厉的国际措施。

1989 年 3 月，在英国伦敦有 110 多个国家出席了“拯救臭氧层”的国际会议，号召世界各国一致行动起来保护臭氧层。

1989 年 5 月，《蒙特利尔议定书》第一次缔约国会议在芬兰的赫尔辛基召开，并发表了关于臭氧层保护的《赫尔辛基宣言》。

1990 年 6 月，《蒙特利尔议定书》第二次缔约国会议在英国伦敦举行，共同商讨，通过了《蒙特利尔议定书》修正案，2000 年 1 月 1 日全部淘汰 CFCs。

1991 年 6 月，《蒙特利尔议定书》第三次缔约国会议，呼吁并通过了含 CFCs 或哈龙（Halon）制品的贸易限制名单。

1992 年 11 月，《蒙特利尔议定书》第四次缔约国会议在丹麦首都哥本哈根举行，会议一致通过了关于臭氧层保护的《哥本哈根修正案》。

1999 年 11 月 29 日～12 月 3 日，《蒙特利尔议定书》第十一次缔约国会议和《维也纳公约》第五次缔约国会议在中国北京举行，会议通过了有关臭氧层保护的《北京宣言》。

到 2008 年为止，签署《维也纳公约》的国家共有 176 个；签署《蒙特利尔议定书》的国家共有 175 个。臭氧层保护是迄今人类最为成功的全球性环境保护合作。

根据《蒙特利尔议定书》的规定，各签约国分阶段停止生产和使用 CFCs 制冷剂，发达国家要在 1996 年 1 月 1 日前停止生产和使用 CFCs 制冷剂，而其他所有国家都要在 2010 年 1 月 1 日前停止生产和使用 CFCs 制冷剂。

中国政府也于 1989 年和 1991 年分别签定了《保护臭氧层维也纳公约》和《关于消耗臭氧层物质的蒙特利尔议定书》，成为缔约国。

作为负责任的缔约国之一，中国政府向国际社会承诺：将与世界各国联手拯救臭氧层。为此，中国政府于 1993 年 1 月出台了《中国逐步淘汰消耗臭氧层物质国家方案》。按照有关条款，中国从 1999 年 7 月 1 日起冻结了 CFCs 制冷剂的生产和消费，至此，计划用 10 年时间，在生产和消费领域全面淘汰 CFCs 类物质，直至 2010 年在中国完全禁止使用 CFCs。就此中国政府采取了一系列政策措施，并努力付诸于行动（详见表 2-6）。

综上所述可以看出，全球第一次如此紧急地动员起来，协调一致地采取行动，拯救业已受到耗损的臭氧层，保护人类赖以生存的环境，这是全球环境保护运动所取得的一项举世瞩目的成就。

表 2-6 中国采取的一系列臭氧层保护措施（中国在行动）

| 行动时间 | 臭氧层保护措施的主要内容 |
| --- | --- |
| 1993.1.12 | 国务院批准了《中国逐步淘汰消耗臭氧层物质国家方案》(简称《国家方案》) |
| 1994.5.9～10 | 国家保护臭氧层领导小组在北京召开会议，审议并原则通过了《国家方案》烟草行业补充方案 |
| 1995.5.18 | 在天津举行了联合国开发计划署“天津聚氨酯软泡生产无 CFCs 技术改造”项目的产权移交仪式，这是中国完成的第一个多边基金投资项目 |
| 1995.7.26～28 | 蒙特利尔多边基金执委会第十七次会议批准世行和中国政府共同开展“Halon 行业整体申报新机制的研究”项目 |
| 1997.1 | 国家保护臭氧层领导小组决定组织修订《中国逐步淘汰消耗臭氧层物质国家方案》 |
| 1997.6.5 | 原国家环境保护局及中国轻工总会等 9 个部委以环控(1997)0366 号文发布《关于在气雾剂行业禁止使用氯氟化烃类物质的通告》 |
| 1997.7.2 | 机械工业部以机汽发(1997)099 号文件发布《关于中国汽车行业新车生产停止使用氟里昂物质的通知》 |
| 1997.11 | 《中国消防行业哈龙整体淘汰计划》在蒙特利尔多边基金执委会第 23 次会议被批准，获赠款 6200 万美元 |
| 1998.11.11～13 | 第 26 次蒙特利尔多边基金执委会会议批准了《中国汽车空调行业整体淘汰计划》，赠款总额 770 万美元 |
| 1999.3.25 | 蒙特利尔多边基金执委会第 27 次会议批准了《中国化工行业整体淘汰计划》，赠款总额 1.5 亿美元 |
| 1999.5.31 | 原国家环境保护总局和国家石油化学工业局联合发出《关于实施全氯氟烃产品(CFCs)生产配额许可证管理的通知》 |
| 1999.11.15 | 国务院批准实施由 18 个部委会签的《中国逐步淘汰消耗臭氧层物质国家方案》 |
| 1999.11.26 | 原国家环保总局、机械工业局联合发布《关于汽车行业新车生产限期停止使用 CFC-12 汽车空调器的通知》 |
| 1999.12.3 | 原国家环保总局、对外经济贸易合作部、海关总署联合发布《关于印发〈消耗臭氧层物质进出口管理办法〉的通知》 |
| 2000.1.19 | 原国家环保总局、对外经济贸易合作部、海关总署联合发布《关于发布〈中国进出口受控消耗臭氧层物质名录〉(第一批)的通知》 |
| 2000.2.18 | 公安部向各省、自治区、直辖市公安厅消防局发出《关于 1998 年度哈龙淘汰执行项目企业停止生产和销售哈龙产品的通知》 |
| 2000.3.1 | 原国家环保总局、对外贸易经济合作部及海关总署联合以环发(2004)48 号文向各省、自治区、直辖市环境保护局、外经贸委(厅、局)、海关总署广东分署、各直属海关发出了《关于禁止企业突击进口受控消耗臭氧层物质四氯化碳的紧急通告》 |
| 2000.3.29～31 | 蒙特利尔多边基金执委会批准了《中国清洗行业 ODS 整体淘汰计划》获赠款额 5200 万美元，《中国烟草行业 CFC-11 整体淘汰计划》获赠款额 1100 万美元 |
| 2000.4.13 | 原国家环保总局对外经济合作部及海关总署以环发(2000)85 号文发布《关于加强对消耗臭氧层物质进出口管理的规定》的通知 |
| 2000.5.11 | 原国家环保总局发出《关于申请 2000 年度受控消耗臭氧层物质进出口配额的通知》 |
| 2001.1.14 | “保护臭氧层多边基金资助 10000 吨/年 HFC-134a 生产建设项目(第一期 5000 吨/年)”合同签字仪式在陕西省西安市举行 |
| 2001.3～5 | 烟草行业工作组分别组织拆除了张家口、杭州、毕节、铜仁等 4 家卷烟厂的 CFC-11 烟丝膨胀装置 6 台套，按时完成了 2001 年上半年的拆除工作 |
| 2001.12.3 | 蒙特利尔多边基金执委会第 35 次会议批准了《中国 PU 泡沫行业 CFC-11 整体淘汰计划》，共获赠款 5384.6 万美元 |
| 2002.6.20 | 原国家环境保护总局下发“关于消耗臭氧层物质(ODS)清洗剂实行使用许可证的通知”(环经函[2002]28 号) |
| 2003.4 | 中国政府正式签署《蒙特利尔议定书》哥本哈根修正案。2005 年 1 月 1 日，将甲基溴的生产和消费减少 20%，并于 2015 年 1 月 1 日起完全淘汰必要用途之外的生产与消费 |
| 2003.5.27 | 原国家环境保护总局发布“关于实施四氯化碳消费配额许可证管理的通知”(环经函[2003]13 号) |
| 2003.7.1 | 原国家环境保护总局发布“关于严格控制新、扩建或改建 1,1,1-三氯乙烷和甲基溴生产项目的通知”(环办[2003]60 号) |

《蒙特利尔议定书》的中心思想就是限制 CFCs 的生产，用替代品来限制 CFCs 的使用量与释放量。在议定书通过的同时，许多国家已经采取了行动，使用国家法律来控制 CFCs 的生产与使用。因为 CFCs 能在大气层中滞留 100 年或更长时间，其影响将在以后的若干年后才会出现，因此，各个国家利用相关法律法规及时地保护臭氧层是非常必要的。

### 2.4.7　酸雨

20 世纪 80 年代以前，酸雨（Acid Rain）这个词几乎只是生态学和大气化学领域的科学家们所使用的专用术语，最近几年来，在世界许多国家和地区，酸雨已经变成了家喻户晓使人忧虑的环境词汇。

酸雨之所以受到全球关注，主要是因为它的影响范围广，形成机理极其复杂。酸雨不仅仅使排放污染物的国家受害，它还可以随风飘移到几百千米甚至几千千米之外，成为“超越国界的污染”，致使邻国遭殃。美国和加拿大的《越境大气污染意向备忘录》中指出：酸雨是一个真正的严重问题，如果不加以遏制，任其扩展，酸雨就会成为人类付出巨大代价的社会经济问题。

#### 2.4.7.1　酸雨研究简史

尽管酸雨这个名词引起了世人的关注，但是“酸雨”一词的含义却不甚严密。因为这个名词排除了酸以其他方式降落于地面的事实，如酸雪、酸雾等。此外，还有另一种现象，即污染物以干物质的形式降落到地面，然后与后来的降雨或其他形式的水分作用，生成与酸雨一样的酸性物质。上述两种现象，即湿性沉降和干性沉降都应该正确地命名为酸性沉降。因而，酸雨应该定义为同类问题的一个名词，但是，因其简洁和通俗而仍被沿用。

（1）酸雨的早期发现　酸雨的许多特点，最早是由英国化学家 Robert Angus Smith 在 19 世纪中叶发现的。1852 年，Smith 分析了英格兰曼彻斯特及其周围地区雨水的化学成分，最终发现远郊区的雨水中含有 $(NH_4)_2CO_3 \cdot H_2O$，近郊区的雨水中含有 $(NH_4)_2SO_4$，市区内的雨水中含有硫酸和亚硫酸，并提出硫酸是引起纺织品褪色和金属腐蚀的主要原因。

1872 年，Robert Angus Smith 撰写了《空气和降雨：化学气候的开端》一书，首先使用了酸雨一词，并提出了许多新观点。书中探讨了人们目前热议的酸雨现象，如煤的燃烧、有机物分解、降雨（雪）强度和频率等，并提出了比较完善的收集和分析沉降物的方法。同时，Smith 也注意到了酸雨对植物和其他物品的损害，如机械设备、建筑物等。

遗憾的是，Smith 的开拓性和预言性的论著在当时却没有引起科学界的重视。后来，Eville Gorham（1880）在皇家科学院（The Royal Society）的资助下，整理了 Smith 早期的研究成果，并形成了系统报告，进而为现代酸雨的研究奠定了科学基础。

（2）酸雨的现代研究　现代酸雨对人类环境影响的研究，起源于淡水学、农学和大气化学的边缘领域，学科之间相互交叉，融会贯通，激励现代酸雨的研究。

自从有人类开始，雨、雪、湖水之间就一直存在着联系，但是它们之间的水环境化学研究直到 20 世纪中叶尚未见报道。继 Smith 之后，Gorham（1955，1957，1958，1961，1965）通过长期的大气观测研究发表了一系列有关酸雨方面的论文，由此开创了酸雨与水生生态系统研究的先河。Gorham 和他的同事们提出了酸雨的形成过程、传输与沉降机理，但是这些研究都没有引起当时科学界的注意。

进入 20 世纪 60 年代中期之后，研究者们注意到了局地污染物在大气中的传输与扩散。

1961 年瑞典的土壤学家 Svante Odèn 率先完成了酸雨与淡水、农业和大气化学的综合研究。由此提出，由于大气运动，欧洲各国之间会发生“化学战”的论点。该论点一出炉，在公众和科学界便引起了轰动与争论，有力地推进了欧洲的酸雨研究工作。由于 Svante

Odèn的卓越研究，20世纪70年代初期，北美科学界开始注重于远距离云（气）团运动的观测。1975年，加拿大环境保护局制定了第一个化学沉降物国家监测计划。1976年春天，美国建立了国家大气污染物沉降研究计划，在此项研究的基础上，于1977年末起草了“全国酸雨问题评价方案”。

进入20世纪80年代，由于酸雨在欧洲和北美已经造成了越境污染的严重态势，因此，在研究酸雨形成机制以及防治措施上，相邻国家开始了国际间的大气环境保护合作。其中值得一提的是1983年6月7～10日联合国欧洲经济委员会召开的23国代表会议，在这次会议上共同制定了《远距离超越国界空气污染防治条约》。

#### 2.4.7.2　全球酸雨污染态势

自20世纪60年代开始，酸雨仅仅是局部地区的污染问题，到了20世纪70年代，酸雨已经普降在北半球大地上，成为全球面临跨国性环境污染的主要问题。酸雨在北欧、西欧、北美洲已经演变成为主要的大气污染特征。跨入20世纪80年代，美国东北部的酸雨已经蔓延到西部，使整个西部的水资源、林业资源和11个国家公园蒙受损失。同时，这个“空中杀手”还向北扩展到加拿大的安大略省、魁北克等省。此外，南半球的澳大利亚也发现了雨水酸化问题，在南美洲、亚洲等许多国家和地区都相继降下了酸雨，并不同程度地出现了酸雨危害问题。

中国酸雨的酸性（pH值）和降落分布与中国地理环境分布状况相吻合，半干旱和干旱地区降水的pH值多在7.0以上；秦岭-淮河以北，绝大部分属半湿润地区，其降水的pH值约为7.0；秦岭-淮河以南、青藏高原以东地区的降水，pH值普遍小于5.0，是酸雨重灾区。

我国酸雨污染的特点是：以城市局地污染为核心，向外围呈现多中心分布；在西南的重庆酸雨污染区，在华中的长沙酸雨污染区，几乎都是由于城市工矿企业释放的$NO_x$、$SO_2$等酸性大气污染物所致，$NO_x$、$SO_2$等大气污染物浓度高的城市或地区，附近的酸雨降落频率都很高。

#### 2.4.7.3　酸雨的概念与形成机制

（1）酸雨的概念　酸雨：由于历史的原因，人们习惯地称pH值小于5.6的降水（包括雨、雪、雾和其他形式的降水）为酸雨。这一判别标准源于20世纪50年代，是根据当时人们对大气化学成分的认识而确定的，在那时，人们认为大气中其浓度足以影响降水酸度的自然成分只有$CO_2$，其他酸性或碱性微量成分主要来自于人为活动，因此，把大气$CO_2$（330$\mu$L/L）与纯水处于平衡状态时的溶液作为自然降水的酸碱标准液。因在0℃时大气$CO_2$（330$\mu$L/L）与纯水处于平衡状态时，溶液的pH值等于5.6。由此pH值等于5.6便被定义为未受人为活动影响的自然降水的pH值而成为酸雨判别的标准，沿用至今。

酸雨率：一年之内可降若干次雨，有的是酸雨，有的不是酸雨，因此一般称某地区的酸雨率为该地区酸雨降落的次数除以降雨的总次数。其最低值为0%；最高值为100%。如果有降雪或雾，当以降雨视之。有时，一个降雨过程可能持续几天，所以酸雨率应以一个降水全过程为单位，即酸雨率为一年出现酸雨的降水过程次数除以全年降水过程的总次数。

除了年均降水pH值之外，酸雨率是判别某地区是否为酸雨区的又一重要指标。

酸雨区：某地收集到酸雨样品，还不能算是酸雨区，因为一年可有数十场雨，某场雨可能是酸雨，某场雨可能不是酸雨，所以要看年均值。目前我国定义酸雨区的科学标准尚在讨论之中，但一般性确认：年均降水pH值高于5.65，酸雨率是0%～20%，为非酸雨区；pH值在5.30～5.60之间，酸雨率是10%～40%，为轻酸雨区；pH值在5.00～5.30之间，酸雨率是30%～60%，为中度酸雨区；pH值在4.70～5.00之间，酸雨率是50%～80%，为较重酸雨区；pH值小于4.70，酸雨率是70%～100%，为重酸雨区。通常称为酸雨区五级划分标准。我国普降硫酸型酸雨，3 大酸雨区包括：①西南酸雨区，它是仅次于华中酸雨区的降水污染严重区域；②华中酸雨区，它是目前全国酸雨污染范围最大，中心强度最高的酸雨污染区；③华东沿海酸雨区，它的污染强度低于华中、西南酸雨区。

（2）酸雨的形成机制　酸雨的形成是一个极其复杂的大气化学和大气物理过程，该过程受人为释放源和自然释放源的影响。酸雨中一般都含有硫酸和硝酸等酸性物质，其中以硫酸为主。从释放源排放的 $SO_2$、$NO_x$ 还有氯化物是酸雨形成的起始因，因为大气中的 $SO_2$、$NO_x$ 等污染物经氧化后，可溶于水形成 $H_2SO_4$、$H_2SO_3$、$HNO_3$、$HNO_2$ 和 HCl，导致天然降水 pH 值骤然降低，形成酸雨。酸性污染物在大气中遇到水汽云团形成酸雨的过程为：

$$SO_2 + [O] \longrightarrow SO_3$$
$$SO_3 + H_2O \longrightarrow H_2SO_4$$
$$SO_2 + H_2O \longrightarrow H_2SO_3$$
$$H_2SO_3 + [O] \longrightarrow H_2SO_4$$
$$NO + [O] \longrightarrow NO_2$$
$$2NO_2 + H_2O \longrightarrow HNO_3 + HNO_2$$

式中，[O] 为各种氧化剂，如 $O_3$、$H_2O_2$、$HO_2$、$O_2$ 等。

$SO_2$ 主要源于燃煤，$NO_x$ 主要源于机动车尾气，当然，不可忽视火山爆发、森林火灾以及微生物分解有机物过程中释放的硫化物和氮氧化物。因为，酸雨的形成是人为释放源和自然释放源综合作用的结果。一般认为，酸雨的主要成分是 $H_2SO_4$ 和 $HNO_3$，它们占酸雨总酸量的 90%以上。酸雨中 $H_2SO_4$ 与 $HNO_3$ 之比，与燃料结构和燃烧温度有很大关系。在发达国家与地区，酸雨中 $H_2SO_4$ 与 $HNO_3$ 之比一般为 3∶2 或 2∶1，我国现阶段为 9∶1 或 8∶1。

大气中的氨对酸雨形成具有影响：大气中的氨对酸雨形成起到重要作用。许多实验证明，自然降水的 pH 值取决于 $H_2SO_4$、$HNO_3$ 等酸性物质与 $NH_3$、碱性尘粒的相互作用结果。$NH_3$ 是大气中唯一的常见气态碱，主要来自于农田施肥过程和土壤有机物的分解。$NH_3$ 易溶于水，在大气中遇到 $H_2SO_4$、$HNO_3$ 等酸性气溶胶、水汽形成的云团会起到中和作用，形成偏中性的 $(NH_4)_2SO_4$ 或 $NH_4HSO_4$，从而减低了自然降水的酸度。

悬浮颗粒物对酸雨的形成具有催化作用和缓冲作用：悬浮颗粒物所含的 Mn、Fe、Cu、V 等过渡金属离子是 $SO_2$ 转化成 $H_2SO_4$ 的催化剂，当有上述金属离子存在时，大气中 $SO_2$ 的氧化反应速率会加快（详见 2.3.2.3）。据研究表明，碱性悬浮颗粒物对酸雨的形成具有较强的缓冲作用，我国北方城市悬浮颗粒物浓度较高，粒径较大，碱性较强，对酸雨形成的缓冲能力较强；而南方城市悬浮颗粒物浓度较低，粒径较小，酸性较强，对酸雨形成的缓冲能力较弱，这就是我国南方酸雨较多而北方酸雨较少的重要原因之一。

气候条件对酸雨形成的影响：一般情况下，温度高、湿度大，酸雨容易形成，这是因为在高温高湿的条件下有利于 $SO_2$ 和 $NO_x$ 转化为 $H_2SO_4$、$HNO_3$。风速会影响大气污染物的浓度，当风速大时，大气稳定度较差，对流运动强烈，污染物能够迅速扩散，降低聚集浓度，扰动酸雨形成的势力；相反，风速小时，大气稳定度较好，容易出现逆温天气，难以扩散的污染物积聚在低层大气中，致使污染物浓度增高，过早形成酸雨云团（云雾），落下酸雨。风向的影响主要表现在，污染源的上风向不容易形成酸雨，污染源周边的区域空间容易形成酸雨势力，污染源的下风向容易降落酸雨。雷电不仅能使 $NO_x$ 浓度增大，而且能加快 $SO_2$ 和 $NO_x$ 的氧化速度，因此，雷电多发区正是酸雨概率较多的地区。

#### 2.4.7.4　酸雨的危害

酸雨对自然环境和人类社会的影响是综合性的（详见图 2-13）。除了干旱区外，自然降

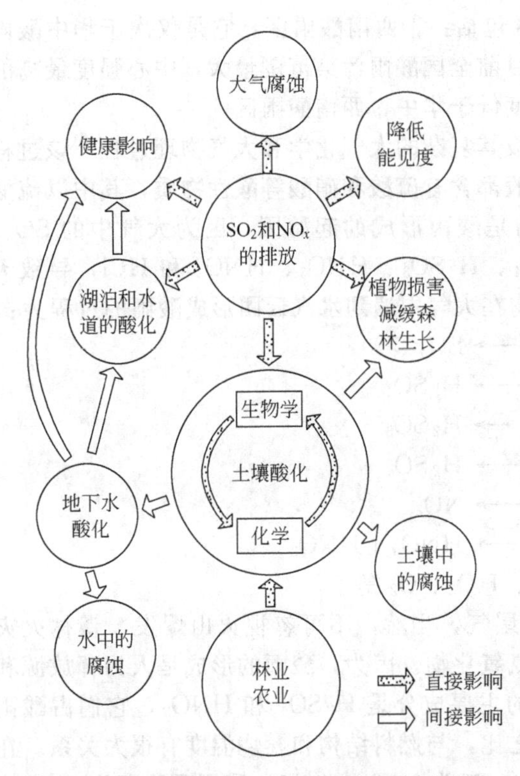

图 2-13 $SO_2$ 和 $NO_x$ 排放的直接和间接影响

水原本就具有弱酸性，它可溶解适量的地壳矿物质供植物吸收，这对人类复合生态系统来说是有利的。但是，如果酸性过强，就会给人类复合生态系统带来种种危害，其危害程度除了与降水酸度有关外，还与土壤和水体的敏感度有关。敏感度高的地区，容易造成酸雨伤害；敏感度低的地区，可能在很长时期内才能显现出酸雨危害的后果，如对水生生态系统、陆生生态系统、建筑物和名胜古迹、人体健康造成危害。

### 2.4.8 热污染

目前，大量的火力发电站和日益增多的核电站直接向大气和水域中放热，已经造成局部地区的热污染，这对于范围较小的局地气候变化还是很重要的。就全球而言，人类活动所放出的热量目前还不足以同到达地表的太阳辐射相匹敌，其总量大约是地球表面吸收太阳能总量的 0.01%，这样一小部分能量对地球热量总的平衡影响可以忽略不计。但对于其长期热效应增长带来的影响不能不给予足够的重视。

太阳辐射到达大气圈顶部时的能量为 350W/m²，其中大约 30% 被反射，而被地表吸收的不足 30%，实际达到下层大气与地表的热能约为 100W/m²（详见图 2-14）。

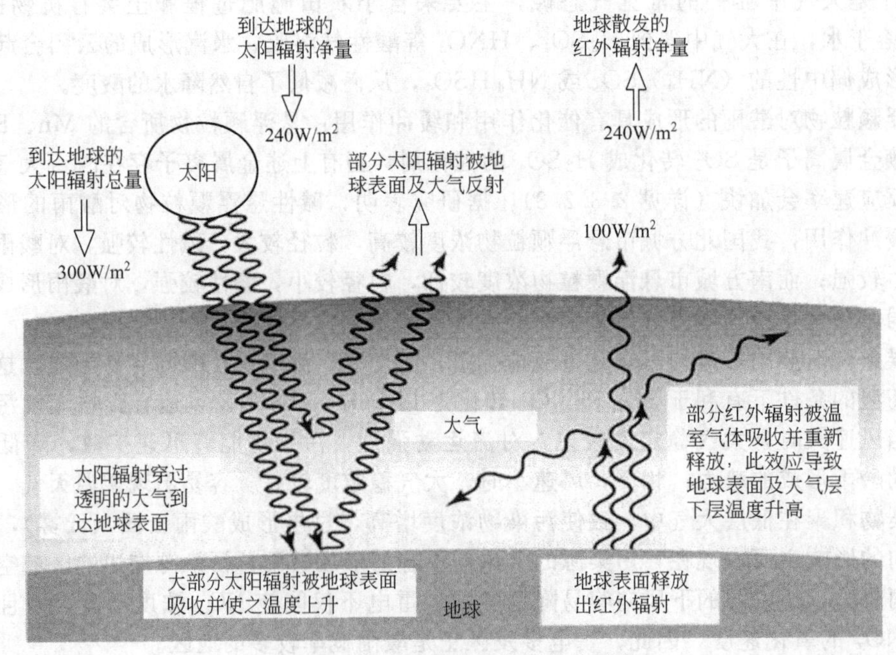

图 2-14 地表吸收太阳能量的热平衡

现在全球工业化地区的面积为 $5.0\times10^5$ km²，这些地区的能量生产占全球总量的 75%，向自然界释放的热量平均为 12W/m$^2$。大城市较高，如美国的纽约市为 630W/m$^2$，相当于太阳到达地面辐射量的 6 倍还多，洛杉矶市人工释放的热量为 7.5W/m$^2$，即相当于太阳到达地面辐射量的 7.5%；莫斯科人工能源研究所释放的热量已经超过太阳辐射到地球表面的能量。如果全球能源生产量按照每年 5.6%的速率增长，从 20 世纪 70 年代算起，到 2010 年，全球能源生产量几乎翻了 7 倍。发达国家一些地区因能源生产而放出的热量就相当于太阳到达地面辐射量的 25%～65%，按照这一数值推算，会使全球平均热量增加 1%。

假如说这个数字目前还能让人放心的话，那么不加以控制地使用能源，到 2100 年全球人口超 200 亿时，要达到今天美国能源消费的水平，则全球平均人为热辐射将相当于太阳辐射（到达大气圈顶部时的能量）的 2%，陆地上要高于该值，为 8%～10%。这是绝对不可忽视的能源热污染问题。

眼下，我们限于燃料和技术等原因，各类火力发电站中热能利用的平均效率仅为 35%。也就是说，燃料潜能的 65%没有被发挥，而成为“废热”散失掉。如果能够利用这部分废热将冷水加热，然后供工厂或居民使用，就可以降低这部分能源的消耗。可是，许多火力发电站都通过冷却水把“余热”排入江河湖海。“余热”提高了附近水域的水温，结果产生了众多环境影响问题。据说，美国一座火力发电站排放的热水使附近水域水温增加了 8℃，结果造成 1.5km 海域内生物消失。

火力发电站冷却废热水进入水域时，其温度通常比水域的平均温度高 8～11℃。但是，这种热水影响河水温度的程度主要取决于河流的流动状态。例如，在英格兰艾恩布里奇电站（The Power Station of Ironbridge）下游，洪水期间，塞文河河水的温度只增加 0.5℃，而在低速流动情况下，河水温度增加 8℃。

一般来讲，水温增加 6～9℃，对温度敏感的鱼类是有害的，水中鱼类会因为升温而死亡。另外，水温的提高造成溶解氧的减少，而溶解氧是生物氧化降解污染物所必需的。况且，氧化速率加快了，消耗的氧会更多，从而使水中氧的含量进一步减少。

水温也影响低等生物，如浮游类生物和甲壳类动物。在冷水中，硅藻是水中占优势的浮游植物，不会引起富营养化；在同样的营养水平上，如果提高水温，则绿藻开始占优势，硅藻减少。在高温下，蓝绿藻大量繁殖，造成富营养化。进一步说，热污染的生态后果还有，很多鱼类的产卵和洄游习性会由于河水温度的改变而被破坏，极大地影响了它们的生存。

此外，由于热污染，水域周边环境的温度会升高，栖息在该域的昆虫将提前结束冬眠，而远离该域本应先苏醒的昆虫，却仍旧处于冬眠状态。昆虫苏醒次序的更迭，会造成生态系统中相关食物链的中断，破坏区域生态平衡，使提前苏醒的昆虫大批死亡，甚至灭绝。

水域热污染除了上述火力发电站排放“余热”的直接原因外，还有其他原因。包括：①由于水库的大小、深度和季节不同，造成河流温度状况的改变；②由于城市热岛效应引起的地面水水温变化；③城市排水渠道构造上的改变；④城乡排水明渠两侧遮蔽程度的变化；⑤暴雨径流量的变化以及地下水成分的变化等。另外，农业区人类的经济活动也能引起地面水水温的明显变化。

### 2.4.9　大气圈氧平衡失调——潜在的危险

大气中 $O_2$ 的主要来源是叶绿素（包括陆生植物与海洋藻类体内的叶绿素）的光合作用，而 $O_2$ 主要消耗于生物的呼吸作用及其残体分解时好氧细菌的需要，以及一切化学和生物化学的氧化作用。自从大约 16 亿年以前含氧大气圈最终形成以后，尽管大气中含氧量出现过一些波动，但迄今基本上保持收支相抵的动态平衡。

然而，目前人类活动至少在 3 个方面影响着 $O_2$ 的生产：一是因为大规模的植被被破坏，包括森林、草原和沼泽等生态系统的破坏，其中尤以热带雨林的破坏最为严重，像号称“地球之肺”的亚马逊雨林正在遭受严重的摧残；二是因为海洋石油污染严重影响了海洋藻类的光合作用，海洋研究表明海洋藻类产生的$O_2$占全球产氧量的25%；三是因为北方冻原（或称苔原）地带因石油开采引起冻原植被的破坏，冻原植被产氧多而耗氧少，对大气$O_2$的供应起到十分重要的作用，许多前苏联环境学者对北方冻原植被的破坏表示深切的忧虑。

$O_2$占大气组成的21%，属于常量组分，目前尚难以察觉其减少的迹象。但是，如果上述几方面的影响继续下去，不少生态学家担心今后几个世代会面临$O_2$短缺的问题。当然，这还只是一种潜在的危险。现在看来，即使植物的光合作用完全停止，大气中现存的$O_2$还可以维持2000年才能消耗完毕。何况，石灰岩与其他沉积岩中也含有氧，又可以缓冲1000年，目前似乎无需杞人忧天。但是，有一点必须强调指出，即在$O_2$完全消耗之前，不完全的氧化作用和燃烧作用所产生的CO就会达到极限程度，直接威胁人类和动物的生存。

## 2.5 大气污染的危害

地球上的一切生物都离不开空气，如果空气受到污染，就会对人类健康、动植物生长发育、工农业生产乃至全球环境等造成重大危害。对人体健康来说，轻则诱发病变，重则死亡；对动植物来说，轻则引起种群数量减少，重则敏感性种群灭绝；对于全球环境而言，气候灾害增多，沙尘暴肆虐，酸雨污染加剧，臭氧层破坏。可见，大气污染是当前全球最主要的环境污染问题了。

### 2.5.1 大气污染对人体健康的危害

大气环境被污染后，由于污染物的发生源、化学性质、浓度和在大气中持续的时间不同；被污染地区的气候气象条件、地理位置与自然环境等诸多因素的差异，都会不同程度地对人体健康产生危害。

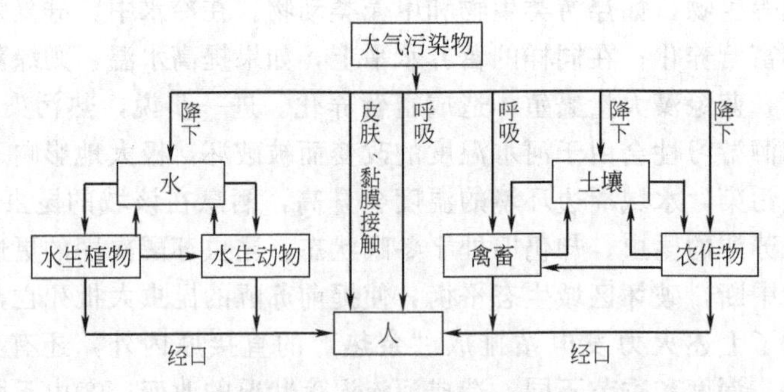


图 2-15 大气污染物侵入人体的途径

大气污染物可以通过3条途径侵入人体：第一，通过人的呼吸系统深入人体；第二，通过食物与饮水进入人体；第三，通过皮肤接触经毛孔透入人体。其中，第一种途径最为便捷，危害最大（详见图 2-15）。这是因为人们每时每刻都要呼吸空气，一般成人一天需要$10 \sim 12m^3$空气，相当于每天所需食物质量的10倍，饮水质量的5～6倍。人可以十几天不吃食物，几天不饮水，但如果5分钟没有空气，就会死亡；另外，肺泡内外表面积很大，决定了它有较强的气体交换功能，其浓缩作用很强；再有，整个呼吸道富有水分，对有害物质黏附、溶解、吸收能力大，感受性强。

因此，有人认为大气污染对人体健康的危害，就是大气污染对人体呼吸系统的危害。

大气污染对人体健康的危害，一般可分为如下几类。

(1) 急性中毒（Acute Intoxication）　大量毒物短时间内经皮肤、黏膜、呼吸道、消化道等途径进入人体，使机体迅速受损并发生功能性障碍，则称之为急性中毒。大气环境中的急性中毒多发生在某些特殊条件，如众多机动车尾气连续排放、工业生产过程、化学品运输中突然发生泄漏等，使大量有毒有害气体逸散到外界环境，或此类情况下又遇到气象条件突变，便会引起人群的急性中毒。历史上发生过多起大气污染急性中毒事件，最典型的是1943 年美国洛杉矶光化学烟雾事件，当时在城区运行的各种型号机动车有 200 万辆，日单车消耗燃油 6.4L，日排放碳氢化合物 1000 余吨，中午低空中 $NO_x$ 浓度已经超过了 $10mg/m^3$，在强烈的阳光照射下，低空臭氧浓度迅速升高到 $0.65mg/m^3$。从地形上来说，洛杉矶地处太平洋沿岸一个直径约 50km 的口袋形盆地之中，只有西面临海，其他三面环山，空气在水平方向流动缓慢。虽然从西北方沿着海面吹来强劲的地面风，但此风不可能越过海岸线；而沿着海岸线向上吹的是西风或西南风，风力很弱。洛杉矶这一特殊的地理位置和气象条件，使低空污染物无法扩散。在两天之内，60 岁以上的老人就死亡 400 多人，为平时的 3 倍有余。死亡原因以慢性气管炎、支气管肺炎和心脏病为最多。另外，受害人群中有许多人眼睛痛、头痛、喉痛、呼吸困难。

(2) 慢性中毒（Chronic Intoxication）　人们长期生活在低浓度污染的空气环境中，污染物毒性会慢慢地在较长时期内经皮肤、黏膜、呼吸道、消化道等途径进入人体，潜移默化地使机体受损并发生功能性障碍，则称之为慢性中毒。其主要表现是，健康人不知不觉地患上了莫名其妙的疾病，致使相关慢性病患者增多。当前，虽然还很难清楚地说明哪种大气污染物与哪种疾病之间存在必然关系，但是，根据大量的环境医学病史资料，慢性呼吸道疾病的确与大气污染有着密切关系。就是说，大气污染是慢性气管炎、肺气肿、支气管哮喘、肺癌等疾病的诱因，并使病情显著恶化。

环境医学调查结果表明，因为城市上空大气污染比较严重，所以城市市民呼吸器官的致病率和死亡率都明显高于农村。美国、英国、日本等国都有这方面的报道。

众所周知，在呼吸系统疾病中，癌症是人类致死的大敌。从全球范围看，当前肺癌的致病率和死亡率都在迅速上升，而且在同一个国家或地区，肺癌的致病率和死亡率都具有城市大于农村、工业区大于一般地区、高浓度污染地区大于低浓度污染地区的特点。

(3) 重要生理机能发生变化　人们受到大气污染侵袭之后，首先感觉全身不舒适，随后在生理上显现出可逆性的反应，如果不能准确诊断并及时治疗，就会出现急性或亚急性病状。在这一期间，肺的换气机能、血色素输送氧气的机能等都会受到影响。

(4) 疑难杂症　人们受到大气污染之后，可能患有从传统医学上还弄不清楚的各种疾病，包括那些病因不明却又需要治疗的疑难杂症。

(5) 精神上的影响　严重的噪声污染能使人精神恍惚、烦燥不安，甚至产生自杀的念头。大气污染是否会像噪声那样给人群带来严重的精神损伤还不清楚。但是患者肉体上的痛苦一定会引起精神上的痛苦，这一点应该说是不容置疑的。

### 2.5.2　大气污染对植物的危害

大气污染对植物的危害可以分为急性危害、慢性危害和不可见危害 3 种情况。

急性危害是指在高浓度污染物影响下，短时间内产生的危害，使植物叶子表面产生伤斑，或者直接使叶片枯萎脱落，无法实现光合作用，最终枯竭死亡。

慢性危害是指在低浓度污染物长期影响下产生的危害，使植物叶片逐渐褪绿而减弱了光合作用，其生长发育缓慢，还常常伴随着与急性危害类似的症状。

不可见危害是指在低浓度污染物影响下，植物外观受害症状模糊，但生理已受影响，光合作用能力减弱，抗病虫害能力下降，致使植物果实的品质变差，产量减少。

对植物生长危害严重的大气污染物主要是二氧化硫和氟化物。

二氧化硫和氟化物（指 HF）对植物的危害程度与其接触浓度和暴露时间的乘积有关，并因光照、温度、湿度不同而有所差异，还因植物的种类不同而有所不同。

氟化氢和二氧化硫对植物的危害虽然都是通过叶片毛孔进入，但各种植物受害的程度与部位却不相同。二氧化硫引起的受害部位多在叶脉间，而氟化氢引起的受害部位多在叶缘和叶端。

应该指出的是，二氧化硫危害植物的机制有两种不同的说法：一是植物吸收二氧化硫后在体内氧化为硫酸，伤害植物的细胞和组织；另一种说法是二氧化硫与植物代谢过程中产生的$\alpha$-醛化合后，生成$\alpha$-羟基磺酸盐；这种物质有破坏细胞结构的作用。

### 2.5.3 大气污染的其他危害

大气污染除了对局地和全球气候变化产生影响，对人类健康、动植物产生危害以外，还可以对建筑制品、金属制品、纺织品、皮革制品、涂料、橡胶制品、纸制品等产生腐蚀破坏作用，从而缩短使用寿命，这不仅在社会经济上造成损失，也给一些历史文物、艺术珍品带来不可挽救的损失。

对上述物品影响较大的污染物主要有二氧化硫、三氧化硫、硫酸雾、硫化氢、臭氧和粉尘等。

二氧化硫、三氧化硫、硫酸雾可以腐蚀钢铁、铜锡及其合金表面；对皮革制品有很强的亲和力，致使皮革强度下降，脆性增大；能够硫化纸制品，导致纸张变脆，丧失纸张强度；遇到纺织品（尤其是棉纺织品），会使其强度下降并褪色；对建筑材料（主要是碳酸钙类）和文物古迹（碑文、石刻等）腐蚀强烈，直至损坏。

硫化氢可腐蚀银、铜，并在表面形成金属硫化物，还可使含铅涂料变色。

臭氧可使橡胶制品脆裂，纺织品严重褪色，强度明显下降。

酸雾与粉尘污染协同作用时，对金属制品和建筑材料有极其强烈的腐蚀作用。

## 习　题

1. 你了解大气圈的发育史吗？
2. 你了解大气圈垂直方向的分层方法吗？
3. 如何定义大气污染？
4. 如何区分大气污染类型？
5. 如何区分大气污染源的类型？
6. 你能够正确描述大气中一氧化碳的来源、迁移转化和归宿吗？
7. 你能够正确描述大气中二氧化硫的来源、迁移转化和归宿吗？
8. 你能够正确描述大气中氮氧化物的来源、迁移转化和归宿吗？
9. 你能够正确描述大气中碳氢化合物的来源、迁移转化和归宿吗？
10. 光化学烟雾是如何形成的？
11. 全球气候“变冷”与“变暖”假说的根据是什么？
12. 温室效应对全球环境有哪些影响？
13. 阳伞效应对全球环境有哪些影响？
14. 南极臭氧洞形成原因的假说成立吗？如果成立，为什么？如果不成立，请说出理由。
15. 臭氧层破坏对人类环境带来哪些严重影响？
16. 请正确描述酸雨形成的机制。
17. 酸雨对人类都有哪些危害？
18. 热污染对人类产生哪些危害？

19. 大气圈中的氧会平衡失调吗？根据何在？
20. 中国酸雨区在哪里？如何来分区呢？
21. 大气污染物是如何侵入人体的呢？它对人体的健康产生哪些影响？
22. 大气污染是如何危害植物生长的呢？其有哪些主要污染特征呢？
23. 如何定义酸雨？
24. 如何定义酸雨区？
25. 如何定义酸雨率？
26. 大气污染对人类还有哪些其他危害？
27. 大气污染案例给予我们以怎样的反思与启迪呢？

# 第3章 人类与水圈

海洋和陆地上的液态水和固态水构成了一个大体连续的圈层覆盖着地球表面，通常称为水圈（Hydrosphere），它包括江河湖海中的一切淡水和咸水、土壤水、浅层地下水与深层地下水以及南北两极的冰帽和高山冰川中的冰雪，还包括大气中的水滴和水蒸气，它是全球水循环的一个重要环节。

人类的生存离不开水，生命就是从水中发源的，而且有赖于水分才能维持。人体之中65%的质量是水，成年人身体中平均含水40～50kg，而且每天还要消耗和补充2.5kg水，人体失水12%以上就会导致死亡。全球生物体内所含的水分约占淡水总量的0.0003%。人类的社会生活与商品生产无不消耗水。

## 3.1 地球水资源

### 3.1.1 地球水资源与水循环

长期以来，人们将水看作是一种成本低廉的资源，因为它数量巨大且易于获得。然而，江河中的全部淡水仅仅是海洋的1/1000000。地球是一个水量极其丰富的天体，海洋面积占地球总面积的71%，地球实际上应该称为"水球"。地球上所处位置的水量分布与其平均停留时间详列于表3-1。

**表3-1 地球上所处位置的水量分布与平均停留时间**

| 分布位置 | 面积/($\times10^6$km$^2$) | 水量/($\times10^3$km) | 占地球总水量的/% | 平均停留时间 |
|---|---|---|---|---|
| 江河 | — | 1～2 | 0.0001 | 12～20d |
| 大气圈(云和水汽) | 516 | 13 | 0.0010 | 9～12d |
| 土壤水(潜水面以上) | 130 | 67 | 0.0050 | 15～30d |
| 盐湖与内陆海 | 0.50 | 104 | 0.0070 | 10～100a |
| 湖泊、水库 | 0.85 | 125 | 0.0090 | 10～100a |
| 地下水(800m深度以上) | 130 | 8300 | 0.5900 | 100～1000a |
| 冰川与冰帽 | 28.20 | 29200 | 2.0700 | 10000a |
| 海洋 | 361 | 1370000 | 97.310 | 1000～10000a |
| 总计 | 516 | 1407810 | 100 | — |

由表3-1可见，地球上水的总量是巨大的，达$1.41\times10^9$km$^3$，占地球质量的2/10000。但是，能供人类利用的水却不多，因为水圈中海水占97.3%，难以直接利用，淡水只占2.7%，约合$3.8\times10^7$km$^3$，这虽然是一个极大的数字，相当于地中海容量的10倍，但是这些淡水的99%却难以直接被人类利用。因为：第一，两极冰帽和大陆冰川中储存了淡水的86%，位处偏远，难以获取；第二，地下水（包括浅层地下水和深层地下水）储量约占淡水总量的13%，必须凿井方能提取。

最容易利用的是江河湖泊中的水，这部分水占淡水总量的不到1%。然而，人类正是充分利用了这极小部分的水才得以繁衍不绝，创造了灿烂的文化。古代人类的文明大多与大江大河有关，例如长江、黄河、尼罗河、恒河、底格里斯河和幼发拉底河等，都是人类文明的摇篮。

水属于可更新的自然资源，处在不断的循环之中，从海洋与陆地表面蒸发、蒸腾变成水蒸气，又冷凝为液态或固态水降落到海面和地面，落在陆地上的部分汇流到江河湖泊中，最后重新回归海洋，如此循环不已，详见图 3-1。

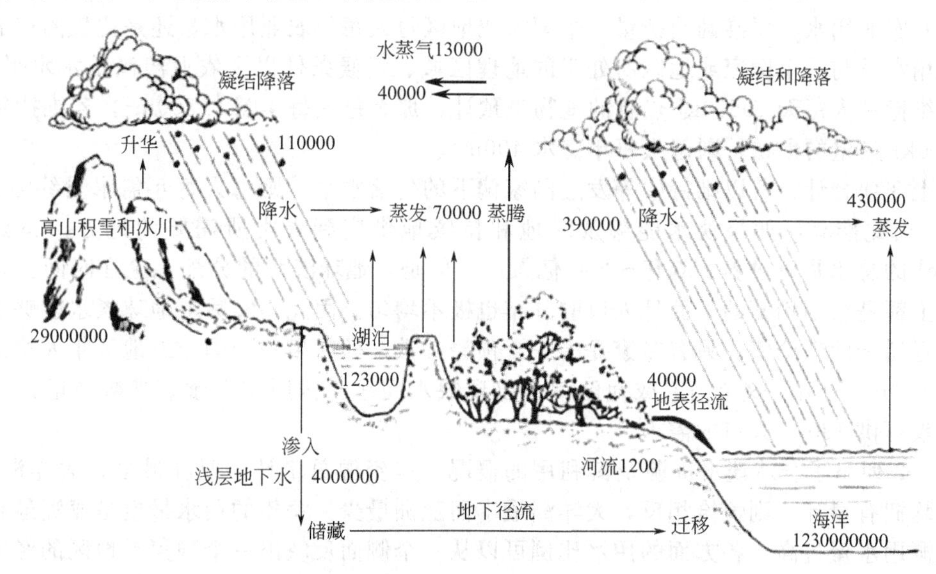


图 3-1　全球水汽循环（单位：$km^3$）

由图 3-1 可以总结出以下几点。

① 全球每年水分的总蒸发量与总降水量相等，均为 $5.00\times10^5km^3$。

② 全球海洋的总蒸发量为 $4.30\times10^5km^3$，海洋总降水量为 $3.90\times10^5km^3$，二者的差值为 $4.0\times10^4km^3$，它以水蒸气的形式移向陆地。

③ 陆地上的降水量（$1.10\times10^5km^3$）比蒸发量（$7.0\times10^4km^3$）多 $4.0\times10^4km^3$，它有一部分渗入地下补给地下水，一部分暂存于湖泊中，一部分被植物所吸收，多余部分最后以河川径流的形式回归海洋，从而完成了海陆之间的水量平衡。

这 $4.0\times10^4km^3$ 的水还不能被人类全部利用，其中大部分（约 $2.8\times10^4km^3$）为洪水径流，迅速宣泄入海。其余 $1.2\times10^4km^3$ 中，又有 $5\times10^3km^3$ 流经无人居住或人烟稀少的地区，如寒带苔原地区、沼泽地区和像亚马逊河那样的热带雨林地区等。余下可供人类利用的仅为每年 $7000km^3$。20 世纪以来，各国修筑了许多大、中型水库，控制了部分洪水径流。全球水库的总库容约为 $2000km^3$，使可供人类使用的水量达到了每年 $9000km^3$，这就是人类能够利用的水资源。

### 3.1.2　人类对淡水资源的需求

人类对淡水的需求无非是从商品生产和社会生活两方面去考虑。综合发达国家和不发达国家的用水经验，可以对用水量作如下的推算。

(1) 生活用水　为了维持饮食起居这一起码的生活质量，生活用水标准可为每人每年 $30m^3$；北京城区的生活用水量略高于此数，为 $50m^3$。西欧、北欧、北美等发达国家的生活质量较高，用水量也高，如美国达到每人每年 $180m^3$。而一些经济欠发达的缺水国家生活质量较差，用水量也很低，仅能维持最起码的生存要求。例如，非洲的埃塞俄比亚南部、肯尼亚北部、马尔加什共和国西南部等居民每人每年仅靠 $2m^3$ 水维持生活，仅仅能够满足生物学需水量的最低值。

(2) 工业用水　发达国家单位工业产值增加额的水量消耗约为 $8\sim16m^3$，中等发达国家单位工业产值增加额的水量消耗约为29～38$m^3$，不发达国家单位工业产值增加额的水量消耗约为50～60$m^3$。

如果以中等发达国家为标准换算成平均每人每年工业用水量，则为20$m^3$。

（3）农业用水　要准确地衡量一个国家或地区每人每年农业用水量还是比较困难的，因为农业用水量与一个国家或地区所处于的地理区域、气候条件以及农业灌溉技术水平有关。如果以维持每人每天10500kJ热量的食物来预计，那么每人每年需水300$m^3$，若维持每人每天12500kJ热量的食物，则每人每年需水400$m^3$。

以上3项合计，若以维持中等发达国家偏下的生活水平，则每人每年需水量约为350～450$m^3$。由此推算，如果淡水能够及时地和持续地供应到人类所需要的地方，那么每年9000$km^3$的总水量可供养200亿～250亿人口。但是，地球淡水的分配无论在时间上，还是在空间上都是极不均衡的，而且人口的分布也极不均匀。因此，实际上地球淡水能够供养的人口将远低于此理论值。另有专家提出一个预警参数，即如果一个国家或地区年人均依赖淡水量为500$m^3$的话，这个国家或地区就会出现缺水问题。按照这个预警参数考虑，则现有淡水量仅可供180亿人口的需求。

表3-2列举了全球淡水资源及其利用的概况。以资源总量计，亚洲最多，大洋洲最少，但以人均拥有量计，则恰恰相反，大洋洲最丰而亚洲最少。每年的用水量也是亚洲最高，原因是灌溉用水量过高。各方面的用水比例可以从一个侧面反映出一个国家或地区的经济结构与发展水平，例如非洲和亚洲的农业用水所占比例最高，而生活和工业用水所占比例最低；相反，发达的西欧、北欧和北美洲工业用水比例很高。我国首都生活用水、工业用水与农业用水的比例分别为7%、28%和65%，与表3-2中所列的全球平均用水水平较为接近。

**表3-2　全球淡水资源利用状况**

| 全球分布 | 水资源量/($km^3$/a) | 2010年人均拥有量/$m^3$ | 年提取量 | | | 各方面用水比例/% | | |
|---|---|---|---|---|---|---|---|---|
| | | | 总量/$km^3$ | 占水资源量/% | 人均/$m^3$ | 生活 | 工业 | 农业 |
| 全球 | 41945 | 6800 | 4982 | 11.9 | 583 | 8 | 23 | 69 |
| 非洲 | 4793 | 5710 | 218 | 4.5 | 216 | 7 | 5 | 88 |
| 北美洲与中美洲 | 8028 | 14370 | 1054 | 13.1 | 1496 | 9 | 42 | 49 |
| 南美洲 | 11996 | 30910 | 201 | 1.7 | 421 | 18 | 23 | 59 |
| 亚洲 | 12120 | 2980 | 2314 | 19.1 | 465 | 6 | 8 | 86 |
| 欧洲 | 2683 | 4119 | 543 | 20.2 | 642 | 13 | 54 | 33 |
| 大洋洲 | 2325 | 67140 | 35 | 1.5 | 802 | 18 | 16 | 76 |
| 平均 | | 18861 | 1335 | 10.3 | 661 | 11.3 | 24.4 | 65.7 |

从全球范围来看，需水量最大且对水极为敏感的部门是农业，约占全球总用水量的65.7%，因此，发展节水农业是节约水资源的有效途径。各国农业用水所占比例差异很大，主要与各国工农业发展状况和农业在国民经济中所占的比例有关。像印度和墨西哥等农业国农业用水所占比例很大，达90%以上；中国也是农业大国，农业用水量占总用水量的81.7%。与此相对照的是英国和德国，农业用水量很少，这不仅是由于其工业发达，更重要的是这些国家雨水充沛且均匀，农业可以旱作而很少灌溉，灌溉技术也比较先进，因此农业耗水较少。在工业发达国家中，日本的情况比较特殊，其农业用水量约占70%，原因是大规模种植耗水量大的水稻所致。美国工农业用水所占比例相当，因为它也是农业大国，但是从20世纪60年代以后，它的工业用水量开始超过农业，其主要原因是随着用电量的剧增，发电厂冷却用水量显著增大。

尽管农业用水所占比例很大，但迄今全球水浇地面积只占全部耕地的18%，其余82%仍为旱作农业，而且在可以预见的未来，这种情况不会有重大的改变。这意味着全人类仍在很大程度上处于“靠天吃饭”的状况，全球性天气波动将继续对人类的粮食产量有重大影响。因此，灌溉对于农业是至关重要的。一方面，灌溉农业可以增加垦殖面积，在干旱区尤其如此，那里无灌溉即无农业；在灌溉农业方面，我国屯垦戍边的新疆建设兵团取得了较大成功。另一方面，灌溉农业可以增加单位面积产量，再加上其他农业保障措施，如应用良种、合理施肥、合理喷洒农药等，可以使农作物产量增加3～4倍。另外，灌溉还增加了复种指数，其效益相当于增加了耕种面积。这种效益在农业上常用种植强度（Cropping Intensity）来表示，即收获面积与总耕种面积之比值。在现有农业科学技术水平下，全球旱作农业的种植强度约为0.70，灌溉农业的种植强度为1.11，而且还将有所提高。目前，全球水浇地生产的粮食占世界粮食总产量的3成还多，可见灌溉农业所取得的成就。

全球最成功的灌溉农业在亚洲，全球灌溉能力的63%在东南亚，该地区大部分一年两熟，种植强度平均达到1.3，几乎为旱作农业平均水平的2倍。中国、孟加拉国和非洲的埃及都有集约农业的悠久历史，种植强度达到1.5以上。日本的水稻产量，平均0.45hm$^2$土地即可供应10500kJ/(人·d)，美国需要2倍的土地面积方能达到这一水准，印度要达到这一水准，则需要7倍于此的土地。

灌溉对于农业增产与稳产的作用固然毋庸置疑，但是由于其耗水量巨大，显然又限制了其发展。目前大多数灌溉方法比较落后，效率低，浪费大。在全球范围内，水灌溉的平均有效作用率仅仅为37%，其余的63%都被浪费了。这不仅浪费了水源，增加了成本，而且还造成土壤养分的流失，更严重的是引起土壤盐渍化和水涝，造成地下水污染以及引起某些疾病（如非洲的疟疾和亚洲的血吸虫病）的传播等问题，这些均需予以足够的重视。

### 3.1.3 全球淡水供给前景

综上所述，虽然全球可有效利用的淡水量不及总水量的1%，然而，仍可满足约200亿人口较低水平的需要。不过由于全球人口的分布和时空降水的分布极不均匀，致使不少国家和地区时常遇到缺水的困难。表3-3是按照人均水资源拥有量排列出的全球13个富水国和13个贫水国的水资源状况，我国恰好被列为全球第13位贫水国，人均水资源拥有量只有2160m$^3$，仅及世界人均水资源拥有量的25%～30%。

目前，全球人口仍处在持续增长的态势，2000年全球人口总数超过60.0亿时，人均水资源拥有量为6500m$^3$；2010年全球人口总数突破69.1亿，人均水资源拥有量下降为5575m$^3$；预计2050年全球人口增长到90.5亿时，人均水资源拥有量将下降到4309m$^3$，供水形势愈加紧张。20世纪有30多个国家严重缺水，进入21世纪，缺水国家增加到80多个。一方面，人类对水资源的需求以极其惊人的速度在增加；另一方面，日益严重的水污染正在蚕食大量可供消费的水资源。全球每天有大约200t的污染物倾入河流、湖泊和小溪，每立方米废水会污染8m$^3$淡水；另有人估计，名列第13位丰水国的美国如果不实行严格的节水政策，将于2020年每天需水$5.3\times10^8$m$^3$而成为缺水国。

水供应紧张造成许多社会经济和生态环境问题。全球缺水地区往往就是人口增长和城市化较快的地区，缺水对农业的冲击最大，因为农业不仅是地区用水量最大的部门，还是经济效益较低的部门。因此，当某一地区干旱缺水，用水量接近自然极限时，常常是农业部门首先不能满足供水。人们在过分强调用水的经济效益时，往往忽视了水的生态学效能。在充分保证生活与工农业生产用水的同时，没有考虑给河流留下必要的水，以保护那里的鱼类和野生动物，更没有顾及河流的娱乐与美学效能。

表 3-3 全球若干富水国和贫水国的水资源状况比较（2009 年）

| 排序 | 国家 | 水资源总量 /$km^3$ | 按面积平均 /($\times10^3 m^3/hm^2$) | 按人口平均 /($\times10^3 m^3$/人) | 1987年作为对比年 /($\times10^3 m^3$/人) | 人均水资源增减值 /($\times10^3 m^3$/人) |
|---|---|---|---|---|---|---|
| | 富水国： | | | | | |
| 1 | 冰岛 | 170 | 16.96 | 540.75 | 685.18 | −144.43 |
| 2 | 新西兰 | 397 | 14.78 | 91.65 | 117.53 | −25.88 |
| 3 | 加拿大 | 2901 | 3.15 | 89.10 | 111.74 | −22.64 |
| 4 | 挪威 | 405 | 13.16 | 84.94 | 97.40 | −12.46 |
| 5 | 巴拿马 | 144 | 19.07 | 45.92 | 64.98 | −19.06 |
| 6 | 尼加拉瓜 | 175 | 14.74 | 29.71 | 49.97 | −20.26 |
| 7 | 巴西 | 5190 | 6.14 | 27.43 | 36.69 | −9.26 |
| 8 | 厄瓜多尔 | 314 | 11.34 | 22.75 | 31.64 | −8.89 |
| 9 | 前苏联 | 4384 | 1.97 | 15.43 | 15.44 | −0.01 |
| 10 | 喀麦隆 | 208 | 4.43 | 13.34 | 19.93 | −6.59 |
| 11 | 澳大利亚 | 343 | 0.45 | 13.19 | 21.30 | −8.11 |
| 12 | 印度尼西亚 | 2530 | 13.97 | 9.73 | 14.67 | −4.94 |
| 13 | 美国 | 2478 | 2.70 | 8.15 | 10.23 | −2.08 |
| | 贫水国： | | | | | |
| 1 | 埃及 | 1.00 | 0.01 | 0.013 | 0.02 | −0.007 |
| 2 | 马尔他 | 0.025 | 0.79 | 0.06 | 0.07 | −0.01 |
| 3 | 沙特阿拉伯 | 2.20 | 0.01 | 0.09 | 0.18 | −0.09 |
| 4 | 利比亚 | 0.700 | 0.0040 | 0.11 | 0.19 | −0.08 |
| 5 | 新加坡 | 0.60 | 10.53 | 0.12 | 0.23 | −0.11 |
| 6 | 巴巴多斯 | 0.05 | 1.16 | 0.19 | 0.21 | −0.02 |
| 7 | 肯尼亚 | 14.80 | 0.26 | 0.46 | 0.66 | −0.2 |
| 8 | 南非 | 50.00 | 0.41 | 1.02 | 1.47 | −0.45 |
| 9 | 海地 | 11.00 | 3.99 | 1.10 | 1.59 | −0.49 |
| 10 | 波兰 | 49.40 | 1.62 | 1.30 | 1.31 | −0.01 |
| 11 | 秘鲁 | 40.00 | 0.31 | 1.37 | 1.93 | −0.56 |
| 12 | 印度 | 1850.00 | 6.22 | 1.61 | 2.35 | −0.74 |
| 13 | 中国 | 2800.00 | 3.00 | 2.16 | 2.58 | −0.42 |

面对供水短缺的前景，世界各国正在积极采取应对措施。总的来看，是从如下 3 个方面来解决。

(1) 开源　开源的途径，一是采取那些已经实行多年的有效措施，如修筑水库、截留过境水，加高库坝、扩充水库储水容量，开渠引水和抽取地下水等。二是开发一些新技术、利用一些新方法，如规模性海水淡化技术，大面积人工降雨和赴南极运冰等。

(2) 节流　节流的途径，一是通过改革耕种制度，推广应用旱地喷灌、滴灌技术，减少灌溉用水量；二是以节水为中心，调整产业结构，发展节水产业，淘汰耗水量大的产业；三是改进工矿企业一次性用水的落后生产工艺，推进过程水净化循环利用的先进生产工艺，以减少工业用水量；四是城市工业用水与生活用水要分别排放，分别处理净化，分别重新加以利用；五是推行城市节水型立体绿化措施，提倡绿化使用再生水（中水）；六是采取积极的环境经济手段，适时、适当地提高城市工业用水与生活用水的水价，以减少工业用水与生活用水的浪费。

(3) 保水　保水的途径，一是要加强水源地的生态环境保护，防止水土流失造成水库减容和水质破坏；二是要科学划定水资源功能区，在准保护区以内不允许建设可能污染水源的任何项目，因为清洁水一旦被污染就等于水资源量在减少；三是要实施有效地社会监督机制，管好输水工程的专项资金，专款专用，保证输水工程质量，最终要实现运行中的输水管线不爆裂、不渗漏，将公共水损降到最低。

任何缺水国家或地区，只有综合考虑采用上述措施才能缓解用水紧张的问题，同时还应该考虑一些非自然的和非技术性的因素，例如跨国界、跨地区和跨流域的用水矛盾问题，同一个国家或同一个地区内不同部门的用水分配问题等。各国的经济实力不同，所能采用的技术也不同。对于许多经济落后的农业国，在无足够财力采取上述开源措施的情况下，只得被动地适应水资源的时空分配，甚至逐水草而居；经济发达国家在开源上具有较宽的选择性，他们可以采用较昂贵的海水淡化和人工降雨等新技术，例如中东一些缺水的石油开采富国已经建立了不少实用性的海水淡化工厂，沙特阿拉伯于20世纪70年代先后投产了一批海水淡化厂，年生产能力达到$1.5\times10^8m^3$，规模相当可观，但是，同一时期该国的用水量也相应地增加了$9.0\times10^8m^3$，看来，该国海水淡化获得的水还不足以满足其用水增加的需求。

20世纪70年代全球有700多家海水淡化工厂，最大的淡化工厂日产淡水$3.5\times10^4m^3$，主要采用蒸馏技术与反渗透技术。到了20世纪90年代，全球有海水淡化工厂近20000多家，日产淡水近$8000\times10^4m^3$。1997年美国海水淡化产值就已突破了140亿美元，加利福尼亚州正在建设18座海水淡化工厂，其中全球最大的一家每天能生产$5000\times10^4m^3$淡水，可供30万人使用。在中国天津，大港新泉海水淡化工厂已于2009年8月26日正式投产，采用目前世界单机容量最大、效率最高的低温多能海水淡化装置，总投资1.7亿元，日产淡水$20000m^3$，专供中石化天津$100\times10^4t$乙烯工厂生产和生活使用。

美国海水淡化工厂的产水成本大多数在2.1～2.5美元/$m^3$，而沿海城市饮用水的水价约为1.0～1.9美元/$m^3$，两者相差1.3～2.1倍；如果与直接抽取河水或地下水的费用（0.10～0.20美元/$m^3$）相比则高出12～20倍。中国的海水淡化成本在5～7元/$m^3$，而沿海城市饮用水的水价普遍为2.8～3.0元/$m^3$，两者相差1.8～2.3倍；如果与直接抽取河水或地下水的费用相比（0.10～1.00元/$m^3$）则高出7～50倍还多，因此，除了经济效益极佳的工程项目及特殊军事用途外，海洋淡化水仅能供极度缺水的沿海城市和海岛居民饮用。

人们曾经把海水淡化的前景寄托于廉价能源的获得和淡化技术的改进。根据理论计算，$1m^3$海水脱盐所需能量为2800kJ，但是实际上效率最高的海水淡化工厂也需要$1.7\times10^5kJ$，超出理论计算值的60倍。而且，众多核电站的启用，也未能使电费大幅度下跌。

除了成本问题以外，还有如何妥善处理剩余盐分或浓盐溶液的问题。当然，最好的办法是建造既能将海水制成淡水，又能制造食用盐的生产工艺。现在海水淡化的生产工艺不是很理想，我们以平均海水盐度3.5%计算，每淡化$1000m^3$海水就会留下约40t盐或浓盐卤。处理这些盐或盐卤最方便和最省钱的办法就是近海排放，但是，这样做会增加近岸海水的盐度，对近海海域生态系统产生不良影响。

曾有人报道海水淡化技术的新进展，是利用热带海洋热量发电技术与海水淡化技术相结合。这项由美国伊利诺斯州阿尔贡国家实验室和科罗拉多州戈尔登太阳能研究所完成的实验，是将热带海洋表层温度高达26℃的海水抽入真空室中，其中1%的水立即变成蒸汽，驱动普通汽轮机发出电力，用过的蒸汽则冷凝成为淡水。冷凝作用是靠抽取海面下半英里深处温度为6℃的海水而达到的，汽轮机发出的电力足以供给上述冷凝系统和真空系统的需要。这种装置称为海洋热能变换器。研究人员估计一个满负荷运转的装置能够产生10MW的电力和每天$2\times10^4m^3$的淡水，足以满足一座2万人口小镇的水电需要。这项实验展示了未来热带海洋向热带岛屿和沿海城市供应淡水和电力的远景（详见图3-2）。

为解决旱情，许多国家大规模人工降雨取得了阶段性成果，但仍然存在一些问题。首先，实行大规模人工降雨要寻找大片浓云，这恰好是缺水的干旱地区不常具备的条件。然后用飞机（有时在地面筑台燃烧某些化合物）向云中喷洒凝结核（如碘化银粉末），以促进降

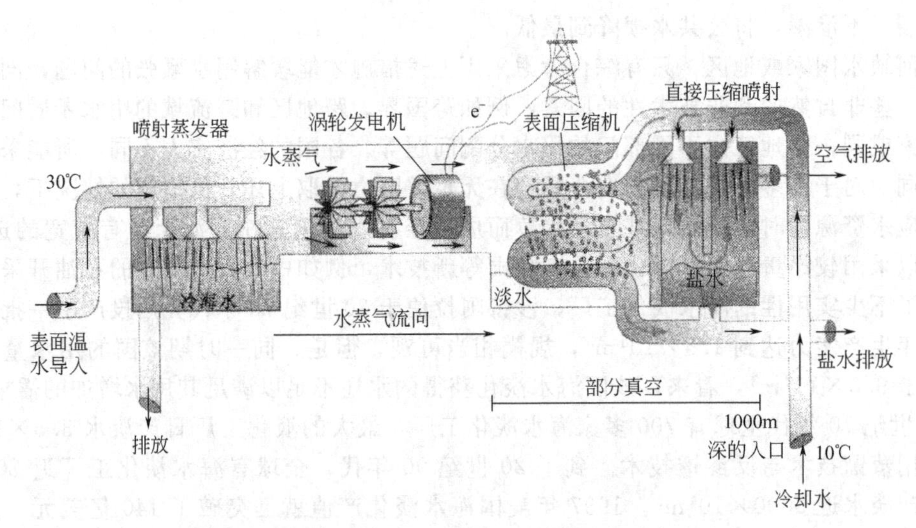


图 3-2 开环海洋热电系统可以同时生产淡水和电力

水的形成。这种方法不仅需要消耗较高的成本，还会由于碘化银等化学物品的自然积累对降雨区的土壤和水文系统产生较长期的影响，进而危害田间农作物和牧场的人畜。此外，在某些地区采取人工降雨有时还可能引起法律纠纷，对含水云层的所有权发生争议。例如，1977年美国西部地区大旱，华盛顿州实施了人工降雨，引起相邻的爱达荷州的不满，该州的司法部长威胁说，要对华盛顿州的"偷云行为"向联邦法院提出控告。

近年来，许多国家在合理利用水资源、减少水体表面蒸发损失和废水再生利用等方面都取得了不少经验，采取这些经验性措施比开发新水源投资少、见效快，环境效益与经济效益都非常显著，众人视之为第二水源。许多大型水库表面蒸发损失很大，例如，美国科罗拉多河上的米德湖水库年蒸发量高达 $1km^3$，相当于全国每人每年耗水 $4.5m^3$；埃及阿斯旺高坝后的纳赛尔湖蒸发量更大，如果能有不污染水体的蒸发抑制剂可用的话，则可以减少相当多的损失。又如工业冷却水，循环利用潜力很大，目前，美国钢铁工业用水已有一半被循环使用，日本各类工厂循环用水的比例也很大；水资源极其贫乏的以色列更是大规模地回收废水生产再生水，将再生水用于家庭冲厕与保洁、培育花卉、农田灌溉，用于工业生产，使得工农业水耗大幅度减少，单位水耗的社会经济效益显著提高。

全球各国尽管采取了上述种种措施，但是由于人口与经济的急剧增长，21 世纪后，许多国家和地区仍将面临缺水的困境。数千年来，人类为了改善生存条件，消除水患，积极兴建水利工程：修堤筑坝、开渠凿井、疏浚河道等建设规模愈来愈大，对地球水圈的干预愈演愈烈。一方面是人类为谋求自己福利而采取的有意识行动，这些行动在达到预期目的的同时对环境造成了危害；另一方面，人类在无知的生产与生活过程中，又常常"有意无意地"将大量废弃物和有毒有害物质排入水体，造成水体污染，使本来业已紧缺的水资源更加短缺。

## 3.2 中国水资源

### 3.2.1 中国水资源的时空分布状况

中国是世界上河流和湖泊众多的国家之一，如果把中国的天然河流连接起来，总长度可达 $43\times10^4$km，可绕地球赤道 10.5 圈。因地域广大，水资源丰富；因人口众多，人均水资源匮乏。

中国受北高南低、西高东低的地势影响，多数河流都直接或间接向东、向南流入海洋，构成了国土总面积64%的太平洋、印度洋、北冰洋三大外流水系。其中长江、黄河、黑龙江、珠江、澜沧江、海河、淮河、钱塘江属于太平洋水系，怒江、雅鲁藏布江属于印度洋水系；位于新疆西北的额尔齐斯河向西流出国境，属于北冰洋水系。

中国流域面积在10000$km^2$以上的河流有79条，流域面积在1000$km^2$以上的河流有1580条；流域面积在100$km^2$以上的河流有5万多条。河流平均年径流量$2.7\times10^{12}m^3$，在巴西、俄罗斯、加拿大、美国、印度尼西亚之后，居世界第六位。著名的大河有长江、黄河、黑龙江、雅鲁藏布江、珠江、淮河等。新疆的塔里木河是中国最长的内陆河，全长2137km，由于它流经干旱区沙漠，亦被称为"生命之河"。

#### 3.2.1.1 江河

长江：发源于西藏唐古拉山脉主峰各拉丹冬，曲折东流，全长6300km，居世界第三位。长江支流众多，主要支流有雅砻江、岷江、嘉陵江、汉江、乌江、湘江和赣江等。流域面积多达$180\times10^4km^2$，占全国总面积的18.8%，年径流量$9513\times10^8m^3$，约占全国河流年径流量的52%，是中国第一长河，也是中国内河运输的大动脉。长江在重庆市奉节县向东切穿巫山到湖北省宜昌市形成了193km的三峡峡谷，水能资源丰富，著名的三峡水利枢纽工程从1994年开始在这段峡谷的东段施工，到2009年工程完成后，年发电量可达$847\times10^8kW\cdot h$；能改善航道条件，并为中下游地区的城镇供水和农田灌溉用水提供保障。

黄河：发源于青海巴颜喀拉山北麓约古宗列盆地，全长5464km，是中国第二长河。黄河流域面积$75\times10^4km^2$，年径流量$661\times10^8m^3$。黄河主要支流有40多条，其中汾河、渭河是两大重要支流。由于黄河中游流经土质疏松的黄土高原，使黄河成为世界上含沙量最多的河流，其挟带的泥沙约有25%沉积在中下游河床，使河床平均每年增高10cm，现在黄河下游许多地段已成为高出两岸地面3～5m的"地上河"。黄河上游流经中国地势第一、二阶梯的交界地带，是黄河水能资源最集中的河段。目前，这里已建成龙羊峡、刘家峡、青铜峡等多座水利枢纽工程。黄河中下游也有较丰富的水能资源，小浪底水利枢纽工程就位于河南省境内。

黑龙江：位于中国最北部，是中俄界河，流经中国的干流长3420km，中国境内流域面积约$90\times10^4km^2$。

松花江：全长2308km，流域面积$55.72\times10^4km^2$，年径流量$762\times10^8m^3$。

辽河：全长1390km，流域面积$22.89\times10^4km^2$，年径流量$148\times10^8m^3$。

珠江：中国南方的最大河流，全长2214km，流域面积$45.37\times10^4km^2$，年径流量$3338\times10^8m^3$。从流经水量来说，仅次于长江居全国第二。

淮河：全长1000km，流域面积$26.93\times10^4km^2$，年径流量$622\times10^8m^3$。

京杭大运河：北起北京市通州区南至浙江省杭州市的京杭大运河全长1800km，流经北京、天津、河北、山东、江苏、浙江6个省市，沟通了海河、黄河、淮河、长江和钱塘江五大水系。始凿于公元前5世纪，后经开凿疏浚，成为历代漕运要道。如今，南方河段仍可通航，是世界上开凿最早、路线最长的运河。

#### 3.2.1.2 湖泊

中国湖泊众多，面积在100$km^2$以上的大湖有100多个，面积在1$km^2$以上的天然湖泊有2000多个；总面积约$8\times10^4km^2$；此外，还有数以万计的人工湖泊（水库）。长江中下游平原和青藏高原是中国湖泊最为集中的区域。按照湖泊的水文特征，大致可以以大兴安岭南段-阴山山脉-祁连山脉东段-冈底斯山脉一线为界。此线西北主要为咸水湖和盐湖，湖水含食盐、镁盐、芒硝、石膏、硼砂等多种化学物质。坐落在青藏高原东北部的青海湖，又名"库库淖尔”，即蒙语“青色的海”之意，是中国第一大咸水湖泊，湖盆由祁连山的大通山、日月山与青海南山之间的断层陷落形成；湖泊长105km、宽63km、面积达4583km²，比中国最大的淡水湖鄱阳湖，要大近459.76km²；湖泊最深处达38m，集水面积约29661km²，湖面海拔3196m，布哈河水由西北注入。纳木错是中国第二大咸水湖，位于西藏高原中部，湖面海拔4718m，湖的形状近似长方形，东西长70多千米，南北宽30多千米，面积1920多平方千米；湖水最大深度33m，蓄水量768×10⁸m³，为世界上海拔最高的大型湖泊；“纳木错”为藏语，而这个湖的蒙古语名称为“腾格里海”，两种名称都是“天湖”之意。我国不少内陆湖泊已经干涸，例如罗布泊、居延海等。此线东南主要属外流湖区域，绝大部分是淡水湖，有洞庭湖、太湖、洪泽湖、鄱阳湖等，居江西北部、长江以南的鄱阳湖是我国最大的淡水湖，蓄水量达248.9×10⁸m³。

**3.2.1.3 降雨时空分布**

我国受地理位置和气候条件的影响，年降水地区分布不均，降水量的年际变化很大，年内降水分配不均。

（1）年降水地区分布不均　年降水的总趋势是东南部湿润多雨，向西北内陆逐渐递减，广大西北内陆地区（除新疆西北部个别地区外）气候干燥，降水很少，全国大致可划分为如下5个不同类型的地带。

① 十分湿润地带　相当于年平均降水量1600mm以上的地区。主要包括浙江大部、福建、台湾、广东、江西、湖南山地、广西东部、云南西南和西藏东南隅等地区。

② 湿润地带　相当于年平均降水量1600～800mm的地区。包括沂沭河下游、淮河、秦岭以南广大的长江中下游地区、云南、贵州、广西和四川大部分地区。

③ 过渡地带　通常又叫半干旱、半湿润地带，相当于年平均降水量800～400mm的地区。包括黄淮海平原、东北、山西、陕西的大部、甘肃、青海东南部、新疆北部、西部山地、四川西北部和西藏东部地区。

④ 干旱地带　相当于年平均降水量400～200mm的地区。包括东北西部、内蒙古、宁夏、甘肃大部、青海、新疆西北部和西藏部分地区。

⑤ 十分干旱地带　相当于年平均降水量200mm以下的地区。包括内蒙古大部、宁夏、甘肃北部地区、青海的柴达木盆地、新疆的塔里木盆地、准噶尔盆地及广阔的藏北羌塘地区。

（2）年内降水分配不均　我国大部分地区的降水受东南季风和西南季风的影响，雨季随东南季风和西南季风的进退变化而变化。除个别地区外，大部分地区年内降水分配很不均匀。冬季，我国大陆受西伯利亚干冷气团的控制，气候寒冷，雨雪较少。春暖以后，南方地区开始进入雨季，随后降雨带不断北移。进入夏季后，全国大部分地区都处在雨季，雨量集中。因此，我国的气候具有雨热同季的显著特点。秋季，随着夏季风的迅速南撤，天气很快变凉，雨季也告结束。

从年内降水时间上看，我国长江以南地区夏季风来得早，去得晚，雨季较长，多雨季节一般为3～8月或4～9月，汛期连续最大4个月的雨量约占全年雨量的50%～60%。

华北和东北地区的雨季为6～9月，这里是全国降水量年内分配最不均匀和集中程度最高的地区。汛期连续最大4个月的降水量可占全年降水量的70%～80%，有时甚至一年的降水量都集中在一、二场暴雨之中。例如1963年8月海河流域的一场特大暴雨，暴雨中心最大7天降水量占年降水量的80%。北方不少地区汛期1个月的降水量可占年降水量的50%以上。

（3）降水量的年际变化很大　我国降水由于受季风气候的影响，降水量年际变化很大。

### 3.2.2　淡水资源供需矛盾突出

据国家统计局统计，进入21世纪后的10年，我国可供利用的淡水资源总量约为$2.8\times10^{12}m^3$，占全球水资源量的6%，仅次于巴西、俄罗斯和加拿大，居世界第四位。扣除难以利用的洪水径流和散布在偏远地区的地下水资源后，我国实际可供利用的淡水资源量为$1.1\times10^{12}m^3$。从水资源总量上看，我国应该属于富水国，如果从人均水资源量上看，我国属于贫水国，再加上水污染问题导致的地区功能性缺水，淡水资源的供需矛盾日益突出。

#### 3.2.2.1　人均水资源拥有量很低

据2000～2009年平均计算，我国人均淡水资源拥有量为$2160m^3$，扣除不可利用的淡水资源，人均可利用的淡水资源量仅仅为$900m^3$，足以列为全球严重缺水国家之一。

目前，全国每年缺水约$400\times10^8m^3$，其中城市每年缺水量为$60\times10^8m^3$，农村每年缺水量为$340\times10^8m^3$。655座城市中，已有400多座存在不同程度的缺水问题，其中有136座城市严重缺水。全国农业用水每年亏缺$300\times10^8m^3$，农村有8000万～9000万人口饮水困难；农业平均每年因旱成灾的面积约2.3亿亩，且受灾面积逐年扩大。而随着人口的不断增长、工业化、城市化的快速推进，城乡缺水问题将愈加严重。眼下，我国已有16个省、自治区、直辖市人均水资源量低于严重缺水线，其中宁夏、河北、山东、河南、山西、江苏、辽宁7省区人均水资源量低于$500m^3$，被列为极度缺水地区。

预计到2030年人口增至15亿～16亿时，人均水资源拥有量将降低到1750～$1866m^3$。按照国际惯例，人均水资源拥有量低于$1700m^3$的国家可列为水极度紧缺国家。因此，我国未来水资源形势非常严峻。

#### 3.2.2.2　水资源分布不对应于国土分布

长江流域及其以南地区只占国土面积的36.5%，水资源量却占全国总量的81%；淮河流域及其以北、西北地区占国土面积的63.5%，水资源量仅占全国总量的19%。由于南北方水资源分布的极其不均衡，北方地区河流取水量已经远远超出水资源的承载能力。更为严重的是，由于干旱缺水，我国地下水年均超采$228\times10^8m^3$；超采区面积高达$19\times10^4km^2$之多，已经开始引发河水断流（如黄河）、湖泊萎缩或消失（如鄱阳湖、居延海等）、湿地退化（如三江源）、地面沉降（如北京、天津、上海等）和海水入侵或倒灌（如大连）等一系列生态环境问题。

#### 3.2.2.3　水资源时空分布极不均衡

我国降雨主要受太平洋暖湿气流和西伯利亚寒潮的影响，不同年份、不同季节的降雨量变化很大，南方降雨丰裕，北方干旱少雨，导致北方城市和北方沿海城市（结构性缺水）严重缺水。北方大部分地区全年降雨主要集中在春末和夏季4个月，集中程度很高，占全年降雨量的70%以上，连续丰水或连续枯水的情况在北方尤其严重。据水利部统计，1980～2000年的水文调查统计与1956～1979年的水文调查统计相比，黄河、淮河、海河和辽河4大流域降雨量平均减少了6%，地表水资源量减少了17%。海河流域因沿线多为严重缺水地区，地表水资源量锐减了41%，从而进一步加剧了“南多北少”的水资源格局。

#### 3.2.2.4　水资源利用效率很低

我国水资源利用效率很低，到2009年为止，我国农业用水利用系数仅为0.46，远低于发达国家0.7～0.8的水平。农业用水有一多半在输水、配水和田间灌溉过程中被白白浪费掉。一些年久失修的灌区，跑冒滴漏现象相当严重，有效利用系数只有0.2～0.4。工业生产的节水潜力巨大，按照2000年的可比价格计算，我国万元GDP耗水量虽然从20世纪80年代的$2910m^3$下降到2010年的$298m^3$，但仍是全球平均水平的2倍多，工农业节水迫在眉睫。

3.2.2.5 功能性缺水矛盾凸显

随着我国工业化、城市化的加速推进，水体污染导致的功能性缺水日益凸显。2008年，我国污水排放量为$560.3\times10^8m^3$，其中工业废水占44.2%，生活污水占55.8%。水污染主要来自于COD和BOD的过量排放。其中，城镇生活排放的COD和BOD占排放总量的60%，工业及其他排放约占40%。据原环境保护总局《2008年中国环境状况公报》显示，截至2008年底，长江、黄河、珠江、松花江、淮河、海河和辽河等7大水系总体水质与上年持平，其中珠江、长江总体水质良好，松花江为轻度污染，黄河、淮河、辽河为中度污染，海河为重度污染；在监测的200条主要河流409个断面中，Ⅰ～Ⅲ类、Ⅳ～Ⅴ类和劣Ⅴ类水质的断面比例分别为55.0%、24.2%和20.8%。湖泊（水库）趋于富营养化，在26个国家控制的重点湖（库）中，满足Ⅱ类水质的仅有4个，占14.3%；Ⅴ类和劣Ⅴ类的有16个，占57.2%。地下水污染形势严峻，华北平原部分地区深层水中已经检出污染物，地下水的污染动态是：正由点源污染逐渐过渡到条带状污染，再由条带状污染向面源污染扩散；由浅层向深层渗透；污染程度和深度正在加剧，部分城市浅层地下水已经不能直接饮用或完全丧失饮用价值。

上述所见，当前，水资源短缺、水污染严重和水环境恶化已经成为制约我国社会经济可持续发展的重大问题。

### 3.2.3 中国淡水供给前景

我国淡水供需矛盾突出的问题，已经引起国人的高度警觉。在“十一五”规划中我们可以看到，中国政府已经清醒地认识到淡水资源对社会经济发展的制约作用，告诫人们要增强水忧患意识，并提出了树立科学发展观、改变经济增长方式等非常重要的、有针对性的指导方针。更值得关注的是，“十一五”规划中，第一次提出了有关淡水资源必须完成的管理指标，例如，单位工业增加值的用水量必须降低30%，农业灌溉用水的有效利用系数必须提高到0.5，主要污染物排放量必须减少10%。尽管我们采取了一些相应措施，但是，今后淡水的供给前景仍然堪忧。

3.2.3.1 加快南水北调工程进度

假如不考虑南方由于水污染导致的功能性缺水问题，中国水荒主要是指北方。特别是近20年来的自然环境变化和人类经济活动的影响，淡水资源南多北少的趋势更加严重。在这种情况下，单纯采用软科学的办法是很难解决的。为缓解水荒，必须采用硬办法，即实施南水北调，政府在“十一五”规划中明确提出，今后要加快南水北调工程的进度。

3.2.3.2 全面建设节水型社会

全面建设节水型社会，是政府“十五”规划就提出的一项战略措施，并且取得了明显成效。它是解决中国干旱缺水问题最根本、最有效的战略举措，也是促进经济增长方式转变的重要手段和基本途径。进入“十一五”规划以后，同过去相比的一个显著特点，就是在深化节水型社会的基础上，特别强调了以科学发展观为统领来改变我国的经济增长方式，要求万元GDP用水量必须降低20%；将包括节水指标、治污指标在内的综合性指标作为考核政府官员政绩的主要依据。

3.2.3.3 加快淡水资源管理体制的改革

这里包括加快淡水资源管理和推进淡水水务管理两项体制改革。

一是要尽快完善流域管理与行政区域管理相结合的淡水资源管理体制。重点是合理划分流域与区域管理的水权与水事权。加强流域取用水总量控制、水功能区监督和水量调度管理职能，探索建立流域科学民主决策管理机制。同时，加快淡水资源统一管理进程，对有关水资源管理的职能进行统一归并，强化流域总体指挥和淡水资源分区监督管理的能力。鼓励用水户参与用水管理，通过多种形式使用水户参与到水量分配、水价制定和水务管理中来，促进政府调控、市场引导、公众参与的节水型社会管理体制的形成。

二是要推进淡水水务体制改革。改革的重点是，建立健全政企分开、政事分开、责权明晰、协调运转的水务管理体制。积极推进水务产业化与市场化进程，建立政府操控、市场运作、企业开发的良性水务运行机制。建立多元化、多渠道、多层次的水务投融资机制。加强政府对水务市场的监管力度，构建有利于水务市场化、产业化发展的宏观政策环境和配套改革措施。整合优良水务产业，培育政府操控下的跨区域水务集团。

#### 3.2.3.4 加快淡水资源管理机制的创新

创新淡水资源管理的内在机制。其中包括：充分发挥市场在淡水资源管理中的调控作用，通过环境经济手段的运用，促进全社会建立节水防污的内在激励机制；积极推进水价改革，建立科学合理和促进淡水资源高效利用的水价形成机制；开征中央电厂和农用淡水资源费，研究制定促进节水的淡水资源费收取机制；合理提高水利工程供水水价和城市供水水价。全面开征污水处理费，并根据情况调整收费水准；实行超计划用水、超定额累积加价约束，适当拉开高耗水行业和其他行业用水差价；形成并实施超用量加价、节约有奖、污控有偿的用水节水激励机制。

## 3.3 水利工程的环境效应

### 3.3.1 地下水过度开采

在可利用的淡水资源中，地下水以其水量丰富、水质优良和供应稳定而备受青睐，成为许多大城市和农业地区部分用水的主要水源。电动水泵的发明和廉价电力的供应使地下水成为一种廉价的资源而被大量开采。从表3-1可知，地下水的贮量巨大，远远超过江河湖泊的水量。但是，大部分地下水都贮藏在较深的地层里，补给缓慢，是在漫长的年代里积存下来的，从某种程度上说，就像矿藏一样难以更新。据水文地质学的研究表明，全球地下水总贮藏量中大约只有0.1%是可更新、能持续开采的，因此，人类在开采利用地下水时必须考虑它可更新能力的有限性。如果过度开采，必将导致不良的环境效应。

#### 3.3.1.1 超采地下水直至含水层耗竭

从19世纪开始，西方发达国家某些城市化较早的地区已经出现地下水位下降，例如，英国伦敦早在1820年就已发现其自流水压下降，1843年地下水位下降了7.5m，一个世纪以后，1936年下降了100m。

目前，美国中西部的欧加拉腊（Ogallala）枯竭的地下含水层是研究最为详尽的一个大型含水层，它北起南达科他州（State of South carolina），向南延伸，包括怀俄明州（State of Wyoming）、内布拉斯加州（State of Nebraska）、科罗拉多州（State of Colorado）、堪萨斯州（State of Kansas）、俄克拉何马州（State of Oklahoma）、新墨西哥州（State of New mexico）和德克萨斯州（State of Texas）等7个州的部分地区。这个含水层灌溉着美国20%的农田，这些农田盛产小麦、棉花、高粱和玉米，并喂养着美国40%的肉用牛，全部农牧业年产值高达320亿美元，在美国农业生产中举足轻重。然而，这个地下含水层的补给速度极其缓慢，而开采速度却8倍于补给速度，在南部的4个州内有时开采速度竟比补给速度高出100倍。该国专家预测这个地下含水层将于2020年完全抽干，现在有些地方井深已达到2000m，高昂的提水费用使一些农场主望而却步，有5个州的水浇地面积已在减少，农场主不得不改种耗水较少的作物，哪怕是获利较少。尽管如此，这个作为公共财产的地下含水层仍将继续消耗下去，直到提水费用高到无利可图时才会停止。

其他许多国家也出现地下含水层损耗的严重情况，如墨西哥城、印度和伊朗的一些地区。据悉：近30年来，伊朗南部Esfahan地区因过度开采地下水，致使含水层的静水位从－20m逐渐下降到－200m，平均每年下降6m，由此引起大范围的地面沉陷。

#### 3.3.1.2 超采地下水引起负面环境效应

地下含水层的水过度消耗之后，使含水层的物理力学性质发生变化，在上覆地层及其外荷载的压力作用下发生地面沉降，甚至塌陷，同时海水还会趁势入侵含水层，破坏地下水质。

除了上述地面沉陷所带来的危害以外，地面沉陷还会造成公路、铁路、桥梁与建筑物的破坏、地表渠道与地下管线的破坏，这些均需要耗费大量的人力物力进行维修、加固和重建。

20世纪中叶，欧洲、北美一些国家随着城市化进程的加快，城区地面沉陷灾害加重。1895年墨西哥城人口为50万，1975年发展到800万，由于过度超采地下水，该城区地面平均沉陷了7m，使1937年建成的美术馆也下沉了3m，一楼完全变成了地下室。著名的低地之国荷兰，其国土面积的60%低于海平面，有一半人口生活在海平面以下，因此，必须不断地抽取地下水以保持地面干燥，抽水的结果造成地面下沉，只得用挖泥船取沙覆盖沉降地区，为此每年需运送$7500\times10^4m^3$泥沙；仅此一项，荷兰人每年就要花费占国家GNP 6%的经费，比美国每年的军费开支还高。应该说，停止地下水开采之后，采取地上水（或再生水）回灌措施，地下水位可以部分或大部分地得到恢复，这其中较有说服力的例子就是美国加利福尼亚州中央谷地的门多塔（Mendota）地区，在引入地表水回灌以后，该地区的地下水位1968～1983年期间上升了259m。但是迄今为止，尚未见到已沉降地面大幅度大面积回升的报道，何况许多地方因种种原因尚不能够停止抽水，因此，地下水过度超采依然是许多缺水地区面临的难题。

### 3.3.2 河道整治

开挖渠道引水灌溉和防洪排涝本是一项古老的农业实践，浚河筑堤和截弯取直也是古而有之的水利工程。而近代一些工业发展速度较快的国家以其巨大的财力和物力，正在大规模地进行小河流渠道化的工作。所谓渠道化（Chennelization）就是为了防洪的目的把整条小河流或某一河段挖深与取直，把天然河流变成人工的渠道。通常的做法是用推土机等机械把两岸约30m宽的植被清除掉，并用推土机和挖土机把河道挖深和取直，有些河岸还用石块或混凝土铺成护坡，河两岸留下的裸露土地则用作农田。

看起来，渠道化的最大利益便是防洪排涝，使两岸农田的收成更好。但有时投资甚大而获益甚小，例如美国亚拉巴马州（State of Alabama）曾有一项渠道化工程，耗资440万美元，仅使1万多英亩（合$40km^2$）农田受益，即平均每英亩的防洪费用高达405美元。这项计划使105家农户受益，相当于每家农户从州政府得到4.2万美元的津贴。

渠道化的另一好处是河道截弯取直以后，残留的河曲形成一些小湖沼，可能有娱乐价值，或者可成为野生生物的栖居地。

然而，渠道化常常带来一系列生态学、水文学乃至环境美学问题。

首先，渠道化可能产生一些不良的后果，主要是对水生生物系统带来灾难性的影响。渠道化清除了河道中原有的饵料和河床覆盖物，原来多种多样的底栖生物遭到消灭或迁徙他处；两岸植被清除以后，不再有落叶给河水带来养分，随之落入河中的昆虫也几乎绝迹，减少了鱼类的饵料来源；天然河流深浅相间，鱼类栖息在深水处，浅水处则为饵料昆虫的繁殖场所，渠道化后平坦的河床消灭了这种差别，加上许多渠道化的河流夏季完全干涸，水生生物无处藏身，而它们的避难所本来是天然河道中的深潭；此外，两岸农田直逼河岸，遇到降雨，人们所使用的除草剂与杀虫剂被迅速冲入河中，经常造成下游死鱼事件。

其次是渠道化对河道的影响。由于清除了两岸的植被，河岸抗蚀能力降低；无树木荫蔽的河道受阳光直接照射，使河水温度升高，溶解氧降低；因河道平直，降雨径流流速增加，对两岸的侵蚀能力增强，极容易引起塌岸；河道挖深后附近一些地区地下水位降低，部分水井干涸，如在近海地带则导致海水入侵地下含水层，使其盐度增高，水质下降，不仅影响农田灌溉，严重时，失去水的饮用价值。

此外，河岸清理作业毁坏了许多有价值树木的生长，有时还消灭了一些有价值的物种。最后，原来风景如画的河曲变成了平坦单调的水渠，使许多有益于人们的户外活动变得很无趣，如游泳、划船、散步、观鸟、采花等，这都是一种美学价值上的损失。

### 3.3.3　湖泊的湮灭

从地质学的角度来看，湖泊的存在只是一种暂时的过渡性现象，它迟早会被入湖的沉积物所充填，逐渐演变为沼泽乃至最后消亡。但是这种自然过程由于近代人类活动的影响而大大地加快了。首先，是土壤侵蚀加速增加了入湖泥沙量。其次，是增加了入湖营养物（富营养化）使湖内藻类与水草丛生。其三，是围湖造田急剧缩小了湖泊面积乃至使其消亡。其四，是由于河流改道和大量引水灌溉使入湖水量急剧减少。河流改道常常使湖泊面积与水量在很短的时期内（20～50 年）发生戏剧性变化，甚至使一些湖泊完全干涸而湮灭。

据我国近年来的调查：20 世纪 50 年代初期，全国有大小天然湖泊 3021 个，水域总面积达 90000$km^2$，其中水域面积在 1$km^2$ 以上的湖泊 2848 个，水域总面积为 80645$km^2$；到了 20 世纪 80 年代初期，全国大于 1$km^2$ 的天然湖泊减少到 2305 个，减少了 543 个，水域总面积为 72036$km^2$，减少了 8609$km^2$；进入 21 世纪，全国有大小天然湖泊 2021 个，水域总面积达 80000$km^2$，其中面积在 1$km^2$ 以上的湖泊 1910 个，水域总面积为 66291$km^2$，与 20 世纪 80 年代初期比较，1$km^2$ 以上的湖泊减少了约 395 个，减少水域面积约 5745$km^2$；其中又以位处干旱和半干旱地区的蒙新高原湖泊水域面积减少最多，共减少了 4159$km^2$，占全国湖泊水域面积减少数量的 72.4%，其次为东南部平原湖群，水域面积减少了 1230$km^2$，占 21.4%。

湖泊水面缩减、水量减少还往往导致湖水矿化度增高，水质变劣，例如，新疆的博斯腾湖原来是水质良好的内陆淡水湖，后来人们发现湖水变咸了，最终经中国科学院新疆生态与地理研究所对湖水的化学检验获知，水中含有较多的 $Ca^{2+}$、$Mg^{2+}$、$SO_4^{2-}$、$Cl^-$、$K^+$、$Na^+$、$HCO_3^-$、$CO_3^{2-}$ 等离子，其离子含量依次排序为：$SO_4^{2-}>Cl^->HCO_3^->K^++Na^+>Mg^{2+}>Ca^{2+}>CO_3^{2-}$；这些离子随着湖面蒸发量的增大和湖水深度的变浅，含量在逐年增高，现在湖水明显趋于“咸化”，一旦湖水矿化度超过规定限值，中国最大的内陆淡水湖就自然地消失了。

尤其值得我们关注的是蒙新高原干旱地带的一些湖泊干涸迹象，其中，玛纳斯湖、阿兰诺尔湖已经泯灭；中国海拔最低的艾丁湖面积缩小了 70%，湖水已成为饱和的盐卤；著名的罗布泊及其西南方的台特马湖于 1972 年干涸；居延海几近干枯。

## 3.4 水体污染

### 3.4.1 水体的概念

水体是指海洋、河流、湖泊、沼泽、水库、冰川、地下水等地表与地下贮水体的总称。水体包括水和水中各种物质、水生生物及底质。底质一般系指江河湖泊的底部构造及其沉积物，是自然界水体的重要组成部分。从自然地理的角度看，水体系指地表水覆盖的自然综合体。

水体可分为海洋水体和陆地水体，陆地水体又可分为地表水体和地下水体。本章主要研究的是陆地水体，并且是与人类生活密切相关的河流、湖泊、水库和地下水。

在环境评价研究中，区分水与水体这两个概念十分重要。例如，在河流重金属污染研究中，只根据水中重金属的含量，很难正确评价河流的污染程度。国内外大量的研究表明，通过各种途径排入水体的重金属污染物大部分迅速地由水相转入固相，即迅速地转移至悬浮物和沉积物中。悬浮物在随着水流迁移过程中，当其负荷量超过其迁移能力时，便逐渐沉降变为沉积物。另外，在受重金属污染的水体中，水相中重金属含量很少（常为十亿分之一级），而且随机性很大，随着排放状况与水力学条件的不同，其含量分布往往没有规律。但在沉积物中重金属很容易被积累（百万分之一级），并表现出明显的含量分布规律。因此，对于重金属而言，沉积物能更好地反映水质状况，从而可作为水环境重金属污染的指示剂。在确定江河湖泊中所发生的复杂的化学过程时，应该同时研究水和沉积物。

### 3.4.2 天然水体的组成

在自然界，不存在化学概念上的纯水。天然水在特定的自然条件下形成，含有许多溶解性物质和非溶解性物质，是组成成分极其复杂的综合体。这些物质可以是固态的、液态的或者是气态的，它们大多以分子态、离子态或胶体微粒状态存在于水中（详见表 3-4）。

天然水中含有地壳中的大部分元素，但其含量变化范围很大，表 3-4 中所罗列的是天然水中含量较多、较常见的物质组成。

**表 3-4 天然水体的物质组成**

| 主要离子 | | 微量元素 | 溶解气体 | | 生物生成物 | 胶体 | | 悬浮性物质 |
|---|---|---|---|---|---|---|---|---|
| 阴离子 | 阳离子 | | 主要气体 | 微量气体 | | 无机 | 有机 | |
| $Cl^-$<br>$SO_4^{2-}$<br>$HCO_3^-$<br>$CO_3^{2-}$ | $Na^+$<br>$K^+$<br>$Ca^{2+}$<br>$Mg^{2+}$ | Br<br>F<br>I<br>Fe<br>Cu<br>Ni<br>Co<br>Ra | $O_2$<br>$CO_2$ | $N_2$<br>$H_2S$<br>$CH_4$ | $NH_4^+$、$NO_2^-$<br>$NO_3^-$、$PO_4^{3-}$、<br>$HPO_4^{2-}$<br>$H_2PO_4^-$ | $SiO_2 \cdot nH_2O$<br>$Fe(OH)_3 \cdot nH_2O$<br>$Al_2O_3 \cdot nH_2O$ | 腐殖质 | 硅铝酸盐颗粒物<br>砂粒<br>黏土 |

水中溶解性固体解离出的离子主要有 $Cl^-$、$SO_4^{2-}$、$HCO_3^-$、$CO_3^{2-}$、$Na^+$、$K^+$、$Ca^{2+}$、$Mg^{2+}$ 等，它们的总量占水中溶解性固体总量的 95%以上。

这些离子在各类水中的含量与自然地理条件密切相关。海水中以 $Na^+$、$Cl^-$ 离子含量占绝对优势，河水中以 $Ca^{2+}$、$HCO_3^-$ 离子含量占优势，地下水受局部环境和地质条件的影响，其优势离子变化很大。

天然水中除了含有这些主要离子外，还含有一些微量元素。就天然水而言，一般系指含量小于10mg/L的元素，主要有Br、I、Cu、Co、Ni、F、Fe、Ra等。

溶解于天然水中的气体主要是$O_2$和$CO_2$，还有少量的$N_2$、$H_2S$和$CH_4$。溶解性气体能够影响水生生物的生存和繁殖以及水中物质的溶解、化合等化学行为和生理生化反应。

生物生成物这些离子在水中含量很低，然而它们对水生生物的生长却至关重要，含量过高会使水生生物急剧繁殖，出现蓝绿藻、蓝藻、黄藻，严重时发生水体大面积“赤潮”。

天然水体中的有机质一般指腐殖质，主要是生物生命活动过程中所产生的有机物质和生物遗骸分解所产生的有机物质。它们大部分呈胶体微粒状，这些有机物在化学与生物化学作用下被分解成为无机物。

天然水的物质组成决定于它的形成环境，也就是说，一方面决定于与水接触的物质的成分和溶解度，另一方面决定于这一作用进行的条件，即化学及物理化学作用，包括溶解/沉淀、氧化/还原、水相/气相间的离子平衡、固/液两相之间的离子交换、有机物的矿物质化（矿化）、生物化学作用等。通过上述各种作用，使天然水富集或析出各种离子和分子。

天然水的物质组成过程在大气圈中就开始了，但是，改变其组成的最主要过程还是降落到地表之后。

影响天然水组成的因素可以分为直接和间接两种。直接因素主要有岩石、土壤和生物有机体，这些因素可使水中增加或减少某些离子和分子。例如，流经石灰岩地区的天然水中富含$Ca^{2+}$和$HCO_3^-$；当水透过土壤时，溶解氧的含量就会减少，而$CO_2$的含量就会增多；生物排泄物和残体增加了水中的某些组分含量，生物呼吸作用影响着水中相关气体的含量。

影响天然水组成的间接因素主要有气候和水文特征。气候是一切水化学作用进行的背景，同时还控制着地表水和地下水化学组成的地理分布。河流、湖泊、海水、地下水的动态补给与交替作用条件的不同，使水的组成有很大差异。例如，河水流速快，与河床接触时间短，河水中离子含量一般较低；地下水流速缓慢，与周围岩石接触的时间长，水中溶解物的含量就比地表水高，但是，气体组成相对减少；而湖水的化学组成比河水与地下水更为复杂。

### 3.4.3　天然水体的自净化

各类天然水体都有一定的自净化能力。当污染物质进入天然水体之后，通过一系列物理、化学和生物化学等的共同作用，使水中污染物质的浓度降低，这种现象称为水体的自净化。但是在一定的时间和空间范围内，如果污染物质大量排入天然水体并超过了水体的自净化能力，就会导致水体污染。

水体的自净化作用按照其净化机理可分为3类。

① 物理净化：通过天然水体的稀释、扩散、沉淀和挥发等作用，使污染物质的浓度降低。

② 化学净化：通过天然水体的氧化还原、酸碱反应、凝聚与分解等作用，使污染物质的存在形态发生变化和浓度降低。

③ 生物净化：通过天然水体中的生物活动过程，使污染物质的浓度降低。特别重要的是水中微生物对有机物的氧化分解作用。

水体的自净化作用按照其发生场所可分为4类。

① 水中的自净化作用：包括污染物质在天然水体中的稀释、扩散、氧化、还原或生物

化学分解等。

② 水与大气之间的自净化作用：包括天然水体中某些有害气体的挥发、释放和溶氧作用等。

③ 水与底质之间的自净化作用：包括天然水体中悬浮物质的沉降和污染物被底质黏附、吸收等。

④ 底质中的自净化作用：包括底质中微生物的生存繁衍与频繁活动作用使底质中有机污染物发生分解等。

天然水体的自净化作用内涵深远，它们同时存在，同时发生，并相互影响。

### 3.4.4 水体污染

水体污染通常可以定义为：污染物质排入水体后，从质量上已经超过了水体的本底承受值和自净化能力，导致水质恶化，从而破坏了水体的正常功能，称为水体污染。

#### 3.4.4.1 水质指标

水质指标涉及物理、化学、生物等各个领域。为了反映水体被污染的程度，通常用悬浮物（SS）、有机物（BOD、COD、TOC等）、酸碱度（pH）、细菌和有毒物质等指标来表示。

（1）悬浮物 是污水中呈各种不规则状的不溶性固体物质，它是水体污染的基本指标之一。悬浮物降低水的透明度，降低生活和工业用水的质量，影响水生生物的生长。

（2）有机物 废水中有机物浓度也是一个重要的水质指标，但由于有机物的组成比较复杂，要分别测定各种有机物的含量是十分困难的，通常采用生物化学需氧量、化学需氧量和总有机碳这3个指标来表示有机物的浓度。

生物化学需氧量：指水中的有机污染物经微生物分解所需要的（消耗的）氧气量，简称生化需氧量，用BOD来表示（Biochemical Oxygen Demand）。BOD越高，表示水中需氧（耗氧）有机物质越多。

有机污染物的生物化学氧化作用分两个阶段进行：第一阶段，主要是有机物被转化为无机物 $CO_2$ 和 $NH_3$ 等；第二阶段，主要是 $NH_3$ 被转化为 $HNO_2$ 和 $HNO_3$。其生物化学反应过程如下：

$$RCH(NH_2)COOH + O_2 \longrightarrow RCOOH + CO_2 + NH_3$$

$$2NH_3 + 3O_2 \longrightarrow 2HNO_2 + 2H_2O$$

$$2HNO_2 + O_2 \longrightarrow 2HNO_3$$

废水的生化需氧量，通常指第一阶段有机物生化作用所需要的氧量。因为微生物活动与温度密切相关，因此测定BOD时一般以20℃作为标准温度。在此温度条件下，一般生活污水中的有机物，需要约20天才能基本完成第一阶段的氧化分解过程。这不利于实际测定工作。所以目前国内外都以5天作为测定BOD的标准时间，简称五日生化需氧量，用 $BOD_5$ 表示。其理论根据是一般有机物的五日生化需氧量，约占第一阶段生化需氧量的70%，基本反映了水中有机污染物的实际情况。

化学需氧量：指化学氧化剂氧化水中有机污染物时所需要的氧量，用COD（Chemical Oxygen Demand）表示。COD越高，表示有机物质越多。目前常用的化学氧化剂主要是重铬酸钾（$K_2Cr_2O_7$）或高锰酸钾（$KMnO_4$）。

BOD在一般情况下能较确切地反映水污染情况，但它受到时间（时间长）和废水性质（毒性强）的限制；COD的测定不受废水条件的限制，并能在2～3小时内完成，但它不能较确切地反映出微生物所能氧化的有机物量。因此，在研究有机物污染时，可根据实际情况而确定采用BOD还是COD。

为了解决 BOD 和 COD 测定指标的不足，目前很多国家的科学工作者正在研究各种水质的总有机碳（Total Organic Carbon，简称 TOC）和总需氧量（Total Oxygen Demand，简称 TOD）与 BOD 和 COD 之间的关系，以实现自动快速测定的目的。

(3) pH 值　污水的 pH 值对污染物的迁移转化、污水处理厂的污水处理、水中生物的生长繁殖等均有很大影响，因此成为重要的污水指标之一。

(4) 细菌　根据外部形态，可将细菌分为球菌、杆菌、螺旋菌。按摄取营养的方式可以分为自养细菌、异养细菌。按温度因素可以分为低温细菌、中温细菌、高温细菌。按其对氧的作用因素可以分为好氧细菌、厌氧细菌、兼性细菌。

污水中大部分细菌寄生在死亡机体上，这些细菌是无害的；另一部分细菌，如霍乱、伤寒、痢疾细菌等则寄生在活的有机体上，对人、畜是有害的。衡量水体是否被细菌污染可用两种指标来表示：一是 1mL 水中细菌的总数；二是大肠菌群的数量。大肠菌群是在流行病学上评价潜在危险性的重要指标。许多国家规定，饮用水中不得检出大肠菌群。

(5) 有毒物质　各个国家都根据实际情况制定出地面水中有毒物质的最高容许浓度的标准。有毒物质包括无机有毒物（主要指重金属）和有机有毒物（主要指酚类化合物、农药、POPs、PCBs 等）。

除以上 5 种表示水体污染的指标外，还有水温、颜色、放射性物质浓度等，也是反映水体污染的指标。

#### 3.4.4.2　水体污染源

水体污染源分为自然污染源和人为污染源两大类型。

自然污染源是指，自然界本身的地球化学异常反应所释放出来的有害物质或造成有害影响的地方。

人为污染源是指，由于人类活动产生的污染物对水体造成的污染。人为污染源包括工业污染源、生活污染源和农业污染源。

工业污染源：由于不同行业、不同企业、不同产品、不同工艺、不同原料、不同管理方式等，排放的废水水质、水量差异很大。工业废水是影响水体最重要的污染源。它具有量大、面广、成分复杂、毒性大、不易净化、难处理等特点。

生活污染源：主要是人类生活中排放的各种废水，一般来说，固体物质小于 1%，并多为毒性较小的无机盐类、需氧有机物类、病原微生物类和洗涤剂等。生活污水的最大特点是含硫、氮、磷较多，细菌较多，用水量随季节变化。

农业污染源：包括人和牲畜排泄的粪便、农药喷洒、农田施肥等。前者多为点污染源，后者多为面污染源。被污染源污染的地下水或地面水具有两个显著特点：一是有机质、植物营养物和病原微生物含量高；二是农药、化肥含量高。

#### 3.4.4.3　水体中的污染物质

造成水体的水质、底质恶化和致使生物异常变化的各种物质称为“水体污染物”。随着工业的发展和水质监测技术的提高，水体中的各种污染物质不断被检出。其中化学性污染物是当代最重要的一大类，其种类繁多、数量巨大、毒性极强，有一些还是致癌物质，严重影响着人体健康。

水体中的污染物，大体可以分为 4 大类，即无机无毒物、无机有毒物、有机无毒物、有机有毒物（详见表 3-5）。无机无毒物主要指排入水体的酸、碱及一般无机盐类和氮、磷等植物营养物质。水体中的酸主要来源于矿山排水及多种工业废水。水体中的碱主要来自于碱法造纸、化学纤维、制碱、制革以及炼油等工业废水。酸、碱废水相互中和产生各种盐类，所以酸、碱的污染必然伴随着无机盐的污染。

表 3-5　水体中污染物的种类

| 分类 | 特性 | 主要标志物 |
| --- | --- | --- |
| 无机 | 无毒物 | 酸、碱和一般无机盐、N、P 等植物营养物 |
| | 有毒物 | Hg、Pb、As、Cd 等重金属、氰化物、氟化物、硫化物等 |
| 有机 | 无毒物 | 碳水化合物、脂肪、蛋白质等需氧污染物 |
| | 有毒物 | 石油、DDT、六六六、狄氏剂、艾氏剂等有机氯农药、酚类化合物 |
| 其他物质 | 放射性 | Sr、Cs、U、Pu 等同位素或放射性元素 |
| | 病原微生物 | 病菌、病毒、寄生虫 |
| | 致癌物 | 芳香烃、芳香胺、亚硝基化合物、有机氯化合物 |

天然水体中的矿物质在对酸、碱起到同化作用的过程中，使酸、碱消失，对保护天然水体和缓冲天然水的 pH 值具有重要意义。

酸、碱的污染能破坏水体的自然缓冲作用，杀死或抑制细菌和微生物的生长，妨碍水体的自净化作用，腐蚀管道、水中构筑物和船舶。酸、碱的污染不仅改变了水体的 pH 值，而且还能增加水中的无机盐浓度或硬度。

氰化物是剧毒物质。水体中的氰化物主要来自于化学、电镀、煤气、炼焦、选矿等工业排放的含氰废水。天然水体对氰化物具有较强的自净化作用，其途径有两条：一条是挥发释放，另一条就是生化氧化分解，其反应过程如下：

$$CN^- + CO_2 + H_2O \longrightarrow HCN\uparrow + HCO_3^-$$

$$2CN^- + O_2 \longrightarrow 2CNO^-$$

$$CNO^- + 2H_2O \longrightarrow NH_4^+ + CO_3^-$$

进一步氧化为亚硝酸←┘

在一般水质和 pH 值条件下，这种净化机制所产生的净化量可占水体中氰化物总净化量的 90%左右。

这种净化过程所造成的氰化物自净化量只占水体中氰化物总净化量的 10%左右，但是在夏季温度高、光照好的情况下，生化氧化过程的自净化量可达到 30%左右。含氰废水对鱼类和其他水生生物都有很大毒性。

水体中的酚类化合物主要源于煤炭化工、石油化工和塑料合成等工业排放的含酚废水。另外，粪便和含氮有机物的分解过程也产生少量酚类化合物。

天然水体中的酚类化合物主要是靠生物化学氧化来分解。酚的生物化学氧化经过复杂的阶段，生成一系列中间产物。酚的分解速度决定于酚化合物的结构、起始浓度、微生物状况、水温及曝气条件等一系列因素。

酚污染可严重影响水产品的产量和质量，主要表现在贝类产量下降、海带腐烂、鱼肉有酚味，浓度高时会引起水生生物大量死亡。如果用高浓度的含酚废水灌溉农田，就会毒害农作物，抑制农作物的光合作用和酶活性，妨碍农作物的细胞组织功能，破坏农作物生长素的形成，影响农作物对水分的吸收，从而导致农作物不能正常生长发育、产量下降。

### 3.4.5 水体污染物对人类健康的危害

一般情况下，水体污染物通过两条渠道危害人类健康。

首先是人体直接摄入，随着人饮水和进食，水体中的各类污染物便会通过消化道进入人体的各个部位，致使体内生理元素失去平衡，或深入侵害细胞组织功能，从而影响人的生命进程。例如，居住在我国西北高原干旱地区的公民，长期饮用碘含量低的水，就容易患“甲状腺肿”；而沿海地区土壤、空气中就含有碘，如果要求该地区的公民像干旱区的公民一样食用加碘盐，也容易患“甲状腺肿”，因为他们的体内摄入了过量的碘。还有水体被酚污染后，人在一定时期内摄入了过量的酚，便会出现慢性中毒症状，如呕吐、腹泄、头痛头晕等。又如焦化厂炼焦废水中的焦油含有多种致癌芳香烃，印染厂印染废水中含有多种致癌芳香胺，植物营养物中的亚硝基化合物，农药中的有机氯化合物，重金属中的铬、镍等都是致癌物。若这些污水进入水体后，被人饮用，就有可能患癌症。据调查，饮用受致癌物污染了的水，癌症发病率要比饮用清洁水的人群约高出 61.5%。另外，从铀矿采、选、精炼以及核试验、核反应堆、核电站、核动力船舰排出的废水均含有放射性污染物，如果水源被污染，它们释放出 α、β、γ 等射线将不停地损伤人体组织，并能蓄积在人体内造成长期危害，致使人患贫血、不育、死胎、恶性肿瘤等各种放射性病症，直至死亡。

其次是人体间接摄入，当水体中含有 PCDD（多氯代二苯并二噁英）、PCDF（多氯代二苯并呋喃）等二噁英类致癌物，人就会自觉不自觉地通过食用受致癌物污染的水生生物（如鱼类、贝类等）将二噁英带入体内，也很容易地通过食用已被致癌物污染的水浇地收获的粮食、蔬菜引入自己体内。当含有镉、汞等重金属元素的工业污水排入河流和湖泊时，水生植物就把镉、汞等元素吸收和富集起来，鱼吃了水生植物后，又在自己体内进一步富集，人吃了镉、汞富集量很高的鱼后，镉、汞等元素就会转移富集到人体内，使人患病致死。由此可见，水体→水生植物→水生小动物→鱼→人，形成了一条食物链，最终人体成了汞、镉等元素的归宿。就拿地面水中的汞来说，一般黏附于悬浮颗粒物上（离子态汞很少），慢慢沉积于底泥中，底泥中的汞在微生物的作用下，可以转化为二甲基汞或甲基汞；二甲基汞在酸性条件下又可分解成甲基汞，甲基汞能溶于水，因而又可从底泥释放到水中。所以，无论水体中含有二甲基汞还是甲基汞均可对人体造成伤害。其中最为典型的例子就是 20 世纪 50 年代日本九州熊本县水俣湾附近的渔民，由于长期摄入富集在鱼、贝类中的甲基汞而引起的水俣病。

## 3.5　主要污染物在水环境中的迁移转化

### 3.5.1　需氧污染物

需氧污染物主要指生活污水和某些工业污水中所含的碳水化合物、蛋白质、脂肪和木质素等有机化合物，在微生物作用下最终分解为简单的无机物质，即二氧化碳和水等。因这些有机物质在分解过程中需要消耗大量的氧气，故又被称为耗氧污染物。虽然耗氧有机污染物没有毒性或毒性很小，但是，若水中含量过多，势必减少水中的溶解氧，从而影响鱼类和其他水生生物的正常活动，耗氧有机污染物是水体中普遍存在的污染物。

#### 3.5.1.1　耗氧有机污染物的生物降解作用

耗氧有机污染物一般分为 3 大类，即碳水化合物、蛋白质和脂肪；其他有机化合物大多数是它们的降解产物。上述 3 大类物质的生物降解作用有其共同特点：首先在细胞体外发生水解，将复杂的化合物分解成较简单的化合物，然后再透入细胞内壁进一步发生分解。分解产物有两方面的作用，一是被合成为细胞材料，二是变成能量释放，供细菌生长繁殖。

#### 3.5.1.2　耗氧有机污染物的降解与溶解氧平衡

耗氧有机污染物的降解过程制约着水体溶解氧的变化过程，因此，研究此问题对于水污染控制、水污染评价、水产资源危害及水体自净化作用都有重要意义。20世纪50年代，美国学者巴特希（A. F. Bartsh）和英格莱姆（W. M. Ingram）就编制出了关于被生活污水污染的河流中BOD和DO相互关系的模式图（详见图3-3），在世界范围内被广泛应用。

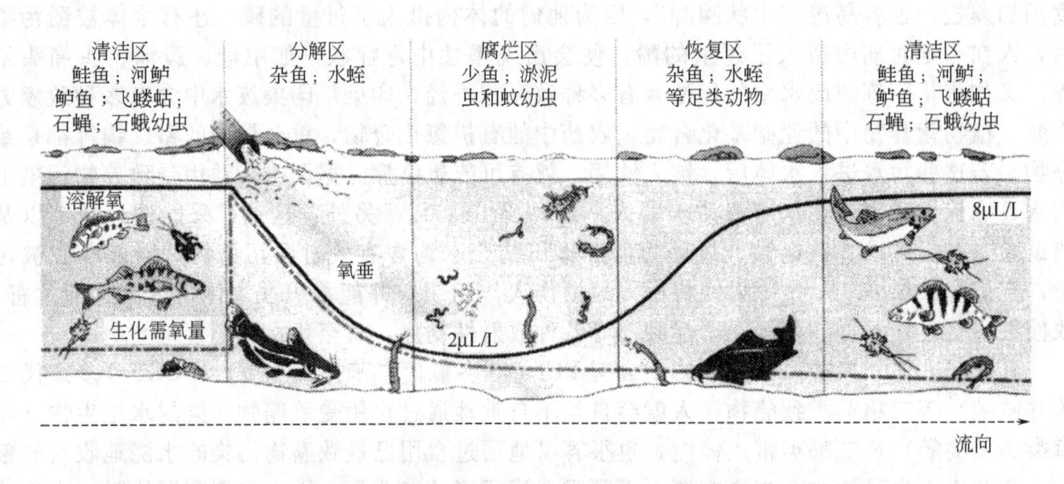


图3-3 生活污染源下游的DO与BOD变化

由图可见，沿着排污口（污染源）向下游延伸，河流中的含氧量在逐渐下降，我们通常称这种现象为氧垂。排污口上游没有被污染，氧含量可以维持在正常生物生存的水平上，被定义为清洁区；紧靠排污口的下游区段，因有机物分解过程消耗了水中的氧，河水中的氧含量开始下降，被定义为分解区，像鲫鱼、鲤鱼、大头鱼和雀鳝之类的杂鱼均可在该区段的缺氧环境中依靠食用微生物和排放物生存下去；再往下游，因为水中极度缺氧，只有耐受力最强的微生物和无脊椎动物才能够存活，所以被定义为腐烂区或死亡区；接近末端，大多数营养物已经耗尽，微生物数量也减少了，此时，水中的氧又逐渐恢复，由恢复区过渡到清洁区。该图清楚地表达了被污染河流沿程中的BOD与DO之间的变化曲线。

在被污染的河流中耗氧作用和复氧作用影响着水中溶解氧的含量。耗氧作用指有机物分解和有机体呼吸时耗氧，使水中溶解氧降低；复氧作用（也称再曝气作用）指空气中的氧溶于水和水生植物的光合作用放出氧，使水中溶解氧增加。耗氧和复氧的共同作用决定着水中氧的实际含量。

耗氧有机物分解与溶解氧平衡可用如下几种数学模式来描述。

(1) 耗氧作用定律　早在1944年，斯特里特（H. Streeter）和费尔普斯（E. Phelps）就曾指出："有机物的生物化学氧化率与剩下的尚未被氧化的有机物的浓度成正比"，此即为Streeter-Phelps（S-P）定律，经微分、积分，推导得出下式：

$$\frac{C_t}{C_0}=10^{-kt} \text{或} C_t=C_0 10^{-kt} \tag{3-1}$$

$$BOD_t=C_0(1-10^{-kt}) \tag{3-2}$$

式中，$C_0$为起始时的有机物浓度，mg/L；$C_t$为$t$时刻的有机物浓度，mg/L；$C_t/C_0$为剩余（$t$时刻）的有机物浓度与起始时的有机物浓度之间的比率；$k$为耗氧速度常数，以天计算，普通生活污水水温在20℃时，$k$值约为0.1$d^{-1}$；$t$为天数，d。

当$k$=0.1$d^{-1}$，水温为20℃时，水体中有机物的正常氧化速度见表3-6。

**表 3-6　有机物在水体中的正常氧化速度**（20℃，$k=0.1\mathrm{d}^{-1}$）

| 天数 | 占总有机物量的比例/% | | |
|---|---|---|---|
| | 剩余量 | 当日氧化量 | 积累氧化量 |
| 0 | 100 | — | 0 |
| 1 | 79.4 | 20.6 | 20.6 |
| 2 | 63.0 | 16.4 | 37.0 |
| 3 | 50.0 | 13.0 | 50.0 |
| 4 | 39.8 | 10.2 | 60.2 |
| 5 | 31.6 | 8.2 | 68.4 |
| 6 | 25.0 | 6.6 | 75.0 |
| 7 | 20.0 | 5.0 | 80.0 |
| 8 | 15.8 | 4.2 | 84.2 |
| 9 | 12.5 | 3.3 | 87.5 |
| 10 | 10.0 | 2.5 | 90.0 |
| 11 | 7.9 | 2.1 | 92.1 |
| 12 | 6.3 | 1.6 | 93.7 |
| 13 | 5.0 | 1.3 | 95.0 |
| 14 | 4.0 | 1.0 | 96.0 |
| 15 | 3.2 | 0.8 | 96.8 |
| 16 | 2.5 | 0.7 | 97.5 |
| 17 | 2.0 | 0.5 | 98.0 |
| 18 | 1.6 | 0.4 | 98.4 |
| 19 | 1.3 | 0.3 | 98.7 |
| 20 | 1.0 | 0.1 | 99.0 |

从表 3-6 中可以看出，有机物的正常生化氧化速度是在第一天被氧化掉 20.6%。以后每延续一天就从剩余的有机物中再氧化掉 20.6%。尽管氧化速率没有改变，但每一天的氧化量却逐渐减少。

从表 3-6 中还可以看出时间的重要意义。在第 3d 末有机物氧化分解了 50%，剩余的有机物也是 50%。因此可以认为，有机物生物分解的半衰期为 3d。按此规律，又把剩余的有机物再分解 50%，即到第 6d 末，剩余的只有 25%，依此类推，到 18d 末，有机物只剩下 1.6%。

温度影响生物的活性，因此也就控制了有机物的分解速率。图 3-4 是不同温度对 BOD 分解过程的影响。

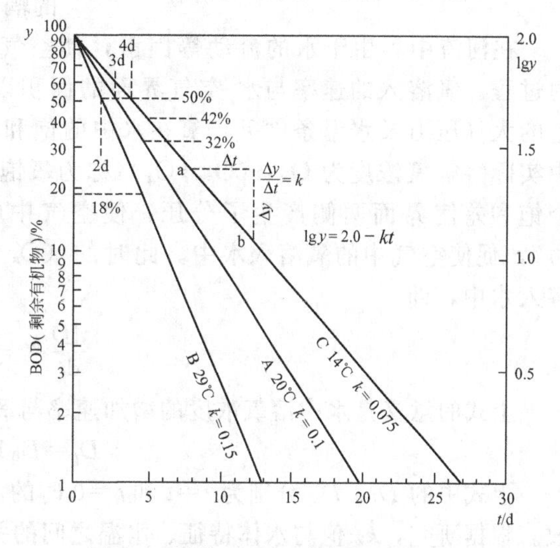

图 3-4　温度对 BOD 分解过程的影响

从图 3-4 中可以看出，曲线 A 是水温 20℃，$k=0.1\mathrm{d}^{-1}$，半衰期为 3d 时，BOD 是 50%；曲线 B 是水温 29℃，$k=0.15\mathrm{d}^{-1}$，半衰期为 2d 时，BOD 是 50%；曲线 C 是水温 14℃，$k=0.075\mathrm{d}^{-1}$，半衰期为 4d 时，BOD 是 50%，这是有机物耗氧的正常情况。但事实上，耗氧过程是一个非常复杂的生化现象，在自然界中受到其他因素的影响，会出现正常偏离情况。

(2) 复氧作用定律　复氧作用受溶解定律和扩散定律的控制，即氧的溶解速度与溶解氧低于饱和浓度的亏缺值成正比；扩散速度与河水中两点间的溶解氧浓度差成正比。根据这两条定律，Streeter-Phelps 确定了静水中的复氧作用公式：

$$DO=100-\left[\left(1-\frac{B_0}{100}\right)\times 81.06\times\left(e^{-k}+\frac{e^{-9k}}{9}+\frac{e^{-25k}}{25}+\cdots\right)\right] \tag{3-3}$$

式中，DO 为经复氧作用后的溶解氧含量，各深度的平均饱和百分数；$B_0$ 为复氧开始时的溶解氧含量，各深度的平均饱和百分数；$k$ 为复氧速率常数，随$\frac{\pi^2\alpha t}{4H^2}$而定；$t$ 为复氧时间，h；$H$ 为水深，cm；$\alpha$ 为扩散系数。

Streeter-Phelps 确定，$\alpha t=1.42\times 1.1^{t-20}$，当水温 20℃时，$\alpha$ 的平均值为 1.42。

(3) 河流溶解氧垂曲线方程　当有机耗氧污染物排入河流后，根据耗氧作用和复氧作用的综合效应，沿河流纵断面形成一条溶解氧垂曲线（详见图 3-5），它对评价河流污染及控制污染均有十分重要的意义。

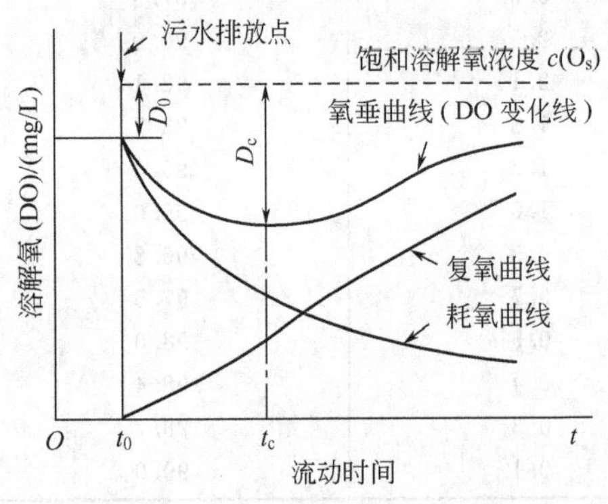


图 3-5　溶解氧沿程变化曲线

从图 3-5 中可以看出，起始断面耗氧污染物排入河流后，耗氧速度最大，以后逐渐减少而趋向于零。复氧的速度开始时为零，之后随着氧亏值的增大而增大。水中溶解氧含量在某一时刻降至最低点，此点称为临界氧亏点。在临界氧亏点以后，复氧作用逐渐占优势，水中溶解氧含量开始上升。

1925 年，H. Streeler 和 E. Phelps 在研究美国俄亥俄河（Ohio River）时，建立了 BOD-DO 的耦合模型，通常称作为 S-P 模型。

在河流中，由于水的流动等因素，使空气中的氧溶入水中，这是一个与氧消耗相反的过程。氧溶入的速率与水-空气界面的面积以及界面两侧氧的分压、温度等有关。在一定的大气压力及水温条件下，氧在水中的饱和度（又称饱和溶解氧）以 $O_s$ 表示，以河水中实际溶解氧浓度为 $O_x$，($O_s-O_x$) 称为氧饱和差，又称为氧亏值（或亏氧量），由于这个饱和差使界面两侧产生了分压，使空气中的氧与水中的氧形成了动态平衡的“推动力”，促使空气中的氧溶入水中。此时的 ($O_s-O_x$) 称作氧亏值 $D$，$D$ 越大，$O_2$ 越容易溶入水中，即

$$\frac{dD}{dt}=-k_2D \tag{3-4}$$

上式的意义是水中溶氧浓度的增加速率与氧亏值呈正比例关系。上式经演化可得：

$$D_t=D_0 10^{-k_2t} \tag{3-5}$$

上式中的 $D_t$、$D_0$ 分别为 $t=t$ 和 $t=0$ 时的 $D$ 值，$k_2$ 称为复氧速率常数或再曝氧速率常数。根据研究，$k_2$ 值与水体特征、水温之间的关系如表 3-7 所示。

**表 3-7　$k_2$ 值与水体特征、水温之间的关系**

| 水体特征 | 水温/℃ | | | |
|---|---|---|---|---|
| | 10 | 15 | 20 | 25 |
| 缓流水体 | — | 0.110 | 0.150 | — |
| 流速小于 1m/s 的水体 | 0.170 | 0.185 | 0.200 | 0.215 |
| 流速大于 1m/s 的水体 | 0.425 | 0.460 | 0.500 | 0.540 |
| 急流水体 | 0.684 | 0.740 | 0800 | 0.865 |

河流中的溶氧速度是耗氧与复氧作用结果的总和，即

$$\frac{dD}{dt}=k_1L_t-k_2D_t \tag{3-6}$$

式中，$L_t$ 为 $t$ 时刻河水中的 BOD 值；$D_t$ 为 $t$ 时刻河水中的氧亏值；$t$ 为河段内河水中的流行时间；$k_1$ 为河水中有机污染物的耗氧速率常数（或称 BOD 的衰减速率常数）；$k_2$ 为河水中复氧速率常数。

将上式经数学变换后，可以得到任意 $t$ 时刻的氧亏值：

$$D_t=\frac{k_1L_0}{k_2-k_1}(10^{-k_1t}-10^{-k_2t})+D_0 10^{-k_2t} \tag{3-7}$$

式中，$L_0$ 为河流初始点的 BOD 值；$D_0$ 为河流初始点的氧亏值。

式(3-7) 表示河流水中的氧亏变化规律。如果以河流的溶解氧 DO 来表示，则存在下式：

$$DO=O_s-D_t=O_s-\frac{k_1L_0}{k_2-k_1}(10^{-k_1t}-10^{-k_2t})-D_0 10^{-k_2t} \tag{3-8}$$

式中，DO 为河水中的溶解氧值；$O_s$ 为河水中的饱和溶解氧值。

该式称为 S-P 氧垂公式，根据式(3-8) 绘制的溶解氧沿程变化曲线称为氧垂曲线，详见图 3-5。

在很多情况下，人们希望能找到溶解氧浓度最低的点——临界点。在临界点河水的氧亏值最大，且变化速度为零，则令：

$$\frac{dD}{dt}=k_1L_t-k_2D_t=0 \tag{3-9}$$

令 $D_t=D_c$

则有：

$$D_c=\frac{k_1}{k_2}L_t \tag{3-10}$$

因为
$$C_t=C_0 10^{-kt}$$

所以又可写成：
$$L_t=L_0 10^{-k_1t} \tag{3-11}$$

式中，$L_t$ 为河流中 $t$ 时刻的 BOD 值；$L_0$ 为河流中初始时刻的 BOD 值。

将式(3-11) 代入式(3-10)，得出下式：

$$D_c=\frac{k_1}{k_2}L_0 10^{-k_1t_c} \tag{3-12}$$

式中，$D_c$ 为临界点的最大氧亏值；$t_c$ 为污染物由起始点到达临界点的流行时间。

最大临界氧亏值出现的时间 $t_c$ 可由下式计算：

$$t_c=\frac{1}{k_2-k_1}\lg\frac{k_2}{k_1}\left[1-\frac{D_0(k_2-k_1)}{k_1L_0}\right] \tag{3-13}$$

河水在流动中的自净速率可由下式表示：

$$f=\frac{k_2}{k_1} \tag{3-14}$$

S-P 模型广泛地应用于河流水质的模拟预测中，也用于计算最大允许排污量。20 世纪 60 年代后，出现了各种修正的 BOD-DO 模型，模型的内容和形式也越来越复杂。一般地讲，模型越复杂越能较全面地反映河流的实际情况。但这要增加许多建模参数，况且不同河流有不同的水质影响因素。因此，片面强调选择参数多的复杂模型来预测河流的水质不一定可取。对一条河段来说，选择参数的量与模型的难易程度，应根据实际需要和目前所能获得

的资料等方面进行综合考虑，作出较为准确、简便、经济、适度的选择。

### 3.5.2 植物营养物

在自然条件下，由于雨、雪对大气的淋洗和径流对地表物质的淋溶与冲刷，总会使环境中少量的N、P、K等植物营养物质汇入水体中。

天然水中过量的植物营养物质主要是由于人类活动造成的，它们来自农田施肥、农业生产的废弃物、城市生活污水和某些工业废水。

从农作物生长的角度看，植物营养物质是宝贵的肥料。但是，过多的植物营养物进入水体，就会造成水质恶化，影响渔业生产，危害人体健康。

#### 3.5.2.1 水体富营养化

富营养化是指湖泊等水体接纳过量的氮、磷等营养物质，使藻类和其他水生生物异常繁殖，引起水体透明度和溶解氧浓度的下降，导致水质恶化，破坏湖泊生态系统及其功能，加速湖泊老化，直至衰亡。

从湖沼学的角度看，湖泊一旦形成，就受到外部自然因素和内部各种过程的持续作用而不断演变。入湖河流携带的大量泥沙和生物残骸年复一年在湖内沉积，湖盆逐渐淤浅，变成陆地，或随着沿岸带水生植物的扩张，逐渐变成沼泽；干燥气候条件下的内陆湖，由于气候变异、冰雪融水减少、地下水水位下降等，补给水量不足以补偿蒸发损耗，往往引起湖面退缩干涸，或盐类物质在湖盆内积聚浓缩，湖水日益盐化，最终变成干盐湖；随着时间的推移，降雨径流会将自然界中的氮、磷、钾等营养物质带入湖泊，经逐年积累，由营养物质少的贫营养湖向营养物质多的富营养湖演变，最后变成沼泽和干地。此外，由于地壳升降运动，气候变迁或形成湖泊的其他因素被改变，湖泊都会经历缩小和扩大的反复过程，不论湖泊的自然演变通过哪种方式，结果终将消亡。实际上，富营养化是湖泊在自然演变过程的一种自然现象。不过，在自然条件下，这种湖泊演变的进程非常缓慢，通常是以地质年代来计算的。

然而，在人类经济活动的影响下，大量营养物不断排入水体，大大加速了天然湖泊和人工湖泊（如水库、围塘）等水体富营养化程度。水体富营养化程度与水体中的氮、磷和叶绿素含量密切相关。

根据《2008年中国水环境状况》报告中的数据显示，我国28个国控重点湖泊（库）中，满足地面水Ⅱ类水质标准的4个，占国家总控湖泊数量的14.3%；满足Ⅲ类水质标准的2个，占7.1%；满足Ⅳ类标准的6个，占21.4%；满足Ⅴ类标准的5个，占17.9%；劣Ⅴ类湖泊11个，占39.3%。主要污染指标为总氮和总磷。在分析评价富营养化状态的26个湖泊（库）中，重度富营养化的1个，占总评湖数的3.8%；中度富营养化的5个，占19.2%；轻度富营养化的6个，占23.0%。

#### 3.5.2.2 氮、磷营养物在水体中的转化与释放

因为水体中氮、磷等营养物质过多是导致水体富营养化的直接原因，所以研究水体中氮、磷的分布、平衡与循环，生物吸收与凝絮沉淀，底质中氮、磷的同化形态，有机物分解和释放等规律，对防治水体富营养化具有重要意义。

水体富营养化的关键不仅在于水体中营养物的浓度，更重要的是连续不断流入水体中的氮、磷营养物的负荷量。以湖泊为例，湖泊氮、磷负荷量的计算，按照物质平衡原理，在某一时期内输入湖泊的氮、磷总量与输出湖泊的氮、磷总量之差，就是湖泊内积累的氮、磷含量。

氮、磷负荷量通常有两种表示方法：①单位体积负荷量[$g/(m^3 \cdot a)$]；②单位面积负荷量[$g/(m^2 \cdot a)$]。

进入湖泊的氮、磷物质加入生态系统的物质循环，构成水生生物的个体和群落，并经过由自养生物、异养生物和微生物所组成的营养级依次转化迁移。氮在生态系统中具有气、液、固三相循环，被称为完全循环，而磷只存在液、固相形式的循环，被称为底质循环（详见图3-6）。

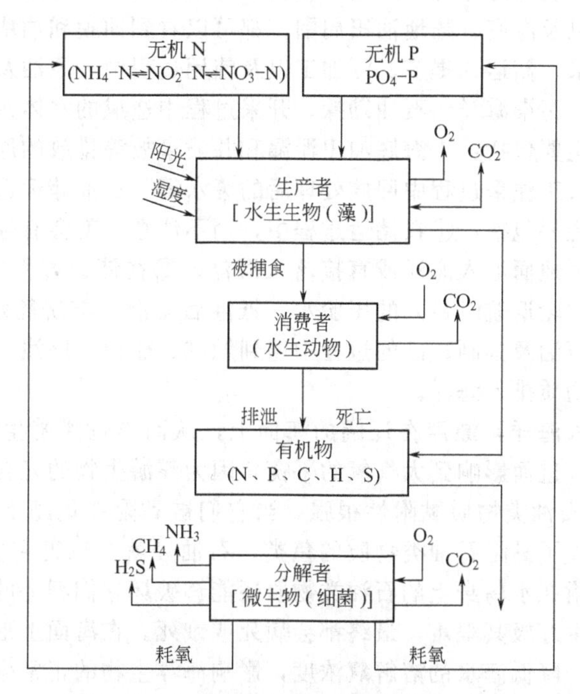


图3-6　富营养化的磷、氮生物化学循环

湖泊底质和水体之间一直处在物质交换过程之中，氮、磷能通过颗粒物吸附、沉降、水生生物死亡沉积等方式蓄积在底泥中，在适当条件下，氮、磷能从底泥中释放出来，为水生生物的生长提供必要的营养元素，进而加剧水体的富营养化。有研究表明，厌氧条件是促使底泥氮磷释放的主因，因此，改善底部水体的溶氧条件，对于修复受污染水体、改善水体富营养化状况具有显著作用。

湖泊底质中磷分为有机态和无机态。无机态中按照与其结合的物质又分为钙磷、铝磷、铁磷和难溶磷4种形态。底质中磷的释放与其形态密切相关。许多学者研究表明：底质向水体释放的磷主要来自铁磷。例如日本霞浦湖底质，在好氧条件下，总磷量从1.14mg/L降到0.96mg/L，减少了0.18mg/L。而在磷的各形态中，铝磷、钙磷量几乎没有变化，但铁磷却从0.30mg/L降至0.13mg/L，减少了0.17mg/L。两者相比，明显地看出，总磷减少的量基本等于铁磷减少的量。另外，水中硝酸盐浓度对底质中磷的释放也有明显作用。丹麦的湖泊调查研究表明，当湖泊中硝酸盐的浓度（以N计）低于$0.5g/m^3$时，底泥中磷能释放到水体中；当超过$0.5g/m^3$时，底泥就不能释放出磷。

影响底质中氮、磷释放的因素很多，其中主要有水中溶解氧DO、氧化还原电位$E_h$、pH值、水温、水流动力、生物扰动等方面。据悉，不同湖泊底质中氮、磷的释放速度差异较大，就同一个湖泊而言，其底质中氮、磷的释放速率也随着季节而发生变化。但是，众多研究结果表明：厌氧条件有利于底质氮、磷的释放，好氧条件有利于底质氮、磷的抑制。

### 3.5.3 石油类物质的污染

#### 3.5.3.1 石油类污染状况

目前，随着石油工业的发展和石油进出口贸易的全球化，石油类物质对地表水体的污染愈来愈严重，突出地表现在海洋污染方面。在世界各地的港口、海湾和沿岸，在油船和其他船舶的主要航线附近以及海底、陆地油田周围，都可以看到油膜和油块。

在石油勘探、开采、储运、提炼、深加工以及使用过程中，原油及其油制品都会通过各种渠道进入地表水体，污染海洋。石油勘探、开采过程中造成的水体污染主要源于各个环节漏油以及废水排放。主要包括：①海底油田泄漏和井喷事故等排放的原油；②采油废水、钻井废水、洗井废水和人工注采过程中回放处理后的废水等。石油储运造成的水体污染主要源于储存与运输环节。主要包括：①在储运过程中，稍不注意，就会有烃类蒸气升入空中，之后便随着降雨重新返回地面汇入海洋或直接落入海洋；②在储运过程中，因采油平台倾覆、输油管路破裂，万吨油轮返航时带入的压舱水、抵港后排泄并与洗舱水一起排入海洋水体；③万吨油轮跨洋运输石油及其制成品的过程中遇到触礁、碰撞、搁浅、失火等事故，瞬间就会将船舱中的石油类物质排入海洋。

由于大量石油流入海洋，漂浮在辽阔的海面上，从而影响浮游生物的光合作用，严重时，会促进它们死亡，进而影响到大气氧的平衡，因为浮游生物的光合作用产生的氧约占大气中氧含量的25%。石油类物质黏附性很强，当它们被黏附在鱼鳃上，会造成鱼无法呼吸而致死；如果水鸟捕食了黏附石油类物质的鱼类，石油烃就会毒害它们，并抑制它们产卵、孵化。不仅如此，黏附在水鸟身上的石油类物质还能够破坏它们羽毛的不透水性，它们失去了羽毛的防水保护，生存极其艰难，最终都会病死或饿死。在海面上形成的大面积油膜还会阻碍水体的复氧作用，降低海水的溶解氧浓度，影响海洋生物的正常生长发育。此外，石油类污染不仅破坏了海洋生态系统，而且破坏了海滨风景，致使近岸海域失去美学价值。

#### 3.5.3.2 石油类物质在水体中的迁移转化

石油是战略物资，是工业命脉，没有石油就没有石油化学工业。石油中90%是各种烃的复杂混合物，它的基本组成元素为碳、氢、硫、氧和氮。大部分石油含84%～86%的碳，12%～14%的氢，1%～3%的硫、氧和氮。

根据石油中各种烃的不同沸点，在一定温度范围内可分成不同的馏分。

石油类物质进入水体后发生一系列复杂的迁移转化过程，主要包括扩展、挥发、溶解、乳化、光化学氧化、微生物降解、生物吸收和沉积等。

### 3.5.4 重金属

重金属是地球上最为普遍，且具有潜在环境危害的一类污染物。与其他污染物相比，重金属不但不能被微生物分解，反而能够富集于生物体内，某些重金属还会被转化为毒性更强的金属有机化合物。

#### 3.5.4.1 重金属的概念与特征

重金属一般系指相对密度大于4～5的金属，约45种，如铜、铅、锌、钴、镍、锰、镉、汞、钨、钼、金、银等。虽然锰、铜、锌等重金属是生命活动所必需的微量元素，超过了人体需要也是不可以的，更何况铅、镉、汞等一些重金属并不一定是生命活动所必需的，如果这一类重金属在人体内超过了一定浓度就会影响健康。

尽管重金属元素很多，但是在环境污染研究中所说的重金属主要是指Hg、Cd、Pb、Cr以及类金属As等生物毒性显著的元素。也包括具有一定毒性的一般重金属，如Zn、Cu、Co、Ni、Sn等，目前最引人注意的是Hg、Cd、Pb、As、Cr等。

重金属的环境行为和环境影响主要有以下特征。

① 重金属是构成地壳的元素，在自然界具有非常广泛的分布，它遍布于土壤、大气、水体和生物体中。

② 重金属作为有色金属，在人类的生产和生活中有着广泛的应用，多种多样的重金属污染源由此而存在于环境的各个角落。

③ 重金属大多属于过渡性元素，在自然环境中具有不同的价态、活性和毒性效应。通过水解反应，重金属易生成沉淀物。重金属还可以与无机、有机配位体反应，生成络合物和螯合物。

④ 重金属对生物体和人体的危害在于：a. 毒性效应；b. 生物不能降解，却能将某些重金属转化为毒性更强的金属有机化合物；c. 存在食物链的生物富集放大作用；d. 能通过多种途径进入人体，并蓄积在某些器官，造成慢性中毒。

#### 3.5.4.2　重金属在水体中的迁移转化

重金属迁移是指重金属在自然环境中的空间位置移动和存在形态的转化，以及由此引起的富集与分散行为。

重金属在水环境中的迁移，按照物质运动的行为方式可以分为机械迁移、物理化学迁移和生物迁移。

机械迁移是指重金属离子以溶解态或颗粒态的形式被水流动力机械搬运。迁移过程服从水力学原理。

物理化学迁移是指重金属以简单离子、络离子或可溶性分子，在环境中通过一系列物理化学作用（水解、氧化、还原、沉淀、溶解、络合、螯合、吸附作用等）所实现的迁移与转化过程。这是重金属在水环境中的最重要的迁移转化形式。这种迁移转化的结果决定了重金属在水环境中的存在形式、富集状况和潜在的生态危急程度。

生物迁移是指重金属通过生物体的新陈代谢、生长、死亡等过程所进行的迁移。这种迁移过程比较复杂，它既是物理化学问题，也服从生物学规律。所有重金属都能通过生物体迁移，并由此使重金属在某些有机体中富集起来，经过食物链的放大作用，构成对人体的危害。

重金属在水环境中的物理化学迁移主要包括如下几种作用。

① 沉淀作用　重金属在水中可经过水解反应生成氢氧化物，也可以同相应的阴离子生成硫化物或碳酸盐。这些化合物的溶度积都很小，容易生成沉淀物。沉淀作用的结果是使重金属污染物在水体中的扩散速度和扩散范围受到限制，从水体自净化功能来看这是有利的，但是，大量重金属沉积于排污口附近的底泥中，当水环境条件发生变化时有可能重新释放出来，成为二次污染源。

② 吸附作用　天然水体中的悬浮物和底泥中含有丰富的无机胶体和有机胶体。由于胶体有巨大的比表面积和表面能，可以携带大量的电荷，因此能够强烈地吸附各种分子和离子。无机胶体主要包括各种黏土矿物和各种水合金属氧化物，其吸附作用主要分为表面吸附、离子交换吸附和专属吸附。有机胶体主要是黏附性腐殖质。胶体的吸附作用对重金属离子在水环境中的迁移有重大影响，是使许多重金属从不饱和的溶液中转入固相的最主要途径。

③ 络合作用　水体中存在着许多天然和人工合成的无机与有机配位体，它们能与重金属离子形成稳定度不同的络合物和螯合物。无机配位体主要有 $Cl^-$、$OH^-$、$CO_3^{2-}$、$SO_4^{2-}$、$HCO_3^-$、$F^-$、$S^{2-}$ 等。有机配位体是腐殖质。腐殖质中能起络合作用的是各种含氧官能团，如—COOH、—OH、—C═O 等。各种无机、有机配位体与重金属生成的络合物和螯合物

可使重金属在水中的溶解度增大，导致沉积物中重金属的重新释放。重金属的次生污染在很大程度上与此有关。

④ 氧化还原作用　氧化还原作用在天然水体中有较重要的地位。由于氧化还原作用，重金属在不同条件下的水体中以不同的价态存在，而价态不同，其活性与毒性也不同。

## 习　题

1. 为什么说地球上的水是一种既丰富又紧缺的资源？
2. 为了水资源的可持续利用，我们应该自觉采取哪些行为？
3. 地下水过度开采可能造成哪些社会问题、环境问题？
4. 小河流渠道化常会产生哪些环境问题？
5. 天然水体是如何组成的？影响天然水体化学成分变化的因素有哪些？
6. 能说清楚天然水体的自净化作用吗？
7. 如何定义水体污染？
8. 如何确定水体污染指标？
9. 如何界定水体污染源？它们都有哪些特性？
10. 如何确定水体富营养化？水体富营养化是怎样造成的？
11. 能说清楚耗氧污染物在水环境中的迁移转化过程吗？
12. 能说清楚植物营养物在水环境中的迁移转化过程吗？
13. 能说清楚石油类物质在水环境中的迁移转化过程吗？
14. 能说清楚重金属在水环境中的迁移转化过程吗？
15. 如何从环境科学的角度去认识重金属？类金属算不算是重金属？
16. 水体污染会对人类产生哪些危害？
17. 水体污染对水生生物都会产生哪些危害？

# 第4章 人类与生物圈

生物圈的概念是奥地利地质学家休斯（Eduard Sness）于1875年首次引进自然科学的。然而，当时这个概念在科学界中起的作用并不大。直到20世纪20年代，前苏联地球化学家维尔纳茨基（В. И. Вернадский）在前苏联（1926年）和法国（1929年）所作的题为“生物圈”的两次讲演之后，才引起人们的注意。

## 4.1 生物圈与生物多样性

### 4.1.1 生物圈

生物圈是指地球上有生命的全体，即地球上所有的生物（包括人类），及其生存环境的总体。但是，这个非常简明的概念却并不十分精确。因为在大气圈相当高的地方（大约在海拔9000m以上）仍然存在着细菌和真菌的孢子。甚至在地球上的干旱、高寒（－190℃）和酷热（140℃）地区，尽管难以维持新陈代谢过程，但是在这类地区亦能找到孢子。此外，在生机勃勃的生物圈以外，还围绕着一个界限不甚明确的，有一些休眠形式生命的“副生物圈（Parabiospheric）区域”。

生物圈的发育大约经历了30亿年的漫长历程。从30亿年前出现原始细菌开始，20亿年前出现了能进行光合作用的固氮生物，释放出氧气，并在约16亿年前形成了含氧的大气圈，12亿年前出现了最早的真核细胞，7亿年前出现了多细胞生物，5亿年前出现了海洋无脊椎动物，4.5亿年前生物才登上陆地，哺乳类动物的出现则是近2亿年的事。在这样漫长的历史长河中，由于地壳的分化、气候的变化和其他原因，有些物种消亡了，新的物种产生了，才形成了今天这样多种多样的生物界，这个生物界由一千多万种生物组成。

生物圈是地球上最大的生态系统，它包括海平面以上9km到海平面以下10km的范围。在这个范围内有正常的生命存在，有构成生态系统的生产者、消费者、分解者和无生命物质4个组成部分（详见图4-1），在这个系统中存在着信息的交流、能量的流动和物质的循环。

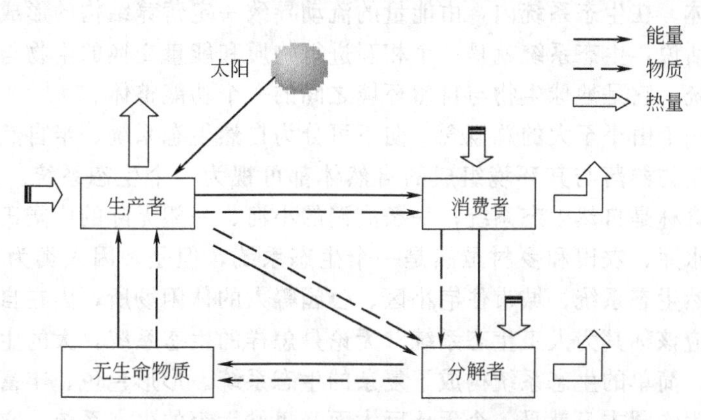


图4-1 构成生态系统的4个组成部分

### 4.1.2 生物多样性

生物圈中最突出的特征就是生物体的多样性。生物多样性系指某一区域内遗传基因的品系、物种和生态系统多样性的总和。它涵盖了种内基因变化的多样性、生物物种的多样性和生态系统（Ecosystem）的多样性3个层次，完整地描述了生命系统中从微观到宏观的不同方面。

遗传多样性系指某个种内个体的变异性，由特定种、变种或种内遗传的变异数来计量，地球上几乎每一种生物都拥有其独特的遗传组合，遗传多样性是生物多样性的基础。

物种多样性是指地球上生命有机体的多样性。一般说来，某一物种的活体数量越大，其基因变异性的机会亦越大。但是，某些物种活体数量的异常增加，亦可能导致其他物种活体数量的异常减少，甚至会减少物种的多样性。

生态系统多样性是指物种存在的生态复合体系的多样性和健康状况，即指生物圈内的生境、生物群落和生态过程的多样化。生态系统是所有物种存在的基础。物种的相互依存性和相互制约性形成了生态系统的主要特性——整体性。生物与生境的密切关系形成了生态系统的地域性特征，而生态系统包容了众多物种和基因，它们又形成了其层次性特征。

由于地球上生物的演化过程会产生新的物种，而新的生态环境又可能造成其他一些物种的消失，所以生物多样性是不断变化的。从远古发展到今天的人类社会，无论是狩猎、游牧、农耕还是现代生产的集约化经营，均建立在生物多样性的基础之上。正是地球上的生物多样性及其生成的生物资源，才构成了人类赖以生存的生命支持系统。然而，人口的急剧增长和大规模的经济活动正使得许多物种灭绝，造成了生物多样性的缺失。这一问题已经引起了当代人的关注，人们开始认识生物多样性，并寻求生物多样性保护的途径。

## 4.2 生态系统及其组成

### 4.2.1 生态系统

地球上种类繁多的生物通过各种方式彼此联系、共同生活在一起，组成生物群落。生物群落时时刻刻地与自然环境保持着密切的联系，它们相互依存、相互制约、互促互进地进行着演化，形成一个自然整体。1935年英国生态学家坦斯利（A. G. Tansley）首先提出了生态系统（Ecosystem）这一科学概念。生态系统是指特定地段中的生物群落和自然环境相互作用的任何统一体。在生态系统内，由能量的流动导致一定营养结构的形成、生物多样性和物质循环。换句话说，生态系统就是一个相互进行物质和能量交换的生物与非生物部分构成的相对稳定的系统，它是地球生物与自然环境之间的一个功能整体。

生态系统是一个由小至大的总概念，向下可分为自然生态系统、半自然生态系统和人工生态系统，任何生物群落与其环境组成的自然体都可视为一个生态系统。如一大块原生草场、一大片原生森林是自然生态系统；一条流淌的小河、一望无际的广阔田野也是自然生态系统；而水塘、水库、农田和乡村虽然是一个生态系统，但是，因人类为了生存而改造过了，则称为半自然生态系统；城市住宅小区、公园等人的休闲场所，因在自然基础上完全被改造过了，所以应该称其为人工生态系统。无论是怎样的生态系统，大的生态系统都是由小的生态系统组成，简单的生态系统构成了复杂的生态系统。形形色色、丰富多彩的生态系统合成为生物圈。生物圈本身就是一个无比巨大而又奥妙无穷的生态系统，它是地球上所有生物（包括人类在内）以及它们生存环境的总体。

生态系统属于生物系统的高级层次。生物分为基因、细胞、器官、有机体（个体）、种群、群落等主要层次，每个生物层次都与非生物成分相互作用而构成不同层次的生物系统。每个层次均以较低层次作为基本单元，以形成自身的结构基础和功能单元。但是，就整体而言，每个层次的性质都各有特点，并非低级层次性质的简单总和。例如，生物个体的生存时间要比由个体组成的种群短暂得多，个体只有出生与死亡，种群才能够说明出生率、死亡率、年龄结构等特征，地球上所有生物对自然环境的适应性也主要体现在种群上。

### 4.2.2 生态系统的组成

地球表面上任何一个生态系统，都由生物和非生物环境两大部分组成。

#### 4.2.2.1 生物环境部分

（1）初级生产者　初级生产者是指地球上全部绿色植物或某些能进行光合作用或借助于化学能作用合成的细菌，又称为自养有机体。绿色植物通过光合作用把 $CO_2$、$H_2O$ 和无机盐类转化成为有机物质，把太阳能以化学能的形式固定在有机物质中，这些有机物是生态系统中其他生物维持生命活动的食物来源。因此，绿色植物是整个生态系统的物质生产者。此外，光能合成细菌和化学能合成细菌也能把无机物合成为有机物。如硝化细菌能够将 $NH_3$ 氧化为 $HNO_2$ 和 $HNO_3$，并利用氧化过程中释放的能量，把 $CO_2$、$H_2O$ 合成为有机物。这类细菌虽然合成的有机物质不多，但是，它们对某些营养物质的循环却有着重要的意义。

（2）消费者　消费者是指直接和间接利用绿色植物制造的有机物质作为食物来源的异养生物，又称为异养有机体。主要是各种动物，也包括某些腐生和寄生的菌类。消费者有机体可进一步划分成：①草食动物，它们以植物的叶、枝、果实、种子为食物，如牛、羊、兔、鹿、蝗虫和许多鱼类等。在生态系统中，绿色植物所制造的有机物质首先作为这类动物的食物，所以草食动物又称为初级消费者或第一性消费者。②肉食动物，它们以草食动物或其他弱小动物为食，包括次级消费者和三级消费者等。初级消费者、次级消费者等之间并没有严格的界限，许多杂食性动物，既是初级消费者又是次级消费者或三级消费者，因而构成十分复杂的食物链和食物网。③寄生动物，寄生于他种动、植物体上，靠吸取宿主营养为生。④腐食动物，以腐烂的动植物残体为食。

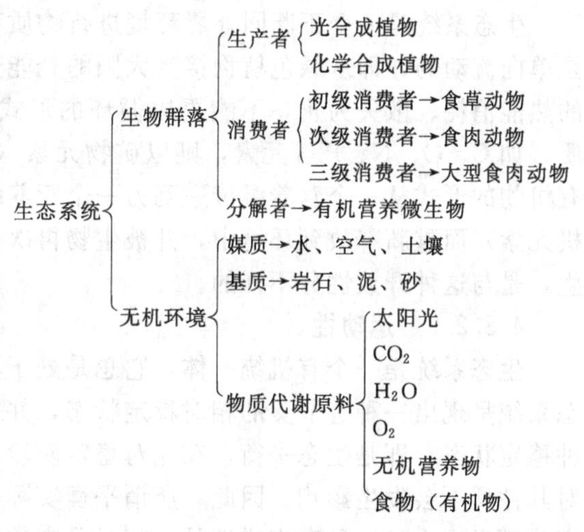


图 4-2　生态系统的组成

（3）分解者　分解者是指各种微生物，也包括某些以有机碎屑为食物的动物，又叫做还原者。它们以动植物的残体和排泄物中的有机物质作为维持生命活动的食物来源，并把复杂的有机物分解为简单的无机物归还于环境，供生产者再度吸收利用，从而构成生态系统中营养物质的循环。

#### 4.2.2.2 非生物环境部分

非生物环境是生态系统中生物赖以生存的物质和能量的源泉及活动场所，它可以分为：原料部分，主要是阳光、$O_2$、$CO_2$、$H_2O$、无机盐及非生命的有机物质；媒质部分，指水、土壤、空气等；基质部分，指岩石、泥、砂。

大多数生态系统均由上述几大部分组成，而非生物部分和生物部分中的生产者与分解者是必不可少的。现将生态系统的组成归纳成图 4-2 展示给读者。

## 4.3 生态系统的类型与特征

### 4.3.1 生态系统的类型划分

地球上的生态系统多种多样，目前还没有统一的分类标准，从不同的角度分就有不同的分类方法，一般按照生态环境可以划分为陆地生态系统和水生生态系统。

水生生态系统：包括海洋和陆地上的江、河、湖泊、沼泽等水域，其面积约占地球表面的2/3。若根据水体的物理、化学性质，我们可以将它们分为海洋生态系统和淡水生态系统。淡水生态系统又可以再分为流水生态系统（河流、小溪）和静水生态系统（湖泊、水库）。

陆地生态系统：包括陆地上各类型的生物群落。若参照地球纬度及水、热等环境条件，按照植被的优势类型可分为森林生态系统、草原生态系统、荒漠生态系统、冻原生态系统等。森林生态系统，又可再分为热带森林、亚热带森林、温带森林和寒带森林等生态系统，以下还可再分。对其他生态系统，同样也可以再划分成次级生态系统。

陆地生态系统具有鲜明的空间结构。生物群落在空间上有明显的垂直和水平分布，即具有三维空间的二维水平结构。

### 4.3.2 生态系统的特征

生态系统具有开放性、运动性、自我调节性、相关性与演化性的基本特征。

#### 4.3.2.1 开放性

生态系统是一个不断同外界环境进行物质和能量交换的开放系统。在生态系统中，能量是单向流动的，即从绿色植物接受太阳的光能开始，到生产者、消费者、分解者以各种形式的热能消耗、散失为止，不能再以循环的形式加以利用。而维持生命活动所需要的各种物质，如C、O、N、P等元素，则以矿物元素（无机元素）的形式先进入植物体内，然后以有机物的形式从一个营养级传递到另一个营养级，最后有机物经微生物分解为矿物元素（无机元素）而重新释放到环境中，并被生物再次循环利用。生态系统的有序性和特定功能的产生，是与这种开放性分不开的。

#### 4.3.2.2 运动性

生态系统是一个有机统一体，它总是处于不断的运动之中。在相互适应调节状态下，生态系统呈现出一种有节奏的相对稳定状态，并对外界环境条件的变化表现出一定的弹性。这种稳定状态，即是生态平衡。在相对稳定阶段，生态系统中的运动（能量流动和物质循环）对其性质不会发生影响。因此，所谓平衡实际是动态平衡，也就是随着时间的推移和条件的变化而呈现出的一种富有弹性的、相对稳定的运动过程。

#### 4.3.2.3 自我调节性

生态系统作为一个有机的整体，在不断与外界进行能量和物质交换的过程中，通过自身的运动不断调整其内在的组成和结构，并表现出一种自我调节的能力，以不断增强对外界条件变化的适应性、忍耐性，维持系统的动态平衡。只是当外界条件变化太大或系统内部结构发生严重破损时，生态系统的这种自我调节功能才会下降或丧失，以致造成生态平衡的破坏。当前，环境问题的严重性就在于人为打乱以致破坏了全球或区域生态系统的这种自我适应和自我调节功能。

#### 4.3.2.4 相关性与演化性

任何一个生态系统，虽然有其自身的结构和功能，但又同周围的其他生态系统有着广泛的联系和交流，很难把它们截然分开，由此表现出一种系统间的相关性。对一个具体的生态系统而言，它总是随着一定的内外条件的变化而不断地自我更新、发展和演化，表现为一种产生、发展、消亡的历史过程，呈现出一定的周期性。

## 4.4 生态系统的结构与功能

### 4.4.1 生态系统的结构

生态系统的结构是指构成生态系统的要素及其时空分布和物质、能量循环转移的路径。不同的生物种类、种群数量、种的空间配置、种的时间变化具有不同的结构特点和不同的功效。它包括平面结构、垂直结构、时空结构和营养（食物链）结构 4 种形式。这些结构独立而又相互联系，是生态系统功能的基础。

#### 4.4.1.1 生态系统的形态结构

生态系统的生物种类、种群数量、种的空间配置（水平分布、垂直分布）、种的时间变化（发育、节气）等构成了生态系统的形态结构。例如，一个森林生态系统中动物、植物和微生物的种类和数量基本上是稳定的。在空间分布上，自上而下具有明显的分层现象。地上有乔木、灌木、草本、苔藓；地下有浅根系、深根系及其根际微生物。在森林中栖息的各种动物也都有其相对的空间位置：鸟类在树上营巢，兽类在地面筑窝，鼠类在地下挖洞。在水平分布上，林缘和林内的植物、动物的分布也明显不同。植物的种类、数量及其空间位置是生态系统的骨架，是整个生态系统的形态结构的主要标志。

#### 4.4.1.2 生态系统的营养结构

生态系统各组成部分之间建立起来的营养关系，构成了生态系统的营养结构。其营养结构的模式可用图 4-3 表示。由于各生态系统的环境、生产者、消费者和还原者的不同，构成了各自的营养结构。营养结构是生态系统中能量流动和物质循环的基础。

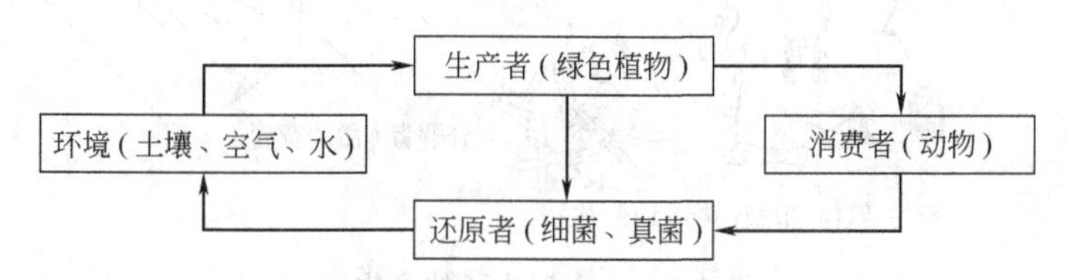


图 4-3 生态系统营养结构模式图

（1）食物链　在生态系统中，由食物关系把多种生物联接起来，一种生物以另一种生物为食，另一种生物再以第三种生物为食……彼此形成一个以食物连接起来的链锁关系，称之为食物链。按照生物之间的一系列相互关系，又可把食物链分成 4 类。

① 捕食性食物链　又称为放牧性食物链，它以植物为基础，其构成形式是：植物→小动物→大动物。后者可以捕食前者。如在草原上，青草→野兔→狐狸→狼；在湖泊中，藻类→甲壳类→小鱼→大鱼。

② 碎食性食物链　这种食物链以碎食物为基础。所谓碎食物是由高等植物叶子的碎片经细菌和真菌的作用，再加入微小的藻类构成。这种食物链的构成形式是：碎食物→碎食物消费者→小肉食性动物→大肉食性动物。如在某些湖泊或沿海，树叶碎片及小藻类→虾（蟹）→鱼→食鱼的鸟类。

③ 寄生性食物链　这种食物链以大型生物为基础，由小型生物寄生到大型生物身上构成。例如，老鼠→跳蚤→细菌→病毒。

④ 腐生性食物链　这种食物链以腐烂的动植物遗体为基础。如植物残体→蚯蚓→节肢动物。

(2) 食物网　在生态系统中，一种消费者往往不只吃一种食物，而同一种食物又可能被不同的消费者所食。因此各食物链之间又可以交错相联，形成复杂的网状食物关系，称其为食物网。图 4-4 给出了一个简化的食物网。食物网作为一系列食物链的链锁关系，本质上反映了生态系统中各有机体之间的相互捕食关系和广泛的适应性。自然界中普遍存在着的食物网，不仅维系着一个生态系统的平衡和自我调节功能，而且推动着有机界的进化，成为自然界发展演化的生命网。

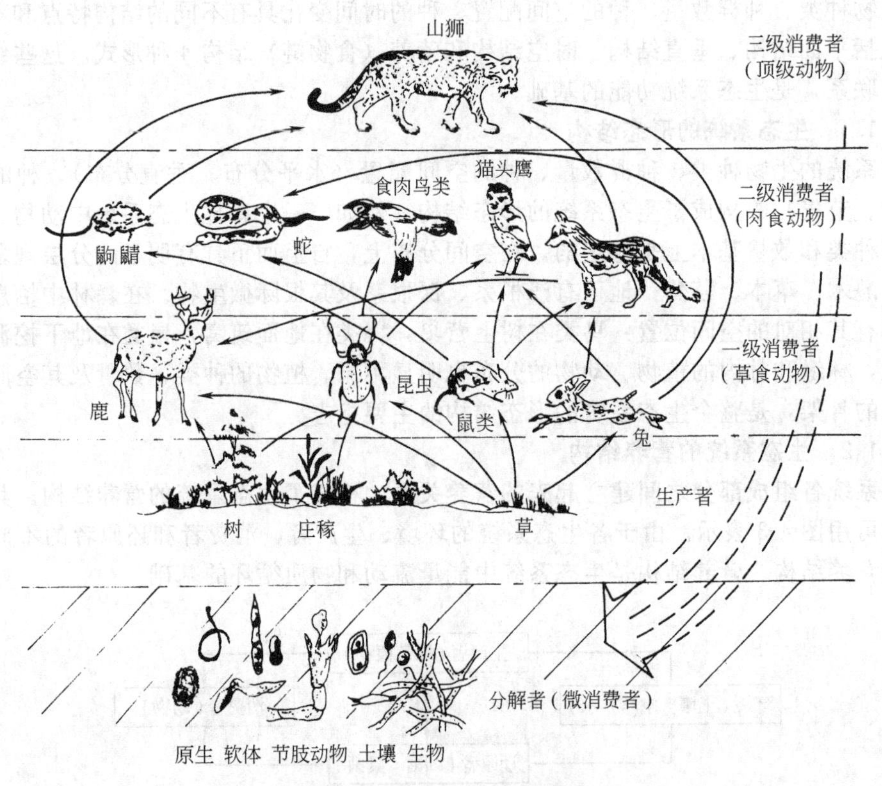


图 4-4　一个简化了的食物网

(3) 营养级　生态系统中的能量流动是通过各种有机体和食物链进行逐级转化和传递的。因此，食物链中每一个环节上的物种都是一个营养级。它既从前一个营养级得到能量，又向下一个营养级上的物种提供能量。只有作为初级生产营养级的绿色植物，其能量才直接来源于太阳。营养级通常为 4～5 级，即初级生产营养级→草食动物营养级→第一肉食动物营养级→第二肉食动物营养级。

生态系统中的能量在沿着各个营养级顺序向前传递时，由于各个环节上物种的自身消耗而呈急剧的、阶梯状的递减趋势。每一级为下一级提供的能量大约只相当于固有能量的 10%，即通常所说的"1/10 定律"。这种阶梯递减状态，就好像是一个金字塔，所以生态学上称其为金字塔营养级或能量金字塔（详见图 4-5）。

### 4.4.2　生态系统的功能

任何生态系统都在不断地进行着信息传递、能量流动和物质循环，它们相互之间紧密联系，形成了一个整体，成为生态系统进化的原动力。

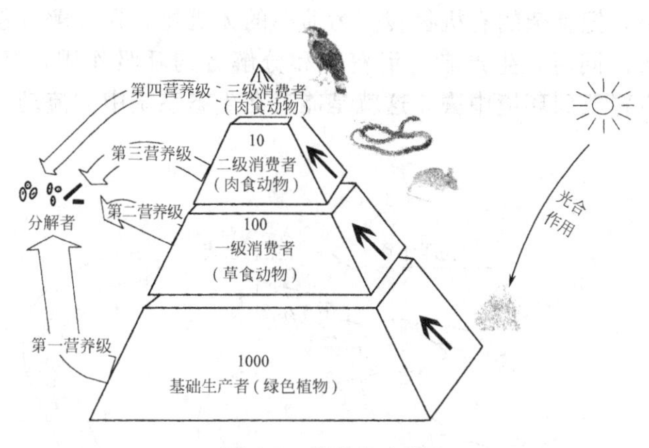


图 4-5　能量金字塔

#### 4.4.2.1　生态系统的能量流动

从能量的观点看，地球是一个开放系统，即存在着能量输入与输出的系统。为了生物的存在，地球必须不断地接受太阳输入的能量，并把热量输出到外层空间。因为一切生物（包括人类在内）所消耗的能量，几乎都来源于太阳能，绿色植物是通过光合作用新近贮存的太阳能，而化石燃料和核裂变原料（如铀矿）则是过去地质年代中光合作用贮存的太阳能。

光合作用是生物吸收太阳能的唯一有效途径，它能把太阳光获得的能量贮存在绿色植物中。绿色植物的光合作用过程很复杂，有人说，需要 100 多步生物化学反应才能完成，但是，其总反应却非常简要：

$$6CO_2+12H_2O \xrightarrow[\text{叶绿素}]{\text{阳光}} C_6H_{12}O_6+6O_2+6H_2O$$

植物通过光合作用能够制造出第一性食物分子，因此，植物被称作为“自养生物”。其他生物则依靠自养生物取得其生存所必需的食物分子，这些生物被称为“异养生物”。它们是绿色植物的消费者，自己没有任何办法固定太阳能，因此，只能直接地（如食草动物）或间接地（如食肉动物）从植物中获取富能的化学物质，然后通过呼吸作用把能量从这些化学物质中释放出来。

呼吸作用通常包括 70 多步的一系列生物化学反应，但是，其总反应也非常简要：

$$C_6H_{12}O_6+6O_2 \xrightarrow{\text{呼吸作用}} ATP+6CO_2+6H_2O+\text{热量}$$

反应生成的 ATP，即三磷酸腺苷，是生物化学反应中通用的能量，可以保存起来供未来之需，或用以构成和补充细胞结构以及执行各种各样的细胞功能。

生态系统一切能量的流动也遵循热力学第一定律和第二定律。热力学第一定律表明：能量可以从一种形式转化为另一种形式，在转化过程中既不会消失也不会增加，即能量守恒。热力学第二定律表明：能量总是沿着从集中到分散，从能量高到能量低的方向传递，在传递过程中又总会有一部分成为无用能被释放掉。太阳能向地面传输时，也遵循这两条定律。据测定，进入大气层的太阳能是 8.368J/($cm^2\cdot min$)，其中约有 30%被反射回去，20%被大气吸收，只有 46%左右到达地面。而实际上，只有 10%左右辐射到绿色植物上，而其中又有大部分被植物叶面反射回去，真正被绿色植物利用的只有其中的 1%左右。绿色植物就是利用这一部分阳光进行光合作用，制造有机物质，每年可达（1500～2000）×$10^8$t（干重），这是绿色植物提供给消费者的有机物产量。

绿色植物通过光合作用把太阳能（光能）转化成化学能贮存在这些有机物质中，提供给消费者需要。能量再通过食物链首先转移给草食性动物，再转移给肉食性动物。动植物死后的尸体被分解者分解，把复杂的有机物转变为简单的无机物，在分解过程中把有机物贮存的能量释放到环境中去。同时，生产者、消费者和分解者的呼吸作用，又都要消耗一部分能量，被消耗的能量也释放到环境中去。这就是能量在生态系统中的流动（详见图 4-6）。

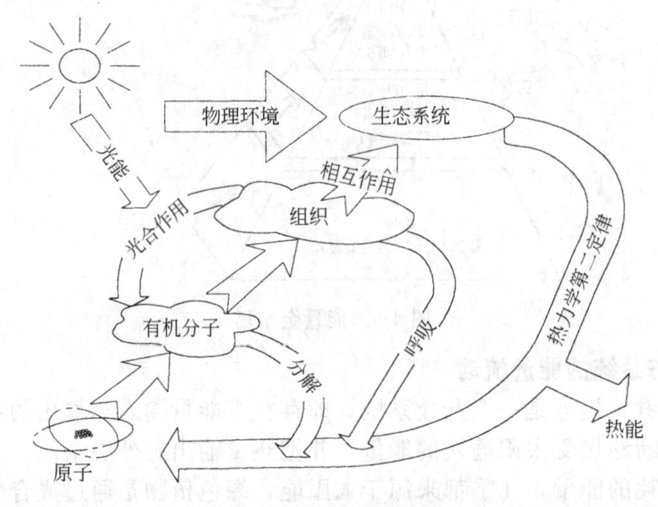


图 4-6 生态系统能量流动图

当能量在食物网中传递时，每一级营养级所贮存的能量大约只有 10%能够被上一级的生物所利用，由此可见，其转移效率是很低的。其余大部分能量都消耗在该营养级生物的呼吸作用上，以热量的形式发散到大气中去。

在上述热力学定律的约束下，自然界中大大小小的生态系统都处于完美的和谐之中。例如，美国亚利桑那州的天然植被同凯白勃鹿与其天敌狼、美洲豹和山狗长期以来处于自然的动态平衡状态之中，构成一个完善的生态金字塔；北欧的森林、麋鹿与野狼也是这样的金字塔。如果不是后来人类的干预，这些生态金字塔本来还会继续存在下去。

自然界的生存竞争（包括种间和种内的竞争）使得生态系统更趋完美：种间竞争使一物种中的弱病者先被消灭（如病弱的羊最先被狼捕杀），而健壮者才得以生存；种内竞争（如雄狮之间的争斗）使一物种中的佼佼者得以遗传后代，从而保证了该物种良好的品质。

大自然赋予大地生物多样性使得生态系统更趋和谐。在景色万千的生物多样性中，每种生物都会找到适宜的栖息地；当某种疾病或虫害袭来时，并非所有的物种都遭到毁灭，生存下来的物种使生态系统在病虫害之后又得以复苏。

不幸的是，自然界中的这种平衡虽然很精巧，但很脆弱，极容易遭受外力的破坏。人类虽然无力改变生态系统中的能量流动规律，但是，却能轻易地破坏了生态系统中的生态金字塔与自然界的生物多样性，使地球上许多地区陷入生态危机之中。

#### 4.4.2.2 生态系统的物质循环

维持生命除了需要能量外，还需要物质。能量和物质紧密相连，不能分开。目前地壳中的 90 多种元素几乎都是有机体组织、器官和细胞的成分。这些元素的含量和作用都不相同，有的是营养元素，有的在有机体的生理、生化过程中起特定的作用，还有一些元素是在外界特定环境条件下偶然进入有机体的。随着科学技术的发展，发现有机体生命所必需的元素逐渐增多。现在，普遍认为有机体生命所必需的元素有 24 种，包括碳、氧、氮、氢、钙、硫、磷、钠、钾、氯、镁、铁、碘、铜、锰、锌、钴、铬、锡、钼、氟、硅、硒、钒。另外，还可能有镍、溴、铝和硼。

但是，生态学家一直认为生物圈仅是氢、碳、氧和氮 4 种元素相互作用的场所。这 4 种元素构成动植物体的 99%以上，在生命中起着最关键的生物化学作用，被称为“关键元素”或“能量元素”。除此之外，其他的元素分为两类：一类是大量元素，另一类是微量元素。目前，人类对微量元素越来越重视，认为微量元素虽然很少，但其作用与任何大量元素一样，一旦缺失，动植物就不能正常生长发育。当然微量元素多了对动植物就会产生伤害。

为了简单明了，在这里忽略生物圈的氢、氧、磷、硫循环，着力介绍生物圈极其重要的碳、氮循环。

（1）碳循环　碳是构成生物体的基本元素，约占生物物质总量的 25%。在无机环境中，碳是以二氧化碳和碳酸盐的形式存在的。在生态系统中碳循环的基本形式是大气中的 $CO_2$ 首先通过生产者的光合作用进入生物圈，然后通过消费者、分解者再回到大气中去，一小部分形成化石燃料贮存在地层中。具体地讲，就是植物通过光合作用把大气中的 $CO_2$ 生成碳水化合物，其中一部分作为能量被植物所消耗，而植物呼吸或发酵过程中产生的 $CO_2$ 通过植物叶片和根部释放回大气中，然后再被植物利用，这是碳循环的最简单形式。

碳水化合物一部分被植物消耗，另一部分则被动物消耗，由食物氧化而产生的 $CO_2$ 又通过动物呼吸释放回到大气中。动植物死亡后，经过微生物分解作用产生的 $CO_2$ 也释放回到大气中，然后再被植物利用，这是碳循环的第二种形式。

生物残体埋藏在地层中，经过漫长的地质作用形成煤、石油、天然气等化石燃料。它们通过燃烧和火山活动释放出大量 $CO_2$，再被植物利用，然后重新进入生态系统的碳循环中，这是碳循环的第三种形式（详见图 4-7）。

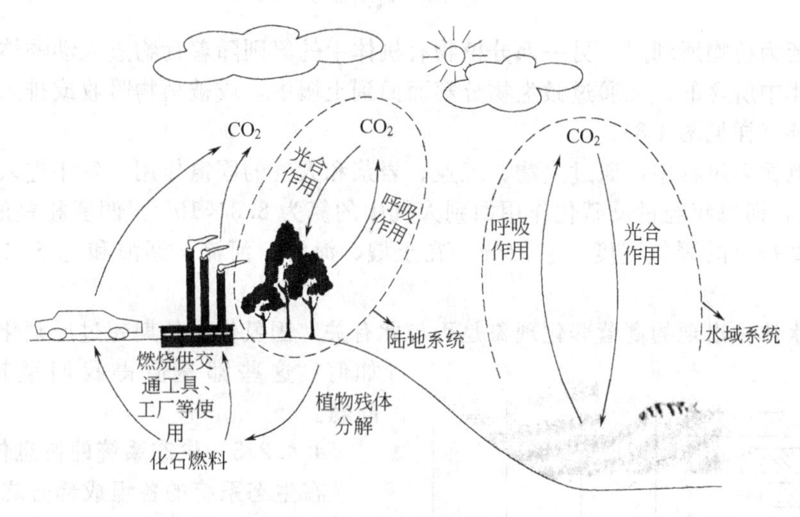


图 4-7　碳循环

上述碳循环的 3 种形式是同时进行的。在生态系统中，碳循环的速度很快，最快的只有几分钟，或者几小时，一般在几个星期或几个月内即可完成一个循环周期。

（2）氮循环　氮是形成蛋白质、氨基酸和核酸的主要成分，是生命的重要元素之一。在大气中，氮占 79%，但是，绝大部分不能直接被大多数生物所利用。大气中的氮进入生物有机体主要有 4 条途径：①生物固氮（豆科植物、细菌、藻类等）；②工业固氮（合成氨）；③岩浆固氮（火山爆发）；④大气固氮（闪电、宇宙射线的电离）。第①条途径能使大气中的氮直接进入生物有机体内，除此之外，其他途径要通过氮肥形式或随雨水形式间接地进入生物有机体。

进入植物体内的氮化合物与复杂的碳化物结合形成氨基酸，随后形成蛋白质和核酸。这些物质和其他化合物共同组成植物有机体。植物死亡后，一部分氮直接回到土壤中，通过微

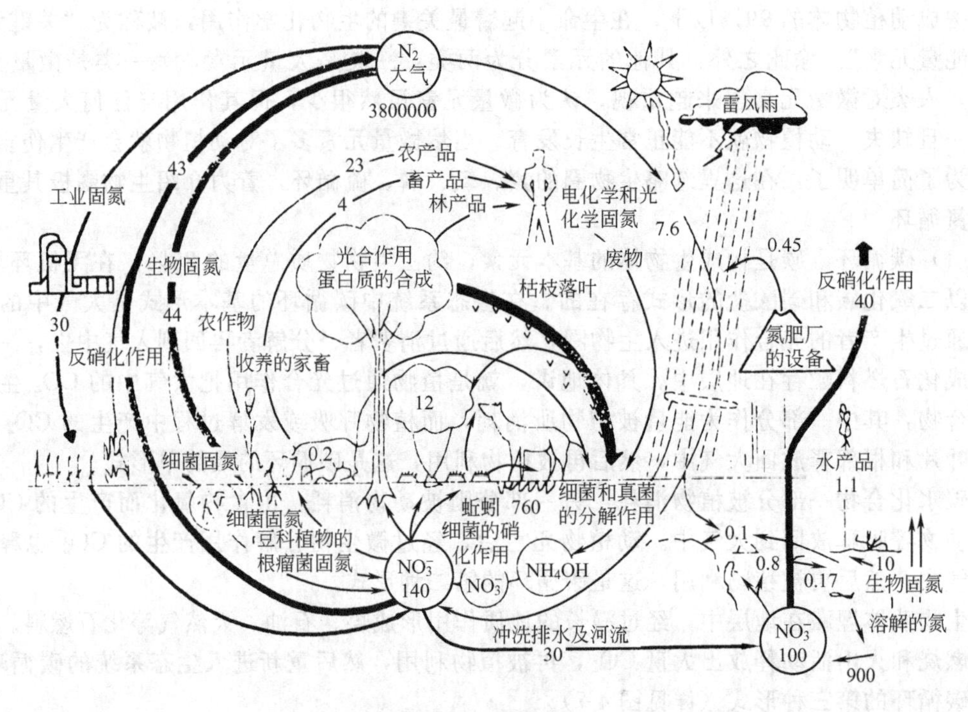


图 4-8 氮循环

生物分解重新为植物所利用。另一部分植物有机体中的氮则随着食物进入动物体内。动物死亡后，其尸体中所含的氮又通过微生物分解而回到土壤中，或被植物吸收或排入大气中，从而完成氮循环（详见图 4-8）。

在整个氮循环过程中，通过生物、工业、岩浆和大气的固氮作用，每年进入生物圈的氮为 $9.2\times10^7$t，而每年经过反硝化作用回到大气中的氮为 $8.3\times10^7$t，两者相差的 $9.0\times10^6$t 代表着生物圈每年的固氮速度，它们分布在土壤、海洋、河流、湖泊和地下水中（详见图 4-9）。

目前，水体中出现的富营养化现象是否与此有关？固氮作用长期超过反硝化作用其后果如何？这些都是值得我们重视和研究的问题。

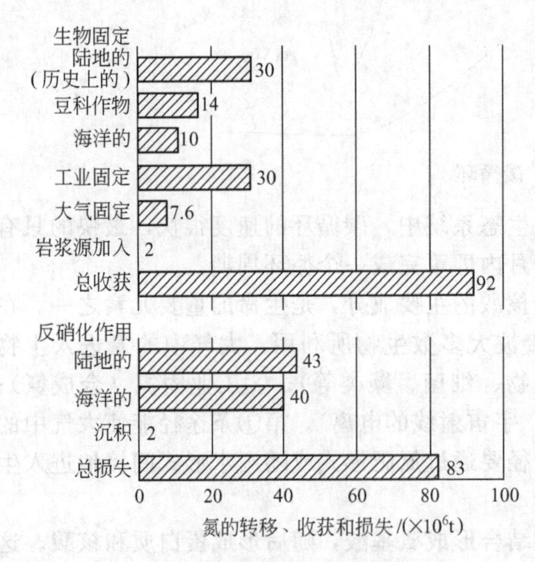


图 4-9 氮循环的平衡图表

#### 4.4.2.3 生态系统的信息传递

在生态系统的各组成部分之间及各组成部分的内部，存在着各种形式的信息，以此把生态系统联系成为一个统一的整体。生态系统中的信息形式，主要有营养信息、化学信息、物理信息和行为信息等。这些信息最终都是通过基因和酸的作用，并以激素和神经系统为媒介体现出来的，其对生态系统的调节具有重要作用。

（1）物理信息　鸟鸣、兽吼、颜色、光等构成了生态系统的物理信息。鸟鸣、兽吼可以传达惊慌、安全、恫吓、警告、厌恶、有无食物和要求配偶等各种信息。昆虫可以根据光的颜色判断花蜜的有无（如蜜蜂）；鱼类在水中长期适应于把光作为食物提供的信息。

（2）化学信息　生物在某些特定条件下，或某个生长发育阶段，分解出某些特殊的化学物质。这些分泌物不是对生物提供营养，而是在生物的个体或种群之间起着某种信息的传递作用，即构成了化学信息。如蚂蚁可以通过自己的分泌物留下化学痕迹，以便后面的蚂蚁跟随；猫、狗可以通过排尿标记自己的行踪及活动区域。化学信息对集群活动的整体性和集群整体性的维持具有很重要的作用。

（3）行为信息　无论是同一种群还是不同种群，相互之间都存在行为信息的表现。不同的行为动作传递着不同的信息，如同一物种之间，常常以互相触摸、飞行姿态、舞蹈动作传递求偶、表达等信息（如蜜蜂）。

（4）营养信息　通过食物与营养交换的形式，把信息从一个种群传递给另一个种群，或从一个个体传递到另一个个体，即为营养信息。食物链（网）就是一个营养信息系统。以草本植物、鹌鹑、鼠和猫头鹰组成的食物链为例，当鹌鹑数量较多时，猫头鹰大量捕食鹌鹑，鼠类很少被害；当鹌鹑较少时，猫头鹰则转而大量捕食鼠类。这样，通过猫头鹰对鼠类捕食的多少，向鼠类传递了鹌鹑多少的信息（详见图 4-10）。

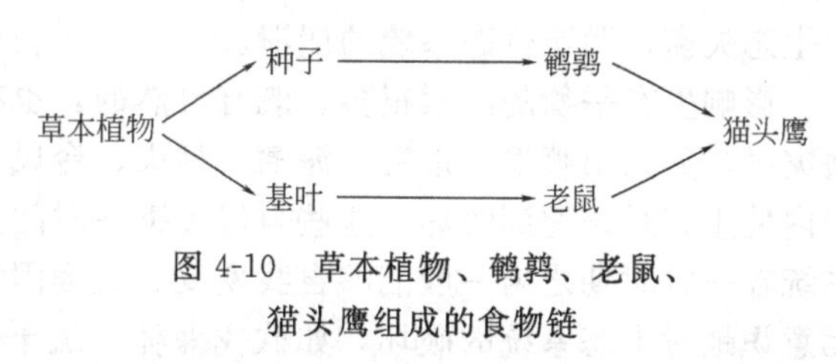


图 4-10　草本植物、鹌鹑、老鼠、猫头鹰组成的食物链

## 4.5　生态系统的动态平衡

### 4.5.1　生态系统的演替

生态系统是一个动态系统，其结构与功能随着时间的推移而不断地变化，生态学把这种变化称之为生态演替。一部生物发展史，就是全球生态系统不断演替、发展的历史。

导致生态系统演替的主要原因是生态系统内部的自我协调和外在环境因素的相互作用。其演替过程所涉及的机体变化、所需要的时间以及达到的稳定程度，均取决于生态系统内的结构、功能以及地理位置、气候气象、水文地质、天文等外在环境因素。一般来说，环境因素的变化只能改变演替的模式和速度，而当外界干扰特别强大时，生态系统的演替便会被抑制或终止。

当生态系统中能量和物质的输入量大于输出量时，生态系统的总生物量增加，反之减少。在自然条件下，生态系统的演替总是自动地向着生物种类多样化、结构复杂化、功能完善化的方向发展，最终导致顶极生态系统的形成，使生态系统中群落的数量、种群间的相互关系、生物量达到相对平衡，从而增强系统的自我调节、自我维持和自我发展的能力，提高系统的稳定性以及抵御外界干扰的能力。因此，只要有足够的时间和相对稳定的环境条件，生态系统的演替迟早会进入成熟稳定阶段。那时，它的生物种类最多，种群比例最适宜，总生物量最大，生态系统的内稳性最强。

生态系统的演替规律告诫人们：①生态系统的演替是有方向、有次序的发展过程，它是可以预测的；②演替是生态系统内外因素共同作用的结果，因而是可以控制的；③演替的自然趋势是增加系统的稳定性，因此，要充分认识和尊重生态系统的自我调节能力；④在寻求生态系统的稳定性时，应考虑到系统的内在调节机能，而不必苛求系统的复杂性。

### 4.5.2　生态系统的平衡

在生态系统中能量流动和物质循环总是不断地进行着。在一定时期和一定范围内，生产者、消费者和分解者之间保持着一种动态平衡，也就是系统的能量流动和物质循环在较长时期内保持稳定状态，这种稳定状态就叫做生态平衡。在自然生态系统中，生态平衡还表现在其结构和功能方面，包括生物种类的组成、各个种群的数量比例以及能量和物质的输入、输出等都处于相对稳定的状态。这种相对稳定的状态是靠一系列的反馈机制维持的。在能量流动与物质循环的过程中，如果发生了任何变化，其结果最终又反过来影响这一变化本身，使原有的生态平衡得以维持。而且，一个生态系统结构愈复杂，物种愈多，由各种生物构成的食物链和食物网也愈复杂多样，能量与物质的流动与循环就可以通过多渠道进行，某些渠道之间可以起代偿作用。一旦有某个渠道受阻时，其他渠道便能替代其功能，起到自动调节的作用。但是，生态系统的自动调节能力和代偿功能是有一定限度的，超过这个限度，就会引起生态失衡，乃至生态系统的崩溃。

影响生态平衡的因素很多。既有自然的，也有人为的。自然因素包括突发的和慢性的自然灾害，如火山喷发、地震、海啸、林火、台风、泥石流、水涝和旱灾等。这些灾害常在短期内使生态系统遭到毁坏。这些自然灾害在时间上和空间上均有其局限性，受其毁坏的生态系统在一定时期之内一般能够自我恢复。人为因素包括人类有意识地“改造自然”的行为与无意识地对生态系统的破坏，如砍伐森林、疏干沼泽、围湖造田、填海造地、取直海岸线、向江河湖海排放污染物等。这些行为造成了环境因素的变化，如改变了当地的地形地貌、植物种和水文等环境要素；有些造成物种成分的改变，如引进或消灭某些生物种群；有些则造成信息系统的紊乱或破坏，如某些污染物与一些生物发出的求偶、觅食或归巢等信息相似；有些污染物则会毒害许多生物，致它们于死地。这些人为因素都能破坏生态系统的结构与功能，引起生态失衡，造成生态危机，进而直接或间接地危害人类本身。

过去人类破坏生态平衡往往是出于无知，不了解生态系统的复杂机理而贸然采取行动，现在则不应该如此。有不少有识之士提出了许多正确的生态平衡规律，并上升到定律的理论高度。例如我国生态学家马世骏先生曾提出生态学五规律：即相互制约和相互依赖的互生规律；相互补偿和相互协调的共生规律；物质循环转化的再生规律；相互适应与选择的协同进化规律；物质输入与输出的平衡规律。美国科学家米勒（G. Miller）与哈定（G. Hardin）经过总结，提炼出生态学三定律：第一定律，我们的任何行动都不是孤立的，对自然界的任何侵犯都具有无数的效应，其中许多是不可预料的，即多效应原理；第二定律，每一事物无不与其他事物相互联系和相互交融，即相互联系原理；第三定律，我们所生产的任何物质均不应该对地球上自然的生物地球化学循环有任何干扰，即勿干扰原理。假如我们能够自觉地遵守这些规律与原理，则生态平衡就能更好地维持下去。

## 4.6 人类对生物圈的影响

在46亿年的地球史中，人类的出现只是近200万～300万年的事，而地球的生命史大约有30亿年。在一万年以前进入农业社会以来，人类才初步具有与大自然抗衡的力量。几百年前人类进入了工业社会，尤其是近几十年科学技术的迅猛发展，破坏了人类与大自然的和谐与平衡：

① 森林面积日益缩小。

② 牧场日益退化。

③ 野生动物被捕杀。

④ 农药的使用导致昆虫多样性减少。

⑤ 意外的繁衍使某些物种成为灾害。

⑥ 物种加速灭绝。

⑦ 物种失衡威胁人类健康。

## 4.7 联合国人与生物圈计划

联合国人与生物圈计划（简称 MAB）是联合国教科文组织科学部门于 1971 年发起的一项政府间跨学科的、长期的大型综合性研究计划。

### 4.7.1 组织机构与任务

MAB 的正常管理机构是由挪威、奥地利、印度、墨西哥、爱尔兰、葡萄牙、中国等 30 个理事国组成的“人与生物圈国际协调理事会”，它是 MAB 的最高权力机构。其重要职责是指导和监督 MAB 计划的实施，协调与其他国际科学计划的关系。理事会每年组织召开一次大会。理事会闭会期间，由主席 1 人、副主席 4 人、报告员 1 人组成执行局，下设秘书处，主管协调双边或多边的国际合作，促进全球生物圈保护区网的建设，组织研究成果和情报资料的交流，举办各种学术讨论会和训练班等。

自 MAB 成立以来，受到世界各国的高度重视，到 2009 年为止，已有 115 个国家参加了该计划组织。从 1992 年联合国环境与发展大会召开以来，MAB 结合《生物多样性公约》等重要的国际性公约开展活动，明确提出要通过生物圈保护区网络来研究和保护生物多样性，促进全球自然资源的可持续利用。

MAB 的主要出版物有：《人与生物圈研究》、《人与生物圈研究计划报告集》和一些不定期的论文集等。

### 4.7.2 生物圈保护区网络的特点

生物圈保护区是按照地球上不同生物地理省建立的全球性的自然保护网。世界人与生物圈委员会把全球分成 193 个生物地理省（分布在我国范围内的有 14 个），在这些生物地理省中，选出各种类型的生态系统作为生物圈保护区。它不仅要具有网络的特征，还要把自然保护区与科学研究、环境监测、人才培训、示范作用和当地人民的参与结合起来，其目的是通过保护各种类型的生态系统来保存生物遗传的多样性。

生物圈保护区具有 3 个主要特点：①它要是受保护的典型环境地区，其保护价值须被国内、国际承认，它可以提供科学知识、技能及人类维持它持续发展的价值；②各保护区组成一个全球性网络，共享生态系统保护和管理的研究成果；③保护区既包括一些受到严格保护的“核心区”，也包括其外围可供科学研究、环境教育、人才培训等的“缓冲区”，以及最外层面积较大的“过渡区”或“开放区”。开放区可供研究者、经营者和当地人之间密切合作，以确保此区域自然资源的合理开发。

截至 2009 年，生物圈保护区已发展到 200 多个，形成了一个全球性的生物圈保护区网。

### 4.7.3 人与生物圈计划的目的

联合国教科文组织在国际社会的积极配合下，开展人与生物圈研究计划，生物圈保护区是该项计划研究的核心部分，具有保护、可持续发展、提供科研教学、培训、监测基地等多种功能。其宗旨是通过自然科学和社会科学的结合，基础理论和应用技术的结合，科学技术人员、生产管理人员、政治决策者和广大人民的结合，对生物圈不同区域的结构和功能进行系统研究，并预测人类活动引起的生物圈及其资源的变化，以及这种变化对人类本身的影响。为合理利用和保护生物圈的资源、保存遗传基因的多样性、改善人类同环境的关系提供科学依据和理论基础，以寻找有效地解决人口、资源、环境等问题的途径。

该项计划要通过全球范围的合作，达到如下目的：

① 用生态学的方法系统研究人与环境之间的关系；

② 通过多学科合作进行综合性的研究，为有关资源和生态系统的保护及其合理利用提供科学依据；

③ 通过长期对生态系统的观测、环境质量的监测，研究人类对生物圈的影响；

④ 适时提供对生物圈自然资源的有效管理，开展人员培训和国际间的信息交流。

### 4.7.4 人与生物圈计划的研究项目

MAB 涉及社会学、生态学、环境管理学、经济地理学以及与环境科学相关的交互性研究学科，机构共设置了如下 14 个项目。

① 日益增长的人类活动对热带、亚热带森林生态系统的影响；

② 不同的土地利用和管理实践对温带和地中海森林景观的生态影响；

③ 人类活动和土地利用实践对放牧场、热带稀树草原和草地（从温带到干旱地区）的影响；

④ 人类活动对干旱和半干旱地带生态系统动态的影响，特别注意灌溉的效果；

⑤ 人类活动对湖泊、沼泽、河流、三角洲、河口、海湾和海岸地带的价值和资源的生态影响；

⑥ 人类活动对山地和冻原生态系统的影响；

⑦ 岛屿生态系统的生态救助与科学管理及其合理利用；

⑧ 自然环境区域及其所包含的遗传基因保护；

⑨ 病虫害管理和肥料使用对陆生和水生生态系统的环境影响评价；

⑩ 主要工程建设对人及其生态环境的影响；

⑪ 以能源利用为重点的城市系统的生态环境问题；

⑫ 生态环境变化和人口数量的适应性、人口学和遗传结构之间的相互作用；

⑬ 环境质量的认识与环境影响评价；

⑭ 环境污染及其对生物圈的影响。

目前，北美、南亚等许多国家已经成立了人与生物圈国家委员会。现在“人与生物圈计划”相关的研究课题已经有 1000 多个，有 10000 多名科学家参与研究工作。

### 4.7.5 中国在 MAB 中的作用与影响

中国 MAB 国家委员会于 1978 年经国务院批准成立，由各有关政府部门官员、科技界、新闻界和学术团体的代表组成。中国科学院院士许智宏教授现任 MAB 国家委员会主席，秘书处设在中国科学院生物局，中国科学院韩念勇研究员为中国 MAB 国家委员会秘书长，负责 MAB 的日常工作。

目前，我国有 10 项研究课题被纳入人与生物圈计划，1980 年以后，有 26 个自然保护区相继加入世界生物圈保护区网，它们分布在不同的省份。其中包括鼎湖山、武夷山、神农架、锡林郭勒、博格达峰等。

## 习 题

1. 了解生物圈的概念及其发育过程吗？
2. 了解生态系统的形成与演变过程吗？
3. 了解生态系统的结构吗？
4. 了解生态系统的功能吗？

5. 为什么说生态学上存在着 10%定律？它隐含着何种意义？
6. 为什么说无人类干扰之下，生态系统始终趋向于完美、和谐呢？
7. 水体富营养化现象是否与固氮作用超过反硝化作用有关呢？
8. 如何定义生态系统平衡？
9. 有哪些因素能够破坏生态平衡？
10. 了解遗传多样性、物种多样性和生物多样性的概念吗？
11. 食物网与食物链是怎样一种关系呢？
12. 中国在 MAB 中产生了哪些重要作用和影响？
13. 保护自然界的生物多样性对人类都有哪些重大意义？
14. 如何定义生物圈保护区网？它都有哪些主要特点？
15. 了解 MAB 的主要目的与任务吗？

# 第5章 人类与土壤圈

土壤是陆地上能生长植物的固相物质、粒间物质和生物聚合体相互混合构成的物质。早期土壤经过地质年代由岩石演化而成，具有丰富的无机与有机营养元素，是支撑陆地生物生长繁育的基质，离开土壤，多数陆地生物无法生存，农作物难以获得收成。另一方面，土壤又是生命活动的产物，没有生物就没有土壤，有些土壤还带有人类几千年来劳动的结晶。人类生存与土壤圈息息相关。

## 5.1 土壤圈的概念

土壤圈最先是由瑞典学者马特松（S. Matson，1938）提出来的。土壤圈是覆盖于地球陆地表面和浅水域底部的土壤所构成的一种连续体或覆盖层，犹如地球表面覆盖了一层具有生物特性的地膜，通过它与其他圈层进行物质与能量交换，它们之间的关系详见图 5-1。土壤圈又是岩石圈最外面一层疏松的部分，其上面或里面有生物栖息。土壤圈的平均厚度为 5m，面积约为 $1.330\times10^{8}km^{2}$，相当于陆地总面积减去两极冰盖与高山冰川和地面水所占有的面积。在地球表面随处可见的几乎都是土壤，即使在岩石出露和流沙被覆的地方，也可能有原始土壤和风沙土的发育。可见，土壤圈是与人类生存最为密切的一种环境要素。

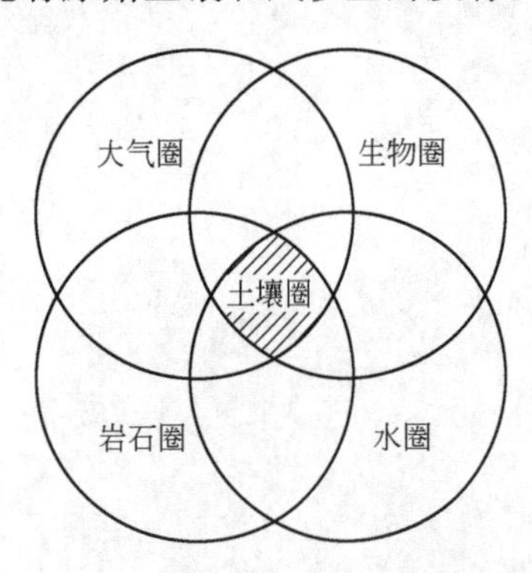

图 5-1 土壤圈与其他圈层的关系

土壤和土地是两个既有联系又有区别的概念。土地是具有一定面积，并且边界大体上可以确定的地理单位，是一个或大或小的地域。1972 年在荷兰瓦格宁根（Wageningen）召开关于土地评价的专项会议上，对土地下了科学的定义，并被联合国粮农组织（FAO）所接受，FAO 在 1976 年出版的《土地评价纲要》一书引述了该定义：土地是地球表面的区域，其特性包含上下与该区域垂直的生物圈的所有相当稳定或周期循环的属性，包括大气、土壤、下面的地质、水文和动植物群的属性以及过去和现在人类活动的结果，这些属性对人类现在和将来的土地利用具有明显的影响。可见，土壤是土地的组成部分，但不是土地的全部。例如，人们可以用工具或机械把土壤全部清除，但是土地却依然存在。

自古以来，人类就认识到土地是一切自然资源中最基本的资源。农学、林学、经济学、工程科学和地理科学等都从各自的角度对土地进行研究。农学家和林学家把土地当作农业和林业生产的基地，经济学家把土地看作是最基本的生产资料，建筑师把它看作是地基，地理学家则把它看作是包括数种自然要素构成的地理综合体。

## 5.2 世界土地资源

所谓资源，是针对人类对物质利用的可能性而言的，现在有用或潜在有用的物质才被看作是资源。因此，土地资源是指在一定时期内、一定经济技术条件下能够被人类利用的土地。它的范畴随着历史进程、社会经济、科学技术等条件的变化而变化。例如，某处的沙漠在一定的历史时期和社会经济条件下不具有资源价值。但是，如果该处发现了有经济价值的矿产（如石油、天然气等），则必须把它列入土地资源和矿产资源的管理范畴之内。当然，土地作为一种资源，首先与农牧业有关。同时不可忽略地要考虑到当代土地与城市化的关系，以及与土地密切相关的一些环境问题。

土地有两个主要属性：面积和质量。以下从全球的角度来考察土地的这两大属性。

### 5.2.1　世界土地资源总量

首先，考虑土地面积。对于人类而言，仅从土壤圈的面积来看，似乎是一个颇为巨大的数字。在1900年全球人口为15亿时，人均占有的陆地面积为10.00$hm^2$（合150亩）；在1987年全球人口达到50亿时，人均占有陆地面积为3.00$hm^2$（合45亩）；到了2010年全球人口达到68亿时，人均占有陆地面积为2.20$hm^2$（合33亩）。

但是，如果考虑到土地的质量属性，这一数字必须打一个大大的折扣。所谓土地的质量，如果从农业利用的角度来看，它包括土地的地理分布、土层厚薄、肥力高低、水源远近、潜水埋深和地势高低、坡度大小等，这些性质对农业生产极为重要。如果将土地用于盖厂房、建楼房、修路架桥等，则需要考虑地基的稳定性、承压性和经受地质灾害（如火山喷发、地震等）、地貌灾害（如泥石流、滑坡等）、气象灾害（如暴雨、洪水等）等威胁的程度。在土地质量诸要素中，还有一个很重要的因素就是土地的通达性（Accessibility），它取决于土地的地理分布，即离居住点的远近以及道路、交通等因素，这些因素将影响劳动力与机械装备通往该土地，居住点距离该土地越远，人类所消耗的时间和能量就越多。

如果考虑到土地质量的上述因素，则陆地面积中大约有20%处于极地和各大陆的高寒地带，另有20%属于干旱区，20%为山地的陡坡，还有10%是岩石裸露，缺乏土壤和植被的土地。以上4项，共占陆地面积的70%。这些土地在利用上存在着不同的限制性因素，地理学家和生态学家称之为“限制性环境”。余下的30%限制性较小，适宜于人类居住，称之为“适居地”，意为可居住的土地，包括可耕地和住宅、工矿、交通、文教与军事用地等。按照上述人均2.20$hm^2$的30%计算，人均占有量为0.66$hm^2$（约合10.6亩）。在全部适居地中，可耕地约占60%～70%，约合人均0.40～0.46$hm^2$。

据FAO和美国农业部21世纪初提供的数据，全球可耕地面积为420000×$10^4hm^2$。其中的154000×$10^4hm^2$已经被开垦，这部分是通达性最好、最肥沃、最容易开垦的土地。余下部分虽然有开垦潜力，但是，由于土壤肥力、水源距离、土地通达性等质量因素的限制，人们必须利用方便的运输工具，采取多施肥、勤灌溉等农业技术措施，否则，难以获得土地生产力。因此，开垦成本显著增大。

所谓土地生产力或土地生产潜力，在农牧业上是指在某一个地区土地能生产人们可以利用的能量和蛋白质的能力。对可耕地上的粮食作物而言，土地生产力是指可耕地单位面积生产粮食的能力或数量。因为土地生产力受限于地理位置、气候气象、土质养分、光照时间等自然因素，所以全球可耕地的生产力（或潜力）差异很大。我们按照美国农业部的土壤分类方法对世界可耕地的生产力作了估算，详见表5-1。从表中可以看出，肥力较高的松软土壤仅占可耕地面积的16.4%，而肥力低的热带高度风化的氧化土壤却占可耕地面积的35.6%，除了泛滥平原的冲积土以外，其余的肥力低至中的土壤为43.4%。因此，就农业生产力而言，世界可耕地的质量总体上来看是不高的。

### 5.2.2　世界土地资源消长

人类对土地资源的需求是随着人口的持续增长而不断增加的，这种需求一方面表现为耕地面积的扩大，另一方面表现为非农业用地需求量的增加。

表 5-1 全球可耕地的生产潜力

| 土壤类型 | 主要性状 | 土地生产力 | 面积/($\times 10^8 hm^2$) | 所占比率/% |
|---|---|---|---|---|
| 氧化土 | 热带高度风化与淋溶的氧化土壤 | 低 | 14.95 | 35.6 |
| 软土 | 中纬度草原富含养分的暗色土壤 | 高 | 6.90 | 16.4 |
| 旱成土 | 荒漠与干旱区富含养分的浅色土壤 | 有水时中至高 | 6.35 | 15.1 |
| 淋溶土与灰土 | 中纬度与高纬度森林地带风化的土壤 | 低至中 | 4.60 | 10.96 |
| 始成土 | 主要为泛滥平原的冲积土 | 中至高 | 4.60 | 10.96 |
| 其他 | 难以描述的不确定性土壤 | — | 4.60 | 10.96 |
| 合计 | | | 42.00 | 100 |

#### 5.2.2.1 扩大耕地

据美国环境质量委员会的报告显示，从20世纪下半叶开始，全球耕地面积就在不断扩大，约每年增加$1000\times 10^4 hm^2$，即从20世纪50年代初的$127000\times 10^4 hm^2$增加到60年代初的$138000\times 10^4 hm^2$、70年代初的$148000\times 10^4 hm^2$和80年代初的$151000\times 10^4 hm^2$。但是，到了20世纪80年代以后，由于种种原因，增加的速度开始减慢，到2000年为止，全球耕地面积约为$154000\times 10^4 hm^2$。这些数据与世界资源研究所提供的数据大致相符。20世纪80年代中期全球耕地面积为$147500\times 10^4 hm^2$，比20世纪60年代中期增加了9.1%。与此同时，森林、林地面积和永久牧场面积有所减少。

尽管全球耕地总面积在不断扩大，但是由于人口的急剧增长，人均占有耕地面积却在逐年减少。20世纪下半叶全球各地区及其主要国家人均耕地面积呈下降趋势，全球人均耕地面积在50多年间约减少了48.3%，其中发展中国家减少率最大，约平均减少58%。期间经济发达国家耕地减少率相对较小。由此可见，人均耕地面积减少的趋势与各国人口增长与经济发展状况密切相关。

#### 5.2.2.2 城市化与土地资源

城市化或称都市化（Urbanization）是以人口数量来定义的，它是指居住在大城市中心及其卫星城和邻近地区人口比例的增加。20世纪初，全球城市人口的比例很低，约占全球总人口数量的10%，1925年达到28%，1985年增长到41%，其中西方发达国家城市化水平最高，达到了71.5%。值得关注的是，作为发展中地区的拉丁美洲，其城市人口竟然达到了68.9%，相反地，亚洲和非洲的城市化水平最低，城市人口分别占28.1%和29.7%。2000年时，全球人口有47%住在了城市，发达国家的城市人口已经达到75%，多数发展中国家有50%多的人口住进了城市，仅有非洲和南亚一些国家的城市人口仍旧在50%以下。2010年时，全球人口有50%居住在城市里，城市人口数量达到34亿。预计以后全球城市化进程还会继续加速，到2030年，全球城市人口将接近50亿，约占全球总人口数量的60%。

全球进入21世纪之后，城市化趋势呈现出如下特点。

① 发展中国家加快城市化速度，发达国家减慢城市化速度，经济最不发达国家的城市化速度最快。到2020年，发展中国家的城市人口比例将达到50%。最不发达国家的城市人口将从19亿增加到2030年的39亿，这对许多不发达国家的发展是一个巨大的挑战。

② 全球人口更多地向大城市和特大城市集中。目前，全球1000万人口以上的特大城市有19个，预计到2015年将增加到23个，其中超过2000万人口的大城市将有5个。新增加的特大城市都来自于发展中国家。除了日本东京继续以2600万人口位居全球榜首外，发展中国家的特大城市名次将普遍上升，如中国的北京、上海、广州。

③ 贫困地区的农村人口正以日益增长的速度移向城市，在发展中国家的许多大城市中形成了大片的贫民区和非法住宅区。例如，加尔各答（Kolkata）、墨西哥城（Mexico

City)、里约热内卢（Rio de Janeiro)、雅加达（Jakarta)、马尼拉（Manila)、波哥大（Bogota)、卡萨布兰卡（Casablanca）和伊斯坦布尔（İstanbul）等城市都有100万～200万以上的人口居住在贫民区和非法住宅区。

④ 全球城市化发展程度存在较大差距。发达国家的人口城市化率已达到80%，今后其增长率相当缓慢，预计到2020年人口城市化率仅上升到84%，城市人口达到5.5亿。但是，发达国家大部分人口居住在中小城市，其中约一半的人口居住在5万～10万人的小城镇，重点由城市化转向城镇化。

⑤ 目前，发达国家面临的城市化问题主要是人口老龄化、种族歧视和移民冲突等。亚洲和太平洋地区的人口城市化率将由2010年的35%上升到2020年的46%，届时城市人口将达到20亿，其中孟买（Mumbai)、达卡（Dhaka)、卡拉奇（Kalach）的人口都将超过2000万。许多亚洲国家将面临着城市贫困人口急剧增加所带来的贫富差距悬殊、就业问题、社会犯罪问题等严峻挑战。非洲人口城市化增长速度最快，预计到2020年非洲城市化增长率将达到46%，即城市人口4.4亿。尼日利亚的拉各斯（Lagos）将以2300万人口成为全球第三大城市。拉各斯在农村人口向城市迁移的过程中，未能形成实业经济，因而会带来人口就业、生育、住房、就学等一系列棘手的社会问题。

除上述论及的以外，人类加速城市化造成了城市周围土地资源与社会经济的双面影响。一方面，是大量的农田被占用，建成城市区和水泥覆盖的地面、沥青覆盖的路面。另一方面，城市化又强化了其周围地区农田的集约化经营，使之由半自给自足农业转化为商品化农业。城市化带动周边经济大发展，同时也带动了交通运输量的增加，从而促使与城市沟通的道路网面积大量增加，其中包括道路网本身和停车场用地。在西方一些发达国家中，交通用地的数量相当可观。

## 5.3　中国土地资源

我国进入21世纪以来，随着经济的发展和人口数量的增加，土地资源愈来愈匮乏，供需矛盾日趋紧张。从总量上看，我国土地资源很多，但人均却很少。

### 5.3.1　中国土地资源状况

#### 5.3.1.1　总量巨大，人均很少

我国土地资源总量为96000×$10^4$hm$^2$（合144亿亩)，其中耕地不足13333×$10^4$hm$^2$（合20亿亩)，林地12467×$10^4$hm$^2$（合18.7亿亩)；草地28667×$10^4$hm$^2$（合43亿亩)；城乡、工矿、交通用地8000×$10^4$hm$^2$（合12亿亩)；内陆浅水水域为2867×$10^4$hm$^2$（合4.3亿亩)；宜农宜林荒地约12867×$10^4$hm$^2$（合19.3亿亩)，余下尚难以开垦的土地约为17800×$10^4$hm$^2$（合26.7亿亩)，它们分别约占土地资源总量的13.9%、13.0%、29.9%、8.3%、3.0%、13.4%和18.5%。

我国耕地面积居全球第4位，林地居第8位，草地居第2位，但人均占有量很低。全球人均耕地0.370hm$^2$，我国人均仅有0.088hm$^2$；全球人均草地为0.760hm$^2$，我国人均仅有0.350hm$^2$。发达国家1hm$^2$耕地负担1.8人，发展中国家1hm$^2$耕地负担4人，而我国需要负担8人，其耕地压力之大可见一斑。尽管我国已解决了全球近1/5人口的温饱问题，但是，应该注意到，因为我国的粮食产量完全依靠多施用化肥，多喷洒农药，多灌溉农田，所以农业收获成本很高，并且还带来了许多生态环境影响问题。另外，随着我国城市化进程的加快，非农业用地逐年增加，人均耕地逐年减少，土地

相对于人口的压力愈演愈烈。

#### 5.3.1.2 土地质量差异显著

我国地跨亚热带、暖温带、温带和寒温带，其中亚热带、暖温带、温带的土地合计约占土地资源总量的71.7%。如果从东向西分析，湿润地区、半湿润地区、半干旱地区、干旱地区分别占土地资源总量的32.2%、17.8%、19.2%、30.8%，西部地区土地虽多，但是，有相当一部分是很难利用的，如沙漠、戈壁、裸岩等，它们分别占土地资源总量的7.9%、5.9%、4.8%。此外，还有一部分质量较差的耕地，如涝洼地、盐碱地、红壤低产地、次生潜育性水稻土，它们分别占耕地总量的4.0%、6.7%、12%、6.7%，合计约 $3600\times10^4hm^2$（合5.4亿亩）。从草地资源看，我国有86%以上的草地分布在西北部的干旱地区，年降雨量在250mm以下的荒漠、半荒漠草地有 $6000\times10^4hm^2$（合9亿亩）；分布在青藏高原的高寒草地约有 $13333\times10^4hm^2$（合20亿亩），草质差、产草量低，大约需要4.5～6.5$hm^2$ 草地才能养活1只羊，利用价值极低。

全国50%以上的林地集中分布于东北和西南地区，耕地的90%以上集中分布在东南部地区。耕地中的高产田达 $2867\times10^4hm^2$（合4.3亿亩）；中产田达 $6466\times10^4hm^2$（合9.7亿亩）；低产田达 $4000\times10^4hm^2$（合6.0亿亩）。它们分别占耕地总量的21.5%、48.5%和30%。而80%的中低产田分布在西北地区和黄土高原。另外，还有近亿亩25°以上坡耕地需要退耕还林。总体上看，由于我国土地资源分布极不均衡和基本耕地质量不高，从而决定了我国不同地区的土地承载力相差很大和土地利用上的显著差异。

#### 5.3.1.3 土地资源类型多样

我国地域辽阔，地貌、地形、气候等自然条件十分复杂，形成山地、高原、丘陵、盆地、平原等复杂多样的土地资源类型。从海拔500m以下的东部广大平原、丘陵，到西部海拔1000m以上的高原和盆地，地形地貌多种多样。我国山地、丘陵、高原、盆地、平原分别占土地资源总量的33%、10%、26%、19%和12%。从广义上讲，我国山区面积约占土地总面积的2/3，平原面积仅占1/3；全国约有1/3的农业人口和耕地在山区，要提高土地利用效率具有较大的困难。

#### 5.3.1.4 难以利用的土地面积多

我国农业开发历史悠久，土地开发程度较高，可利用的土地大多已经耕种，可利用尚未利用的土地数量十分有限，而且大多数是质量差、开发难度大的。据有关方面统计，目前，我国还有土地后备资源约 $1333\times10^4hm^2$（合2亿亩），但是，其中可供开垦种植农作物或牧草的宜农宜牧荒地仅为 $833\times10^4hm^2$（合1.25亿亩），人均只有0.0064$hm^2$。它们大多数分布在边远山区，土地贫瘠，开发利用难度很大。近几年，我国荒地也随着耕地的骤减而减少。

### 5.3.2 中国土地资源消长

#### 5.3.2.1 耕地面积连年减少

近年来，我国耕地面积持续减少。中国监察部、国土资源部2007年12月10日联合举行土地违法违规典型案件查处情况新闻发布会，会上强调严厉打击和惩治土地违法违规行为，死守住18亿亩（$12000\times10^4hm^2$）耕地的红线。

为保住这条“红线”，1996年，国家提出要对耕地实行最严格的保护政策，以服从国民粮食安全的战略需要。同时，提出了占一亩耕地补一亩耕地的“占补平衡”原则。然而，从1997年至2003年的7年间，我国耕地从19.5亿亩（$13000\times10^4hm^2$）缩减为18.5亿亩（$12333\times10^4hm^2$），平均每年减少1429万亩（$95\times10^4hm^2$）。然而，跨入了2010年的那一时刻，耕地已经减少到 18.2 亿亩（$12133\times10^4hm^2$）。我国人均耕地面积由 1997 年的 1.59 亩（$0.106hm^2$）骤然下降为 2003 年的 1.39 亩（$0.093hm^2$），又从 2003 年的 1.39 亩下降到 2010 年的 1.32 亩（$0.088hm^2$）。据国土资源部预测，到 2030 年我国人口将达到 16 亿，而耕地因城建开发占用、生态退耕还林、暴雨洪水冲刷等因素，将继续减少至 18 亿亩，届时人均耕地将为 1.13 亩（$0.075hm^2$）。我国土地每年减少千万亩，人口每年增加千万口，这一减一增，粮食前景十分黯淡，耕地形势依然严峻。

#### 5.3.2.2　非农业用地迅速扩张

20 世纪 70 年代末，各省市热衷于城市升格，乡改镇，县改市和小城市向中等城市、中等城市向大城市、大城市向国际化大都市发展，从 1979～2009 年我国的城市由原来不足 200 座增加到 675 座，净增 475 座，为扩建城市，掠夺耕地。因城建用地扩张速度过快，耕地大量流失。

## 5.4　人类对土壤圈的影响

尽管人类面临着土地匮缺的迫切问题，但是，人类在其社会、经济、政治和军事活动中仍然有意无意地危及与人类衣食住行密切相关的土壤圈，造成土地退化。

土地退化是指土地资源质量的降低，而土地资源的质量通常是以其生物生产力来衡量的，因此，土地退化也就是指土地生物生产力的降低。土地退化的表现是农田产量的下降或作物品质的降低、牧场产草量的下降和优质草种的减少从而导致载畜量的下降，而在一般的林地、草原或自然保护区则是生物多样性的减少。

土地退化并非现代才有，远古时代因过度的农牧业活动也曾有过大面积的土地退化，但是当时人口稀少，并不会给自身生存带来较大影响。然而，当今全球土地退化的速度比我们想像的要快得多。据联合国 FAO 估计，从土地退化最严重的情况考虑，每年全球要损失价值 260 亿美元的农业生产力。若要改善已退化的土地，则需要人类投入大量的资金。例如，在 1985～1987 年，FAO 已经在非洲退化的农田上花费了 2.89 亿美元，在随后的 1987～1991 年，又在非洲、拉丁美洲和亚洲的 10 个国家中投入 10 亿多美元，用于帮助他们恢复退化的土地。

目前，全球比较严重的土地退化现象包括：土壤侵蚀、土地沙化与荒漠化、盐渍化与水涝以及土壤污染等，现分别阐述如下。

### 5.4.1　土壤侵蚀

土壤侵蚀是指表层土壤或成土母质在水、风、重力等运动力作用下，发生各种形式的剥蚀、搬运和再堆积现象。可见土壤侵蚀包括水力、风力和重力蚀等类型。水力侵蚀是指由于地表水的径流，导致土壤随水流走的现象，它是最普遍、最广泛、最严重的一种土壤侵蚀，由此，一般将土壤侵蚀视为水土流失。

实际上，土壤侵蚀不完全是人类活动所造成的，在人类出现以前，暴雨、风暴、山洪和林火等都能引起土壤侵蚀。据 FAO 估算，因自然原因引起土壤侵蚀带入海洋的物质每年大约是 $93\times10^8t$。除此之外，人类活动的确加速了土壤侵蚀，近代每年进入海洋的物质大约是 $240\times10^8t$，为自然侵蚀总量的 2.6 倍。从全球来看，水土流失现象已遍及南极洲以外的各大陆，水土流失面积约占陆地面积的 1/6。耕地的水土流失现象更加严重，受到不同程度侵蚀的耕地占 1/4 以上。就美国而言，据联邦政府农业部估计，全国 $18000\times10^4hm^2$ 耕地中的一半以上出现过严重水土流失。此外，森林、草地与牧场中水土流失面积也与此相当。因此，美国水土流失面积共有 $18000\times10^4hm^2$，土壤侵蚀总量每年达 $10\times10^8t$。我国水土流失总情况是点上治理、面上发展、治理赶不上破坏。以黄土高原地区最为严重，流失面积约 $102\times10^4km^2$，其中严重地区约 $66.5\times10^4km^2$，年输沙量达 $38.0\times10^8t$，其中 90%来自黄土高原。长江中上游的西藏、青海、甘肃、陕西、四川、云南、贵州、湖北 8 个省区水土流失面积达到 $35\times10^4km^2$，其中有 30%多的面积水土流失相当严重。专家发出警告：如果不保护好长江中上游的生态环境，长江很快就会变成另一条黄河。

通常轻微的土壤侵蚀不易察觉，为了监测土壤侵蚀的发展，我们可以采用美国 Wischemler 和 Smith 提出的通用土壤流失方程（USLE）进行预测，并确定一个阈值。该阈值因土壤可侵蚀系数、降雨量侵蚀潜力系数、坡度系数、地表作物或植被覆盖系数等的不同而有所不同。为了应用的方便，美国通常采用 $1.8t/(hm^2\cdot a)$ 作为阈限，超过此限值即被认为当地发生了土壤侵蚀。土壤侵蚀不仅破坏人类生存环境和引起一系列不良的社会后果，而且直接给农业生产带来重大损失。

尽管土壤侵蚀现象早已引起人们的注意，但是，迄今为止水土保持成效甚微，水土流失甚至一年比一年严重。事实上，水土保持并无深奥的原理，也不需要复杂的工程技术。问题是水土保持是一项综合性的系统工程，涉及社会学、经济学、农学、工程科学和生态学等各个方面，并且与当地的社会经济问题紧密相联，这就需要当政者、社会学家、经济学家、农学家、工程师与当地民众共同采取行动。

### 5.4.2 荒漠化

《联合国防治荒漠化公约》（UNCCD）将荒漠化定义为：由于受环境变化和人类活动的影响，在干旱、半干旱和半干燥半湿润地区所产生的土地退化。在我国，荒漠化又称为沙漠化，它是土地退化的一种表象，常出现在干旱区，但是，在半干旱以至于半干燥半湿润地区也时有发生。在地理学上，荒漠包括岩漠（石漠）、砾漠、戈壁、沙漠、泥漠、盐漠与寒漠等类型。比较引人注目的是耕地和牧场因人为破坏而起沙并逐渐变成沙漠的现象，这就是人们所称的沙漠化。

荒漠化是一个全球性的生态环境问题。荒漠是一种土地类型。据联合国环境规划署（UNEP）统计，全球荒漠面积约为 $3600\times10^4km^2$，其中沙漠为 $560\times10^4km^2$，约占无冰陆地面积的 4.2%。问题的严重性在于沙漠边缘地区处于生态过渡带，自然环境非常脆弱，在不合理的耕垦或过度放牧的影响下，生态环境迅速退化、崩溃，这个过渡带逐渐地被沙漠蚕食，该过程是沙漠化的典型实例。据 2007 年联合国大学（United Nations University）出版的土地荒漠化报告，当时全球已经荒漠或正在荒漠的土地面积，估计为 $4655\times10^4km^2$，占全球土地面积的 35%。其中：非洲 $1712\times10^4km^2$，占总体的 36.8%；亚洲 $1555\times10^4km^2$，占 33.4%；北美和中美 $524\times10^4km^2$，占 11.3%；南美 $276\times10^4km^2$，占 5.9%；欧洲 $24km^2$，占 0.5%；澳大利亚 $564\times10^4km^2$，占 12.1%。现全球受荒漠化影响的人口有 23 亿，其中 3 亿农民直接受害，20 亿人口潜在受害，在今后的 10 年中将有 1.35 亿人面临离开家园的危险，仅撒哈拉沙漠以南的非洲就有 6000 万人。非洲一直是沙漠化最为严重的地区，迄今撒哈拉沙漠以南地区，已有百万平方千米的森林被砍伐，沙漠化迅速发展，自 1958 年以来的半个世纪，沙漠已经向南推进了 90～100km，有的地方甚至一年南侵 50km，荒漠化土地扩大了 $65\times10^4km^2$。目前，全球荒漠化速度每年达 $5\sim7\times10^4km^2$，相当于现有沙漠面积的 1%；全球农田因荒漠化而导致严重减产乃至失收的达 15%。

我国荒漠化发展形势十分严峻。根据 2007 年我国沙漠、戈壁和沙化土地普查及荒漠化调研结果表明，我国年降水量小于 400mm 的干旱区面积为 $286\times10^4km^2$，占全国土地面积的 30%，主要分布在西北、华北和东北西部等地区，是中亚大荒漠的东延部分。其中年降水量小于 200mm 的荒漠区约占 1/3，主要分布在新疆、青海、宁夏、甘肃和内蒙古等省区。自 1977 年以来的 30 年间，我国荒漠面积扩大了约 $6\times10^4km^2$，占全国耕地面积的 5%。近年来，我国荒漠面积以每年 $66.7\times10^4hm^2$ 的速度向外围扩展，如果按照这一速度，则我国耕地会在近百年之内全部荒漠化。我国荒漠化土地中，多以大风造成的风蚀荒漠化面积为最大，占 $160.7\times10^4km^2$。土地荒漠给大风扬沙创造了基质源泉。因此，我国北方地区沙尘暴（强沙尘暴俗称“黑风”，因为进入沙尘暴之中常伸手不见五指）肆虐愈来愈频繁，且范围广，强度大。

荒漠化作为一个全球性生态环境问题而日益引起人们的关注，1968～1973 年北非的持续干旱造成 20 万人和成百万头家畜死亡的悲剧促成了 1977 年在内罗毕召开了联合国荒漠化会议，讨论造成这种灾害的原因和如何避免类似的灾难再次发生。

### 5.4.3　盐渍化和水涝

盐渍化与水涝是水浇地普遍发生的土地退化现象。全球水浇地约占耕地的 18%，其单产常比当地不浇水的耕地高 1～2 倍。因此，目前世界粮食有 1/3 产于水浇地，预计 2020 年世界水浇地面积还将增加 1 倍以上，这对缓解世界粮食紧缺状况将起到重要作用。

灌溉主要应用于雨水不足的地区，这些地区的土壤往往含有各种溶解盐。漫水灌溉能把渠道和土壤中的盐分溶解出来，随着水分的蒸发与蒸腾，便有数量不等的盐分顺着内部毛细孔道上升后积聚在土壤表面，这一过程在土壤学上称为次生盐渍化。一般来说，当土壤中含盐量占到干土重的 0.2%时，作物生长受阻，这种土壤称为盐化土；而当土壤中的含盐量达到 2%以上时，大多数作物即无法存活，这类土壤就是盐土。在土壤学上把上述两类土壤合称盐渍土，即俗称的盐碱土，也可称盐碱地。

次生盐渍化影响的范围很广，而且仍有发展趋势。在过去的 10 年中，全球受盐渍化影响的水浇地达到 $6930\times10^4hm^2$，占全球水浇地的 25%；2000 年有 55%～65%的水浇地因盐分过多而减产。这个问题发展中国家比发达国家要严重。

常与次生盐渍化伴生的另一种现象是水涝，又称沼泽化。传统的灌溉技术（如沟灌与畦灌）常有过量的水分下渗至底土，如果当地潜水位较高时水位就会慢慢地升高，使土壤表层与表下层水分过多，形成水涝，妨碍作物生长。有时还可在根际形成盐套，使作物死亡。

据世界观察研究所（Worldwatch Institute）估算，如果盐渍化与水涝使全球水浇地减产 1%的话，则全球每年减产粮食至少 $100\times10^4t$。照此估算，我国因盐渍化与水涝每年可减产粮食达 $11\times10^4t$，如果按照每人每年需要粮食 200kg 计算，可养活人口 55 万。

解决次生盐渍化与水涝的技术问题并不复杂。例如，通过改进灌溉技术，采用喷灌乃至滴灌等方法以减少水分的损失，挖掘低于潜水面的排水沟以排除土壤积水，对已经发生盐渍化的土壤定期施用大水洗盐，在地下铺设多孔的排水管网排除含盐土壤水等，都是行之有效的办法。不过在采用这些改良措施时也常遇到一些困难，一是资金的筹措和投入产出比是否划算的问题，另一个是洗盐水的出路问题。如果洗盐水排到蒸发池中蒸发，则对周围环境影响较小，但是，如果将洗盐水直接排入河流或湖泊中去，实质上是把盐分转移给下游的农户或导致湖泊水质下降。因此，在对这类土壤（土地）进行改良时，一定要统一制定规划，有计划地统一采取措施。

### 5.4.4　废弃物与土壤污染

利用土地处理固、液状态的废弃物，方法简便，成本低廉，从古代一直延续到当代。直到 20 世纪 60 年代，人类才发现废弃物的不恰当处理已经给自己的生存环境带来了沉重的灾难。

液态废物主要指废润滑油、废化学药剂、废水等。这里主要讲废水，废水的土地处理最常见的是用于灌溉，过去存在着病原微生物的传播问题，现在还要加上重金属、有机化学品和放射性污染等，均对被灌溉土地造成重大影响。即使一些西方国家利用污水灌溉风景区草地和高尔夫球场等，也要对灌溉污水进行处理，达到中水水质（介于饮用水与非饮用水之间的过渡性水质）标准后方可利用。因为污水一旦渗入土地之后，其中的无机、有机污染物就会向四周扩散，污染土壤、地下水，甚至随着降雨径流污染地面水。人畜如果饮用了这样的水，就会造成直接伤害，急性中毒会死亡，慢性中毒会使人畜致癌、致畸、致残。如果在这样的土地上种植蔬菜、水果、稻米等农作物，污染物就会残留于蔬菜、水果、稻米等食物中，并通过人畜进食转移到体内，造成间接伤害，急性中毒致死，慢性中毒致病，后果难以想像。

固态废物主要指工业垃圾和生活垃圾，它们统称为城市垃圾。这里我们主要讲城市生活垃圾，其中也包括医院垃圾、厨余、日用化学废物等，它们的种类与性质纷杂多样，堆置与处理显得非常困难，已经成为各个国家面临的难题。

城市垃圾的组成十分复杂。发达国家的城市垃圾以低密度、低含水量为特点，有机物含量较少，而纸张、塑料、玻璃和金属含量较高，大多数有回收利用价值，或经加工后可成为燃料。其中玻璃的回收利用效果最好，从 2000～2010 年，欧盟每年回收的玻璃从 $1350\times10^4$t 增加到 $2750\times10^4$t。荷兰、奥地利、比利时、法国、德国和瑞士等国家回收利用的玻璃占 25%～35%，不仅减少了垃圾的数量，还节约了用以制造玻璃的大量原料和能源。发展中国家城市垃圾的特点则是高密度和高含水量，包括大量厨余和其他易腐败的物质以及粪便，这种垃圾适合于堆肥和生产沼气。

城市垃圾的一个共同特点就是或多或少地含有有毒有害物质。这些物质往往来源于一些化学物品，现在每年大约有 1000 种新的化学物品加入大约 7 万种日用化学品的行列。到 2009 年为止，从天然产物中分离出来和合成的化学复合物已经达到 510 多万种。据统计，2009 年市场上销售的化学物品中，就有 1550 种农药、4100 种医药和 5700 种食品添加剂。此外，在工农业、日用消费品中也含有许多不良化学物质，如生理干扰素等。这些化学物质多数是有毒的，人体少量吸收之后，一般不出现急性或亚急性症状，慢性症状也不十分明显。正因为如此，它们才能通过有关部门的认可，得以进入市场。这些物品使用以后大多数随同其他废弃物堆置在垃圾场中，其中一些可能彼此发生化学反应，生成某些毒性较强的产物，对土壤环境造成严重污染。

## 5.5 农药与土壤污染

自 20 世纪 40 年代化学农药应用于农业生产以来，至今全球已制成 60000 余种农药制剂，经常使用的超过 500 种，产量还在继续攀升。历史已经证明，农药的使用既有促进农作物增产的正面作用，也有污染土壤环境的负面作用。

### 5.5.1 概述

农药发展之所以如此迅速，与其在保证农业增产方面所起的作用是分不开的。在农作物和家畜所处的环境中，大约有 5 万种真菌，能引起 1500 种病害；全球大约有 3 万种杂草，其中 1800 种以上可造成经济上的损失；此外，还有 1 万种昆虫能产生各种危害。据估计，如果不使用农药，全球粮食总产量的 50%将会被各种病、虫、草害所吞噬。使用了农药，则可挽回其损失的15%。全球因病、虫、草害造成的损失，估计每年达800亿美元。据我国有关部门统计，我国由于防治病、虫、草害，每年可挽回粮食损失（150～200）×$10^8$kg，皮棉500万～600万担，瓜、果、烟、茶等经济作物因使用农药而获得的经济效益更为显著。鉴于上述原因，目前人类实际上已处于不得不使用农药的地步，尤其在一些用药水平低的亚、非、拉国家，为了解决粮食问题，将会增大农药使用量。在一些发达国家，农药使用量也有增长之趋势。

**表5-2 我国1992～2004年粮食单产和其主要影响因素的灰色关联分析结果**

| 年份 | 粮食单产 | $X_1$ 有效灌溉面积 | $X_2$ 化肥施用量 | $X_3$ 农药使用量 | $X_4$ 农业机械总动力 | $X_5$ 农用塑料薄膜用量 |
|---|---|---|---|---|---|---|
| 1992 | 0.97925 | 0.99910 | 0.97306 | 0.97250 | 0.98544 | 0.83158 |
| 1993 | 0.97800 | 0.96924 | 0.92824 | 0.94323 | 0.96529 | 0.94838 |
| 1994 | 0.96715 | 0.99692 | 0.86150 | 0.77009 | 0.85781 | 0.70492 |
| 1995 | 0.97197 | 0.95658 | 0.82058 | 0.70164 | 0.81714 | 0.69817 |
| 1996 | 0.99684 | 0.89111 | 0.81258 | 0.70968 | 0.82309 | 0.62886 |
| 1997 | 0.99216 | 0.93267 | 0.76669 | 0.64238 | 0.68574 | 0.50406 |
| 1998 | 0.98038 | 0.91133 | 0.76568 | 0.63848 | 0.63858 | 0.47594 |
| 1999 | 0.98865 | 0.93854 | 0.75634 | 0.57450 | 0.53504 | 0.40284 |
| 2000 | 0.95282 | 0.93451 | 0.69176 | 0.53082 | 0.42492 | 0.29455 |
| 2001 | 0.92568 | 0.90556 | 0.65518 | 0.51106 | 0.37897 | 0.23743 |
| 2002 | 0.89955 | 0.91023 | 0.64684 | 0.49307 | 0.34885 | 0.20568 |
| 2003 | 0.85554 | 0.86422 | 0.59705 | 0.44568 | 0.29456 | 0.16503 |
| 2004 | 0.86997 | 0.93214 | 0.61870 | 0.45764 | 0.29305 | 0.16139 |
| 关联度 | 0.95061 | 0.93401 | 0.76109 | 0.64544 | 0.61911 | 0.48145 |

另外，杀虫剂在疾病载体控制以及健康与生命保护等方面也起到了决定性的作用，如在1955～2005年的50年间，由于使用合成杀虫剂消灭蚊子，避免了至少5000万人死于疟疾。它的功绩远远超过了抗生素所挽救的生命。

随着人口的增加，粮食产量也要相应增加。增产粮食的主要途径无疑是提高单位面积产量，而提高单产的重要技术措施之一就是使用农药。我们以我国粮食单产为母序列，以有效灌溉面积、化肥施用量、农药使用量、农业机械总动力、农用塑料薄膜用量共5个因素为子序列，参照刘景辉等人的灰色关联分析方法，根据灰色建模理论和程序，判定粮食单产和5个主要因素的动态关联度，得出结果详见表5-2。从表中可见，关联序为：$X_1>X_2>X_3>X_4>X_5$。从而说明，当保证有效灌溉面积和化肥施用量以后，决定粮食单产的因素就是农药使用量。

在农业上，农药的巨大效用是无可非议的，但是，随着农药的大量使用，也引起了一些不良后果。特别是在1962～1971年的越南战争中，美国为了破坏庄稼等绿色隐蔽物，向北越喷洒了6434L落叶剂——2,4-D（2,4-二氯苯氧基乙酸）和2,4,5-T（2,4,5-三氯苯氧基乙酸）。在2,4-D和2,4,5-T中还含有剧毒的副产物二噁英类化合物。结果是大批越南人患肝癌、孕妇流产和新生儿畸形，甚至殃及到喷洒药物的美国士兵，从而证明了有机氯农药有严重的毒害作用。此后，美国和其他西方国家便陆续禁止在本国使用有机氯农药，我国也在1983年禁止有机氯农药的生产和使用。

人们从教训中开始认识到DDT等有机氯农药不仅对害虫有杀伤作用，同时也对害虫的天敌及传粉昆虫等益鸟、益虫以及包括人类在内的其他生物都具有毒杀作用。因而打乱了生物界的相互制约、相互依赖的相对平衡关系，引起新一代害虫的猖獗。另外，长期使用同类型农药，使害虫产生了抗药性，要消灭它们，就不得不增加施药量和施药次数，这不仅增加了害虫的防治费用，也极大地伤害了整个生物界。据美国联邦政府的初步调查，目前已经产生抗药性的害虫多于350种，其中农业害虫占120余种。

### 5.5.2 农药的分类

农药在广义上指农业上使用的各种药剂。包括杀虫剂、杀菌剂、除草剂等，还包括农业上使用的化肥等其他化学品。农药在狭义上指防治危害植物及农林产品的昆虫、病菌、杂草、蜱螨、鼠类等的药剂以及能调节植物生长的药剂和使这些药剂效力增加的辅助剂、增效剂等。

目前，在市场上销售的农药约有500种，农业上常用的约有250种，其中包括：100种杀虫剂；50种除草剂；50种杀菌剂；20种杀线虫剂；30种其他有毒化合物。

防治病、虫、草害等的化学物质大多是由实验室合成，然后由工厂制备，如常用的DDT、六六六、乐果、敌百虫等，它们通常称为化学农药。此外，还有生物农药。生物农药是利用生物活体或生物代谢过程产生的具有生物活性的物质或从生物中提取的物质，这类物质具有更好的病虫害防治作用。在自然界中，生物包括动物、微生物、植物三大类。科学家在长期的研究中发现，动物中的寄生性和捕食性昆虫，如赤眼蜂、土蜂（寄生性）等和螳螂、黄蜂、瓢虫（捕食性）等可通过人工助迁或室内繁殖，用于防治农业病虫害，即我们所说的“以虫治虫”，保护环境，故将这类活体昆虫称为动物类生物性农药；繁育并利用微生物及其细菌消灭害虫，如春雷霉素、井岗霉素、农用链霉素、阿维菌素等，通常称为微生物生物性农药；许多植物中都含有灭虫成分，经过工业化萃取之后，即可作为农药，如除虫菊素、鱼藤酮、狼毒素、烟碱、百部碱等，通常称为植物源生物性农药。

因为病、虫、杂草等有害生物，无论在形态、行为、生理代谢等方面均有很大差异，所以农药防治要因对象的不同而有所不同。根据不同的防治对象，可将农药划分为：杀虫剂、杀螨剂、杀菌剂、杀线虫剂、除莠剂、杀鼠剂、杀软体动物剂、植物生长调节剂和其他药剂等，必须提醒，其中有些已经被国家环境保护部列为“高污染、高环境风险”的农药名录之中。

按照农药的化学组成性质可划分为：有机氯农药、有机磷农药、有机汞农药、有机砷农药和氨基甲酸酯农药以及苯酰胺农药和苯氧羧酸类农药等。

由于农药本身的性质不同，有的农药仅能防治一类对象，而有的可防治几类对象，在选用时，应该加以注意。

### 5.5.3 农药与环境污染

在现代农业上使用农药进行病虫草害防治，具有高效、面广等优点。与此同时，也存在着农药污染自然环境，危及人畜、家禽以及其他生物等一系列问题，人类使用农药造成环境污染的途径可用图5-2概括说明。

首先，农药使用方法存在着很大的缺陷，常用的喷洒方法只有少量农药作用于毒杀目标。如用飞机喷洒时，只有25％～50％的农药落在防治区域的农田中，其余都散布在防治区域外。

从图5-2中可以看出，农药对环境的污染是多方面的，包括空气、水体、土壤和农作物。进入环境的农药在环境各要素之间迁移、转化并通过食物链富集，最后对生物和人体造成危害。

#### 5.5.3.1 农药污染大气环境

农药对空气环境的污染主要源于人类为各种目的而喷洒农药时所产生的毒性气溶胶飘浮物和来自农作物表面、土壤表面及水中残留农药的蒸发、挥发扩散。此外，还有农药厂排放

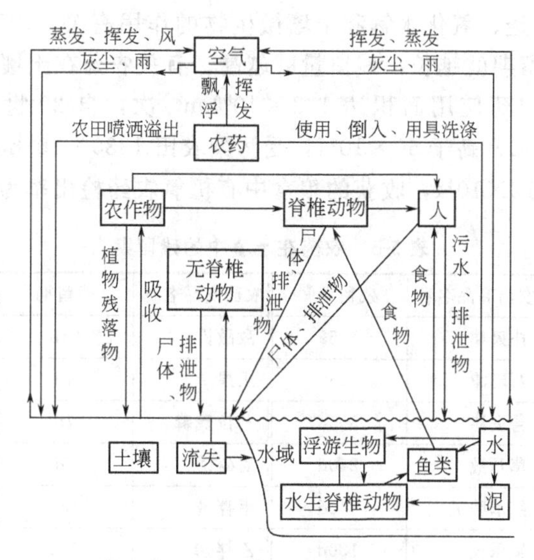


图5-2　农药污染环境的途径

的废气、废水、废渣也都是农药污染空气环境的原因。

大气中的农药气溶胶飘浮物在风力作用下可跨山越海，到达全球每个角落。据报道，在地球的南、北两极和喜马拉雅山最高峰都发现了有机氯农药的存在。

一般农药污染大气的特点是：①大气中农药的污染状况决定于农药的使用情况，例如，人们普遍使用DDT农药时，大气污染就以DDT为主；②大气中的农药污染程度取决于地理环境、气候环境，有毒气溶胶颗粒物可随着主导风向飘散到下风向地区；③大气中农药的残留量随着施药时间而有规律地衰减。

#### 5.5.3.2　农药污染水环境

施用农药通常采用喷雾方式，以喷雾方式传播在大气中的毒性气溶胶会随着降雨汇入水体；渗入土壤中的农药，会被降雨冲刷而随着径流汇入水体；而水体最直接的污染来自于农药厂的废水排放。从而污染地面水，进而污染地下水。

美国、英国、日本等发达国家在20世纪60年代就已经发现，在使用有机氯杀虫剂的10年之后，所有的主要河流都受到了污染。世界卫生组织曾经报道，全世界已生产DDT约$1500\times10^4$t，其中通过各种途径残留于海洋中的就超过$100\times10^4$t。我国海洋农药污染也存在类似情况。

因为各种水体的理化性质不同，所以被农药污染的程度也就不同。根据我国对自然界不同水体中有机氯农药的监测统计结果表明，其污染负荷顺序为：雨水＞河水＞海水＞自来水＞地下水。

我国曾在20世纪60年代大规模使用有机氯农药，尤其是六六六（BHC）或DDT。这些农药施用后，一部分挥发，一部分被土壤吸收并向浅层或深层地下水渗透而污染地下水源。

#### 5.5.3.3　农药污染土壤环境

土壤中的农药主要来自于：①直接的施用；②通过浸种、拌种、包衣等施药方式进入土壤；③飘浮在大气中的农药气溶胶颗粒物随降雨和降尘落到地面深入土壤。

农药对土壤的污染程度取决于农药的种类和性质。

农药在土壤中的残留与土壤的类型、有机质含量、酸碱度、金属离子的种类和数量、水分含量、通气性、植被种类和覆盖率、微生物种类和数量等因素有关。

农药在土壤中的消解一般与农药的气化作用（物质从液态转化为气态的过程，有蒸发和蒸腾两种形式）、地下渗透、氧化水解和土壤微生物的作用有关。农药在土壤中的消解速度越慢，其在土壤中的残留期就越长，残留量就越高。有关农药在土壤中的残留期见表5-3。

据统计，我国每年农药使用面积达$1.8\times10^8hm^2$/次，自20世纪50年代以来使用的BHC达到$400\times10^4t$、DDT高于$50\times10^4t$，受污染农田$1330\times10^4hm^2$。农田耕作层土壤累积的有机氯农药总量约$12\times10^4t$，收获的粮食中有机氯农药检出率为100%。

表5-3 农药在土壤中的残留期

| 农药商品名称 | 残留期① | 农药商品名称 | 残留期② | 农药商品名称 | 残留期 | 农药商品名称 | 残留期③ |
| --- | --- | --- | --- | --- | --- | --- | --- |
| DDT | 10a | 扑灭津 | 1.5a | 敌敌畏 | 24h | 西维因 | 135d |
| 狄氏剂 | 8a | 西玛津 | 1a | 乐果 | 4d | 涕灭威 | 36～63d |
| 林丹(BHC) | 6.5a | 莠去津 | 300d | 马拉硫磷 | 7d | 呋喃丹 | 46～117d④ |
| 氯丹 | 4a | 草乃敌 | 240d | 对硫磷 | 7d | | |
| 碳氯特灵 | 4a | 氯苯胺灵 | 240d | 甲拌磷 | 15d | | |
| 七氯 | 3.5a | 氟乐灵 | 180d | 乙拌磷 | 30d | | |
| 艾氏剂 | 3a | 2,4,5-T | 150d | 二嗪农 | 50～180d | | |
| | | 2,4-D | 30d | 三硫磷 | 100～200d | | |
| | | | | 地虫磷 | 2a | | |

①农药消解95%所需要的时间；②农药消解75%～100%所需要的时间；③农药消解95%以上所需要的时间；④为半衰期。

从1983年开始，我国全面禁止生产和使用有机氯农药，取而代之的是有机磷、氨基甲酸酯类农药，但是，其中一些品种（例如：对硫磷、甲基对硫磷）比有机氯农药的毒性还要大10倍甚至100倍，由此农药对环境的排毒系数反而比1983年还高，而且，这些农药虽然低残留，但是，有一部分与土壤中的某些有机物化合之后，能形成更为复杂的混合残留物，它们虽然可暂时避免分解或矿化，若一旦因土壤微生物的积极活动而释放出来，其不良后果也难以估量。

农药对环境的排毒系数计算详见下式：

$$F_i=\frac{M_i}{D_i} \tag{5-1}$$

式中，$F_i$为第$i$种农药的排毒系数；$M_i$为第$i$种农药原粉的平均日投放量，kg/d；$D_i$为第$i$种农药的评价标准，用第$i$种农药对大白鼠口服致死量乘以人体平均质量，一般情况下，取大白鼠口服致死量[mg/(kg·d)]×55kg。

### 5.5.4 农药在土壤环境中的迁移、降解与转化

农药进入土壤后，与土壤中的固、气、液相物质发生一系列化学、物理化学和生物化学反应。通过上述反应，土壤中的农药发生如下三方面的作用：第一，土壤的吸附作用使农药残留于土壤中；第二，农药在土壤中进行气、水迁移，并被植物吸收；第三，农药在土壤表面或土壤中发生光化学、化学和生物化学降解作用，残留量逐渐减少。

#### 5.5.4.1 土壤对农药的吸附作用

农药进入土壤后，通过物理吸附和化学吸附等形式吸附在土壤颗粒的内外表面，这时农药的移动性和毒性发生变化。在某种意义上讲，土壤的吸附作用就是土壤对有毒物质的净化和解毒作用。但这种作用是不稳定的，也是有限的。

土壤对农药吸附作用的强度取决于土壤特性和农药性质。一方面，各种土壤的性质差别

很大，其有机质含量、颗粒粗细、黏土矿物类型、pH 值等不同，对农药的吸附能力有很大差异；另一方面，农药的性质差别很大，因而吸附作用也不同。实践证明，在各种农药的分子结构中，凡带有 $R_3N$—、—$CONH_2$、—OH、—$NH_2$、—OCOR 等功能团的农药都能增强被吸附的强度，尤其是带—$NH_2$ 的化合物，被吸附能力更强。

#### 5.5.4.2　农药在土壤中的气迁移与水迁移

农药的气迁移主要是指农药的挥发作用，挥发作用的大小，主要决定于农药本身的溶解度和蒸气压，以及土壤的温度、湿度和土壤的质地与结构等性质。

农药在土壤溶液中的扩散速度很慢，而蒸气扩散速度要比它大 1 万倍。

农药的水迁移主要包括直接溶于水和被吸附于土壤固体颗粒表面上随水分移动而进行机械迁移两种方式。农药在土壤中的气迁移能力和水迁移能力可用挥发指数和淋溶指数加以比较（详见表 5-4）。这两个指数均为相对值，规定较难迁移的 DDT 的挥发指数和淋溶指数为 1.0，以此为基数与其他农药相比，指数越大，迁移能力越强。

表 5-4　部分农药在土壤中的挥发和淋溶能力比较

| 农药商品名称 | 挥发指数 | 淋溶指数 | 农药商品名称 | 挥发指数 | 淋溶指数 |
|---|---|---|---|---|---|
| 除草剂： | | | 保棉磷 | — | 1.5 |
| 氯铝剂 | 3.0 | 1.5 | 磷胺 | 2.5 | 3.5 |
| 敌稗 | 3.0 | 1.5 | 速灭磷 | 3.5 | 3.5 |
| 氟乐灵 | 3.0 | 1.5 | 甲基对硫磷 | 4.0 | 2.0 |
| 茅草枯 | 1.0 | 4.0 | 对硫磷 | 3.0 | 2.0 |
| 2 甲-4 氯 | 1.0 | 2.0 | DDT | 1.0 | 1.0 |
| 2,4-D | 1.0 | 2.0 | BHC | 3.0 | 1.0 |
| 2,4,5-T | 1.0 | 2.0 | 氯丹 | 2.0 | 1.0 |
| 杀虫剂： | | | 毒杀芬 | 3.0 | 1.0 |
| 西维因 | 3.5 | 2.0 | 艾氏剂 | 1.0 | 1.0 |
| 马拉硫磷 | 2.0 | 2.5 | 狄氏剂 | 1.0 | 1.0 |
| 三溴磷 | 4.0 | 3.0 | 异狄氏剂 | 1.0 | 1.0 |
| 乐果 | 2.0 | 2.5 | 杀菌剂： | | |
| 倍硫磷 | 2.0 | 2.0 | 克菌丹 | 2.0 | 1.0 |
| 地亚磷 | 3.0 | 2.0 | 苯菌灵 | 3.0 | 2.5 |
| 乙硫磷 | 1.5 | 1.5 | 代森锌 | 1.0 | 2.0 |
| 甲氧基内吸磷 | 3.0 | 3.5 | 代森锰 | 1.0 | 2.0 |
| | | | 代森锰锌 | 1.0 | 1.0 |

#### 5.5.4.3　农药在土壤中的降解与残留

有机农药在化学与生物化学作用下逐渐分解，最后转化为无机物，此过程称为化学农药的降解过程。降解速度快，在土壤中残留时间短，称为低残留农药；降解速度慢，在土壤中残留时间长，称为高残留农药。

农药在土壤表面和土壤中的降解主要包括光化学降解、化学降解和生物降解等。

光化学降解是指土壤表面受太阳辐射能和紫外线能而引起的农药分解。

化学降解可分为催化反应和非催化反应。催化反应包括金属催化、生物催化等作用。非催化反应包括水解、氧化、异构化、离子化等作用。

生物降解的作用形式多种多样，主要有脱氯作用、脱烷基作用、水解作用、环破裂作用、氧化作用和还原作用等。

### 5.5.5　土壤污染对人类健康的危害

农药中毒形式可分为生产性中毒和非生产性中毒。生产性中毒是指因人类从事生产活动所造成的农药中毒现象。非生产性中毒是指因服毒、投毒、误食、食入高残留农业收获物等原因引起的中毒现象。它包括急性中毒和慢性中毒。农药污染土壤造成人类健康的危害更多地属于非生产性中毒中的慢性中毒，它主要表现为：①麻痹神经系统；②致病致癌；③损伤肝脏功能；④诱发突变；⑤男女不育；⑥过早衰老；⑦致畸致残；⑧慢性器官损伤。

对不直接接触农药的人群而言，土壤被农药污染后，通过图 5-3 表示的渠道将农药转移到人体。除了地下水、地面水、土壤颗粒物的风力蚀作用以外，作为食物摄入水生生物以及农副产品是最主要的通道。

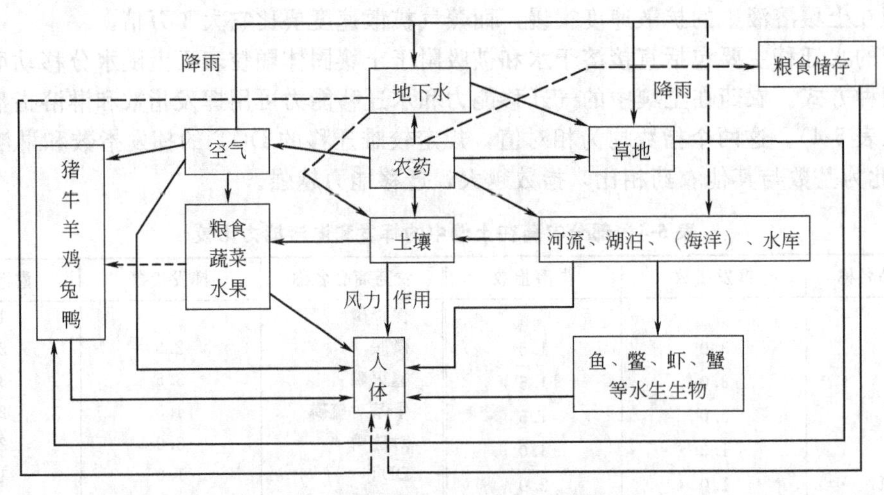


图 5-3　农药进入人体的主要渠道

## 5.6　土地与粮食安全

在 1974 年联合国 FAO 大会上通过了《世界粮食安全国际公约》，把每年的 10 月 16 日定为世界粮食日，并把世界粮食当年库存至少相当于次年消费量的 17%～18%作为粮食安全系数。联合国 FAO 总干事萨乌马（Edouard Saouma）把粮食安全概述为：确保所有人在任何时候既能买得到又能买得起所需要的基本食品。1996 年，世界粮农首脑会议通过的《罗马宣言》对粮食安全又有了更完整的定义，这个定义是：只有当所有人在任何时候都能够在物质上和经济上获得足够、安全、富有营养的粮食，来满足其积极和健康生活的膳食需要及食物喜好时，才实现了粮食安全。

### 5.6.1　全球土地与粮食安全

20 世纪下半叶经历过粮食的急剧增长，从 1950～1984 年的 35 年间，全球粮食总产量增长了 2.6 倍，比历史上任何时期增长的速度都快。但是，遇到 1987 年和 1988 年的干旱使全球主要产粮国的收成大幅度下降，全球粮食储备降至几十年来的最低水平，几乎难以满足糊口之需。进入 21 世纪后，全球粮食产量继续下滑，以致 2007～2008 年爆发了全球粮荒。据联合国 FAO 于 2009 年 10 月 15 日公布的报告称：由于粮食危机和经济危机的共同影响，全球的饥饿人口数量已突破 10 亿大关，几乎全部来自于发展中国家，创下历史新高。在过去的几十年中，全球粮价曾经几次上涨，进入 21 世纪后，全球粮价持续上涨，尤其到了 2007～2008 年间粮价飞涨，2008 年与 2006 年相比，小麦价格上涨了 122%，大米上涨了 162%，玉米上涨了 100%，大豆上涨了 98%（详见图 5-4）。原以为粮价上涨会刺激粮食产量上升，但 2009 年全球粮食收成仅仅达到 $22.08\times10^8$t，比上年减少了 3.4%，粮食储备进一步下降。这一严酷的事实告诉我们：粮食增产已近极限。有限的土地将面对着养活全球 21 世纪 100 亿人口的巨大挑战，减少土地污染、保证粮食供给已成为世人瞩目的焦点问题。就目前情况看，要保持农业环境良性循环、粮食生产持续稳定增长，对我们来说，还有很多困难。

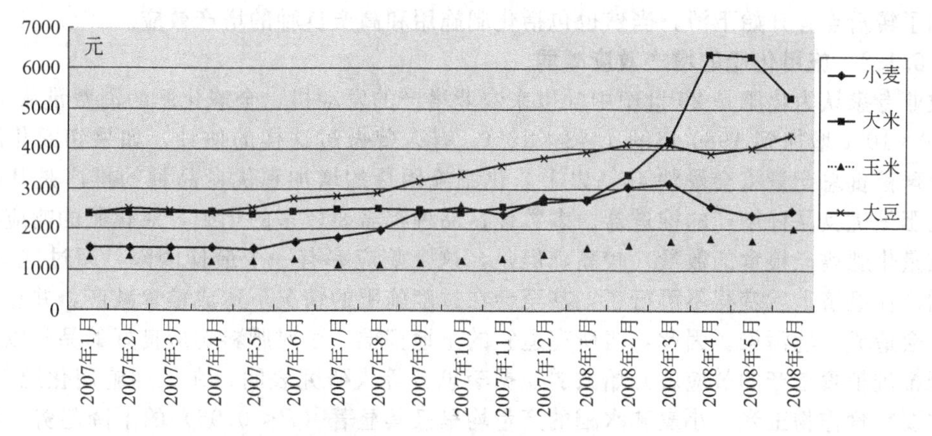


图 5-4　全球主要粮食价格上涨情况（资料来源：世界银行商品数据库）

#### 5.6.1.1　耕地越来越少

自农业社会的开始到 20 世纪中叶，全球耕地面积扩大的趋势与人口增长的趋势大体上一致，但是从 1950 年以后耕地数量增长减慢。与此同时，一方面由于许多地区严重的水土流失，导致许多耕地不再适合于种植而弃耕；另一方面由于城市化的加快又有大量耕地被吞噬。二者合计，全球每年损失耕地数百万公顷，其中人口密集、正在迅速工业化的国家和地区耕地减少尤为明显。20 世纪 80 年代以前，日本、韩国以及中国，每年共损失耕地 $50\times10^4 hm^2$，印度和墨西哥也有类似情况。两个产粮大国美国和前苏联的耕地也在减少，前苏联 1977 年以来弃耕与休耕的农田占其大田面积的 13%。美国为了制止水土流失与稳定粮食价格，采取鼓励农民弃耕的做法，从 1986 年开始实施一项五年计划，拟在受侵蚀的土地（主要为农田）上植树、种草 $1600\times10^4 hm^2$，至 1989 年已经完成了 80%，其余部分因国会紧缩开支而未能完成。

从全球范围看，具有可开发价值的处女地所剩无几。只有巴西、俄罗斯等少数国家在近期内仍有可开垦的处女地，这些处女地的一部分是在巴西的亚马逊河流域，一部分是在西伯利亚的高寒地带。如果要开发这些处女地，必须考虑它们的经济可行性，现在有利可图的处女地数量十分有限。从全球来看，耕地的消长基本接近收支相抵的状况，由于人口的持续增长，使人均粮田面积由 1980 年的 $0.160hm^2$ 减少至 2000 年的 $0.120hm^2$，到 2010 年已经减少至 $0.106hm^2$，预计到 2050 年将减少至 $0.078hm^2$。

#### 5.6.1.2　水浇地越来越少

水浇地面积增长趋缓，人均水浇地面积逐年减少。灌溉是提高单位面积产量的主要措施，许多良种的选用和化肥的施用均需以灌溉为基础。20 世纪 50 年代之前，水浇地面积增长较慢，之后增长迅速，由 1950 年的 $9.40\times10^7 hm^2$ 增加到 1980 年的 $2.36\times10^8 hm^2$；相应地，人均水浇地面积由 $0.037hm^2$ 增加到 $0.053hm^2$，提高了 43%。水浇地的迅速增长有赖于许多大水库的修建、大规模的河流改道工程以及农户的自备提水井，人类在这些方面均投入了大量的资金。但是自 1980 年以后，全球经济上最有吸引力的大水库大多数已经建成，新的灌溉工程减少，水浇地数量增长开始趋缓，并低于人口增长的速度，人均占有水浇地面积开始稳步降低，而且幅度相当大，大约每 10 年减少 8%，这是粮食生产中最引人注目的新趋势。这一趋势与全球人均粮田面积下降趋势同步，与1980年后全球粮食储备持续减少以及粮价持续上涨相对应。

值得注意的是全球水浇地面积的增长和粮田面积的增长均近似于S形增长曲线，并在20世纪80年代就达到了该曲线上方的转折点，且其他影响粮食增产的因素也先后在这一时期达到了转折点，开始下滑，当然也包括化肥施用和高产良种的增产效应。

#### 5.6.1.3 施用化肥的增产效应减弱

农业专家认为化肥是20世纪中叶以来农业增产的发动机，全球化肥的消费量从1950年的$1.40\times10^{7}$t增加到1980年的$1.43\times10^{8}$t。有人曾做过这样的估计，如果切断化肥的供应，全球粮食总产量将会暴跌40%以上。化肥施用量的增加和优良品种的推广是互促互进的，化肥是优良品种增产的推进器。多数优良品种都需要较多的化肥，对化肥的响应率（即单位质量化肥增产粮食的数量）较高，但是，这个响应率有一个最佳阈限，超过这个阈限，粮食增产在经济上就变得不可行了，甚至会在过度施肥的情况下造成粮食减产，并且多余的化肥还会造成环境污染。因此，当所有适宜的土地都推广了对肥料响应良好的品种以后，施用化肥推进粮食增产的效应就开始减弱。据李忠芳等人研究表明，在长期施用化肥作用下，中国主要粮食作物玉米、小麦和水稻的产量均呈极其显著（$P<0.05$）的下降趋势，年平均下降量分别为90.9kg/hm$^2$、48.5kg/hm$^2$和25.3kg/hm$^2$。又如美国从1950～1980年期间的化肥施用量增加了5倍，但是，以后便开始下降了，1989年的化肥施用量略低于1981年的水平。前苏联曾对施用化肥实行过补贴政策，因此农民过量地施用廉价化肥。后来实施农业改革，化肥售价逐渐接近于国际市场价格，使得化肥施用量大幅度减少。亚洲、非洲、南美洲等许多发展中国家的化肥施用量也在减少，运用化肥增产粮食的希望逐渐落空。例如，中国和印度的化肥与粮食响应率已超过或接近于美国水平，这意味着施用化肥推进粮食增产的效应明显减弱。

#### 5.6.1.4 绿色革命难以创造更大的奇迹

引进谷物（水稻、小麦和玉米）的优良品种或优选其变种，同时给予足够的化肥和充分的灌溉，使粮食收获量大幅度增长的土、种、水、肥和农药的相互配合技术，被大众传媒称为“绿色革命”。

据农业发展史记载，历史上曾经发生过几次绿色革命。第一次绿色革命可以追溯到1500～1800年，其特点是主要粮食作物（小麦、稻米、谷子和薯类）在全球范围内广为传播，粮食作物大幅度增产，与此同时，世界人口显著增加。第二次绿色革命发生在1850～1950年，由于在全球广泛地推广了化肥的使用与灌溉技术，全球粮食生产与养殖业同时都有了可观的发展。第三次绿色革命发生在二战后的1951～1971年，主要是美国和西欧、北欧等发达国家通过杂交选育出需肥性强的半矮秆高产小麦品种和半矮秆高产水稻品种，它们不仅产量高，抵抗病虫害的能力也很强。这一时期，同时也交配和优育出一些家畜品种。然而，这三次的绿色革命都不算是真正的革命，真正的第四次绿色革命发生于1970年以后。国际水稻研究所（IRRI，设在菲律宾）和国际小麦玉米改良中心（CIMMYT，设在墨西哥）经过30年遗传育种的研究和试验，成功地为热带与亚热带地区培育了新的高产速生矮化水稻和小麦品种，由于其茎秆矮壮足以支持硕大的谷穗而不致倒伏。在充足的化肥、农药与灌溉的配合下，可比传统品种增产2～5倍，而且因生长期较短，可以一年2～3熟。以首批推广的国际稻8号（IRRI-8）为例，它在1hm$^2$水浇地上施用纯氮肥120～150kg的条件下，最高单产可达9750kg/hm$^2$，比当时东南亚和南亚11国水稻平均单产3300kg高出近3倍。这一时期，凡是引进改良品种的发展中国家，小麦和水稻均获得了大丰收。印度的小麦增产了1倍，哥伦比亚的水稻增产了2倍，菲律宾、马来西亚、印度尼西亚和斯里兰卡等国的水稻也获得了显著增产。由此，国际玉米与小麦改良中心领导人诺尔曼・布劳格（Norman Borlaug）荣获了 1971 年诺贝尔和平奖。当时的印度总理英迪拉・甘地非常乐观地宣称，从此印度不再需要从美国进口粮食了。绿色革命的倡导者们认为“绿色革命”将使人类最终战胜千百年来无法解决的饥饿问题，小麦良种的培育者诺尔曼・布劳格曾经说过：“1970 年后的印度将成为全球第三产粮大国”。但后来的事实却恰恰相反，印度并没有变成全球第三产粮大国，其优良小麦品种的推广面积也从未超过全印度小麦总播种面积的 1/5。至于绿色革命倡导者们曾经普遍认为可大面积推广水稻和小麦良种的南亚地区，直到 2000 年，仍有一半的人口处于贫困和营养不良的境地。这些国家还为推行绿色革命而付出了巨大的代价。绿色革命的成绩很快就达到了 S 形增长曲线的上部转折点，增产的幅度逐渐减小，全球粮食平均单产增长率由 20 世纪 60 年代的 26%降至 70 年代的 21%，又降至 80 年代的 20%，进入 21 世纪持续下降。这种趋势反映了绿色革命的局限性：①优良品种需要足够的水作为保证，其需水量为传统品种的 4～7 倍。因此，绿色革命只能发生在雨水充沛或能引水灌溉的地区。②这些改良品种一般需要大量的化肥作为支持，尽管 20 世纪 50 年代以来全球化肥产量迅速增长，但是，大多数发展中国家的农民比较贫困，无力施用较多的化肥，他们的化肥施用量仅及全球化肥产量的 20%～25%。更何况持续性施用化肥不仅粮食产量上不去，反而会降低。③高产的水稻和小麦引导农民放弃了传统的混合作物种植模式，转而采用单一作物的种植制度。大面积种植遗传基因相同的单一品种，致使病虫、草害增多。1977 年爆发的全球性水稻虫害，使印度尼西亚损失了 $200\times10^4$ t 稻谷，引起了水稻生产国的巨大震动。④为防治病虫、草害，每年都大量地使用化学杀虫剂、杀菌剂、除草剂，均造成了严重的生态环境破坏。

可见，绿色革命的局限性决定了它不可能创造出产量更高的粮食奇迹。况且，绿色革命所带来的有限粮食增长还不及人口增长来得快。

#### 5.6.1.5　全球性环境问题造成粮食减产

这些环境问题包括土壤侵蚀、土壤盐渍化、水涝和空气污染、全球性气候变暖等。

（1）土壤侵蚀、盐渍化与水涝　美国农学家德雷涅（H. Dregne）按照作物减产的程度把土壤侵蚀定义为 3 个等级：单产减少 10%以下的为轻度侵蚀；单产减少 10%～50%的为中度侵蚀；单产减少 50%以上的为强度侵蚀。根据这种定义，全球 80%的可耕地均已遭到程度不同的侵蚀，但是发达国家及地区受侵蚀程度较轻，发展中国家及地区受侵蚀程度较重。

土壤侵蚀使肥沃的表土层乃至整个土壤层流失，造成减产乃至绝收。美国农业科学家曾对土壤侵蚀导致的减产进行过研究，深度 1in（2.54cm）表土的流失平均使玉米和小麦减产 6%。如果用这个参数估算全球因土壤侵蚀所造成的减产，每年流失表土 $240\times10^8$t，相当于 $6100\times10^4 hm^2$ 土地 1in 厚的土层。以全球谷物平均单产 2.50t/$hm^2$ 计算，则该土地面积上 6%的产量损失约合 $915\times10^4$ t。另一种推算方法是整个耕作层的流失造成谷物绝收，如果以通常 7in（约 18cm）耕作层厚度计算，$240\times10^8$ t 土壤相当于 $900\times10^4 hm^2$ 的耕作层，其产量损失约合 $2250\times10^4$ t。盐渍化与水涝多因不合理的灌溉所引起，随着盐渍化与水涝的加重，粮食产量逐渐降低，最后在几十年内不得不因收获甚微而弃耕。据 2010 年 2 月 9 日英国 *The Daily Telegraph* 报道，日前科学家在澳大利亚的悉尼举行的一次碳农业大会上警告说，因长期的过度耕作和保护不当使土壤侵蚀严重，全球肥沃土壤将在 60 年内消失，粮食种植成问题，未来人们将会为日益飙升的粮价买单，并有可能发生灾难性的粮荒。

（2）空气污染与温室效应　空气污染主要来自于汽车尾气与燃煤所排放的 $SO_2$、$NO_x$ 与 $O_3$ 等。通过科学家对这些有毒有害气体的田间试验表明，它们可以造成 5%～10%的谷物生产损失。以全球受空气污染最为严重的北美、东欧和中国为推算例，该地区2009～2010年度的谷物总产量为$8.74\times10^8$t，若保守地按5%取值，该年度谷物损失不会低于$4368\times10^4$t。又因全球大量消费化石燃料的历史超过60年，据此，我们可以推算全球60年累计损失谷物$262080\times10^4$t。

尽管温室效应对世界谷物生产的影响仍有待于研究，但是，1988年夏季的酷热（近百年来最热的夏季）造成的粮食减产给我们提供了线索。这一年美国粮食比1977年减产了27%（$7400\times10^4$t），使其粮食生产在历史上第一次低于消费需求；同年前苏联减产8%（$1600\times10^4$t）、中国减产2%（$700\times10^4$t）。3国合计减产$9700\times10^4$t。虽然还不能完全肯定是温室气体增加所造成的，但是，气象学家认为，如果温室气体继续积累，则出现1988年那样炎热的夏季频率将明显增高。

上述可见，土地退化、空气污染和温室效应都是导致全球谷物生产损失的重要原因，再加上全球耕地面积日趋减少，仅仅依靠化肥、农药和灌溉来支持良种增产粮食的希望日趋渺茫。据联合国FAO数据库显示，近50年来，全球粮食增长每况愈下，1961～1999年间全球粮食收获年均增长率为2.20%；2000～2007年间，全球粮食收获年均增长率为1.80%；2008～2010年间，全球粮食收获年均增长率为0.89%。而同时期全球人口的年平均增长率却为2.35%、1.90%和1.20%；相应的粮食缺口分别约为$3700\times10^4$t、$3000\times10^4$t和$1900\times10^4$t。两者之间的差额一直很大，这正是全球粮食储备越来越少的原因所在。

### 5.6.2 中国土地与粮食安全

当前，我国土地与粮食安全面临着复杂的局面，受到耕地面积与质量、气候变化与环境污染、水资源供给等诸多因素的制约。但是，从总体上看，粮食安全的供给、粮食安全的结构、粮食安全的需求是今后影响我国粮食安全的主要因素。

#### 5.6.2.1 影响我国粮食安全的供给因素

从长远看，粮食的供给能力是影响粮食安全的决定性因素。本国粮食保障是由粮食供给能力和粮食储备能力共同构成的。其中立足于本国的粮食生产是最基本的保障能力，而粮食的储备能力对稳定粮食生产与粮食价格都有着极其重要的宏观调节作用。因此，保护好我国耕地是未来确保粮食安全的首要因素。但是，目前出现的耕地数量减少、耕地质量下降、农药化肥的污染、水土流失等一系列环境问题，已经直接影响到我国的粮食安全。

① 目前，我国耕地总量及人均耕地面积和质量均呈下降趋势。人均耕地面积不及世界人均面积的23.8%，而且还一直处于减少之中，现已逼近18亿亩（$11999.7\times10^4hm^2$）红线。随着快速的城市化进程，侵占农田势力依然强劲。如果按照《全国土地利用总体规划纲要》的安排，到2010年非农建设用地需占用耕地2950万亩（$196.7\times10^4hm^2$）。实际上，在2000年之前，就已经占用了1100万亩（$73.3\times10^4hm^2$），也就是说，在过去的10年里，非农建设性可控耕地仅有1850万亩（$123.4\times10^4hm^2$）。

② 目前，我国耕地质量不断下降，水土流失严重。现中低产田已占总耕地面积的2/3，有机质含量普遍降低到1.5%。全球仅有的三大黑土带之一的东北黑土地，土壤中的有机质含量已经从刚开垦时的8%～10%下降到现在的3%～5%。另外，因普遍存在乱垦草原、滥伐森林的现象、使大片耕地失去了绿色屏障保护和小气候调节，导致干旱半干旱地区有40%的耕地出现沙漠化。

③ 目前，我国耕地污染严重，农业生态功能下降。现耕地受污染面积超过了$2000\times10^4hm^2$，仅此一项，每年粮食减产高达$3000\times10^4$t。20世纪70年代末期以来，人口增长的巨大压力，迫使我们不断地追求耕地生产力和单位面积产量的提高，致使农业生态系统功能

蜕变。在农业上不得不大规模持续性提高化肥、农药施用量。据农业部门统计，我国2010年化肥施用量比新中国成立初期上升了380%，平均每公顷耕地化肥施用量高达400kg；农药每年施用量超过了$120\times10^4$t。由此原因，残留于粮食中的有毒有害物质严重地威胁着国民用粮安全。

#### 5.6.2.2　影响我国粮食安全的结构性因素

影响我国粮食安全的除了总量问题，还有结构问题。改革开放以来，我国经历了几次比较重大的粮食供求失衡阶段：1982～1984年，我国出现了新中国成立以来首次农民“卖粮难”的问题，国家对粮食购不起、销不动、存不下、调不动。1985～1988年，国家对粮食收购难，市场粮食供应转紧，粮食市场价高于合同价。1990～1993年，农民卖粮难，国家收储调销难，粮价下跌，南方早籼稻产区的卖粮难现象尤为严重。1993～1995年，粮食供应紧张，市场粮价迅速上涨，成为当时推动全国性通货膨胀的重要因素。1996～2003年，农民卖粮难，粮食调销难，粮价下跌并长期低迷。其中，东北的玉米卖粮难问题最为突出，也最早发生；南方早籼稻的卖粮难问题也出现较早，且比较严重。2003～2004年，粮价上涨，局部地区、部分品种粮食供应紧张。基于对改革开放以来我国历次粮食供求失衡状况的回顾与分析，可以得出如下基本结论。

① 自20世纪80年代以来，总量问题对我国粮食供求平衡的影响趋于减弱，而结构问题对粮食安全的影响开始凸显。区域性的粮食结构失衡成为供求的主要矛盾。2003～2004年，出现的两波粮价猛涨，都是因为稻谷的产量下降过快、库存跌到较低水平所引起的。粮价上涨最初发生在大米上，江苏、浙江、上海地区的大米价格大幅度上涨，带动了全国性的大米价格及其他粮食价格猛涨。在这一时期，尽管粮食减产，全社会的粮食库存规模仍比较大，粮食库存总量至少能满足全国全年粮食消费量的70%～75%，远超过联合国粮农组织规定的粮食安全警戒线。因此，可以确认，导致此轮粮价上涨和局部供应紧张的主要问题绝非总量问题，而是结构问题。

② 影响我国粮食安全的结构问题主要是品种结构和区域结构。品种结构和区域结构的平衡作用是互为表里、相互叠加的。例如，1980年以来的多次粮食供求失衡，多是由粮食主销区的稻谷供求失衡引发的。甚至1986～1988年间的粮食价格上涨，也是由区域性的粮食供给不足引发的，而不是全国性的粮食供给总量不足造成的。区域性的价格上扬，经某些因素放大后造成全国性的农产品价格上涨。相对于小麦、玉米和大豆，稻谷往往是引发我国粮食安全的先导性和敏感性品种。1989年以后，品质结构平衡对实现粮食安全的影响不断加深，以至于粮食供求失衡问题往往表现为某类品质粮食供给的过剩或不足，甚至同一品种不同质量的粮食同时出现供给过剩与短缺问题。在1990年两度出现农民卖粮难中，早籼稻供给过剩问题比较严重。在2003年四季度粮食供给局部转紧的过程中，早籼稻供给不足的问题又显现出来。从趋势上看，随着城乡居民收入和消费水平的提高，粳稻在实现稻谷供求平衡中的地位将逐步凸显起来，小麦则是供给过剩与供给不足并存的典型品种。

③ 人口增长将导致粮食供求关系的紧张。2000年后，中国粮食市场再次呈现出国内生产供不应求的局面。2001～2004年间，平均每年粮食供需缺口接近$350\times10^8$kg。这些缺口主要是通过粮食库存和粮食进口得到弥补。根据测算，即使严格控制人口增长，到2010年、2020年和2030年，中国的人口也将先后达到14.0亿～14.3亿、14.7亿～15.4亿和15.3亿～16.3亿。如果按照现在的需求水平和变化趋势看，2010年、2020年、2030年我国粮食需求将分别达到$(5460\sim5577)\times10^8$kg、$(5807\sim6083)\times10^8$kg和$(6120\sim6520)\times10^8$kg。由于粮食生产直接受种粮、资源、技术、资金的制约与影响，今后国内产量增长难度很大。从长远看，供需之间必将存在一定缺口，个别年份、个别品种、个别地区会出现供

求关系紧张的结构性问题。

#### 5.6.2.3 影响我国粮食安全的需求因素

随着城市化进程的加快，我国城乡居民的收入不断提高，这将导致全社会对粮食的间接需求持续增长，由此引起粮食需求总量进一步扩大，同时对我国粮食安全产生影响。通过对1980年以来我国人均GDP与粮食间接消费之间关系的回归分析，可以发现GDP的增长会直接导致对粮食间接消费量的增长。例如，从1981～1990年与1991～2003年，人均GDP每增加1元，全国粮食间接消费量分别增加了$3.210\times10^4$t和$1.334\times10^4$t。此外，当前我国口粮部分地向工业用粮及饲料用粮转化，也对我国的粮食安全问题构成威胁。2010年，我国酒类总产量达到$7496\times10^4$t，消耗粮食$527.1\times10^8$kg，与1995年相比，翻了2.5倍。1980年以来，溶剂、制药等行业以年均5%的速度增长，年均消耗粮食$50\times10^8$kg，到2010年粮食消耗增长至$103.9\times10^8$kg。作为“朝阳”产业的饲料加工业，对粮食的需求也呈现不断增长态势，2010年，我国粮食需求的35%用作饲料粮，预计2030年这一比例将趋近于50%。饲料用粮、制药用粮和酿酒用粮等的快速增长，增加了我国粮食安全的压力。

## 习 题

1. 从全球角度看，土地还是一种丰富的资源吗？
2. 能论述各大洲耕地面积消长的趋势吗？
3. 城市化对土地资源都产生哪些影响？
4. 当前土地退化主要表现在哪些方面？
5. 试述农药迅速发展的主要原因。
6. 请问农药对环境都产生了哪些影响？
7. 请问，当今世界粮食增产都存在哪些难题？
8. 如何定义土壤圈？
9. 土地与土壤有何区别？
10. 中国存在哪些土地与粮食的安全影响因素？
11. 知道农药是如何影响粮食与食品安全的吗？
12. 知道农药是通过哪些渠道进入人体的吗？
13. 所谓的绿色革命能从根本上解决人类粮食问题吗？请论述。
14. 能说清楚中国的土地消长与粮食供给问题吗？
15. 知道生物农药应该包括的范围吗？
16. 衡量土地资源的重要指标是什么？

# 第6章　人类与岩石圈

岩石圈是指地球最外层数千米厚的岩石及其风化壳的总体，是人类生存环境中最下面的一个圈层，又是地球内部各圈层的最外层。该层是人类生存的资源库。

## 6.1　岩石圈与自然资源

### 6.1.1　地球内部的圈层构造

根据地球物理学研究的揭示，地球的平均半径为 6371km，从地心向外，可以分为如下几个圈层构造（详见图 6-1）：

（1）固态内核　它是地球的核心部分，呈固态，或认为是受超强的压力 [(3.33～3.67)×$10^5$MPa] 作用使原子壳层破坏而呈超固态，密度高达 10～12g/$cm^3$，温度高达 4000～4500℃。内核的半径约为 1225km。

（2）液态外核　厚约 2250km，温度约 3000～4000℃，压力约为（1.5～3.0)×$10^5$MPa，密度约为 6～10g/$cm^3$，据推测，由液态铁组成，其中可能含镍约 10%，并有大约 15% 较轻的元素，如硫、硅、氧、钾和氢等存在。

以上两部分合称地核，其质量约占地球全部的 33%。

（3）地幔　位于地核与地壳之间的构造层，厚约 2860km，主要由橄榄岩类组成，即富含铁、镁的硅酸盐岩石，与其上的地壳成分不同。根据地震波速在 400km 和 670km 深度上存在两个明显的不连续面，可将地幔分为 3 部分。

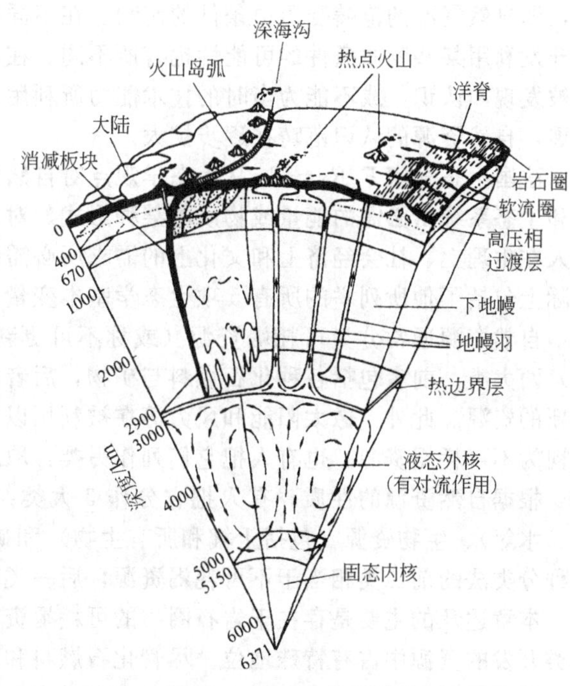


图 6-1　地球内部各圈层

① 上地幔：地壳以下至 400km 深度。地幔的顶部和地壳刚性较好、温度较低的这部分称为岩石圈。其厚度不甚均匀，海洋下较薄，海洋屋脊最新部分仅 6～8km，最老部分约 100km。大陆上较厚，约 100～400km。岩石圈以下温度较高而刚性较弱，能缓慢变形，这部分称为软流层。

② 高压相过渡层：向下深度在 400～670km 之间。

③ 下地幔：向下深度在 670～2891km 之间，成分与构造比较均匀。地幔中存在着物质的对流，一方面，洋壳板块向下俯冲而逐渐消减，另一方面地幔下部物质又沿着某些特殊的“通道”向上运动，形成地幔羽，或称地幔柱。地幔中温度约为 1000～3000℃，压力约 (2～100)×$10^5$Pa，岩石密度约为 3.5～4.5g/$cm^3$。

(4) 地壳　包裹着整个地球内部的薄壳。质量只占全球的0.2%。厚度不均匀：洋壳极薄，仅2～11km（包括海水），平均约7km，密度3～3.1g/cm³，主要由镁铁质火成岩，即玄武岩和辉长岩组成，上覆极薄的深海沉积物；陆壳较厚，约15～80km，平均35km，密度2.7～2.8/cm³，由火成岩、变质岩和沉积岩组成，因此其成分不均匀。地壳与地幔之间的地震波和传导速度有突然的变化，这个界面称为莫霍面。

地壳就其厚度而言，仅及地球半径的0.5%。然而，正是这个薄层包含了陆地与海洋、土壤与生物，并且是陆地与海洋沉积物的来源，也是海洋中的盐类、大气中各种气体以及海洋、大陆中自由水的源泉，它还是人类所需要的矿物原料和化石燃料的储藏库。

自从5000年前人类进入青铜器时代以来，对岩石圈的需求与干预愈来愈大。钻探、采掘、抽取与灌注等作业从各个方面对岩石圈施加作用。本章将从岩石圈中矿物与燃料的供应前景以及人类活动对岩石圈的影响与其生态学后果两方面进行讨论。

### 6.1.2　自然资源及其分类

自然资源就是自然界中能被人类利用的物质条件的总称。这一定义隐含着一个历史的前提，即自然资源的范畴受历史条件的制约。在不同生产力水平下，人类对物质条件的需求以及开发利用某些物质条件的可能性也有所不同。在古代生产力水平低下时，许多物质条件或未被发现和认识，或不能为当时的技术能力所利用，因而不被当作资源。随着社会生产力的发展，自然资源的认识范畴在逐步扩大。

法国生态学家F. Ramade从生态学观点对自然资源定义如下：自然资源就是生物体、群落和生态系统所必需的能量或物质的某种形式。对人类而言，自然资源就是为了满足社会和个人在生理上、社会经济上和文化上的需求所必需的任何能量和物质。具体地说，自然资源实际上包括了他所列举的所有5项生态学基本变量，即能量、物质、空间、时间和多样性。

自然资源通常分为可耗竭资源（或称不可更新资源）和不可耗竭资源（或称可更新资源）两大类。前者包括各种化石燃料与矿物，后者包括生物、水和土壤等在一定时期内能够更新的资源。此外，像太阳能和风力等在被利用以后其数量和强度并不减弱，取之不竭，也应视为不可耗竭资源。也有人把它们列作另类：取之不尽的资源。

根据自然资源的性质，有人把它分作3大类：生态资源（或称恒定资源，如阳光、气温、水等）、生物资源（包括土壤和所有生物）和矿物资源（包括煤炭、石油、天然气等）。这种分类法的前二类相当于不可耗竭资源，后一类相当于可耗竭资源。

本章述及的主要是存在于岩石圈中的可耗竭资源，且主要涉及能源与矿物资源，二者在人类开发的资源中占有特殊地位。尽管化石燃料和某些含金属的沉积物有着生物起源，但它们均属不可更新的资源。二者之间存在着根本性差别：含于煤、石油和$U^{235}$中的能量一旦被燃烧或裂变释放以后，就按照热力学定律永远失去其有用的形式；而矿物元素却永远不会因被使用而消失，即使被氧化也只不过是改变其化学状态而已，而且有些人工合成的有机物具有极强的抵抗生物地球化学降解的能力，长期存留在自然环境之中。

从这一观点出发，在自然资源中能源最为重要，它被使用以后既不能再生也不能再循环。只要其价格足够的低廉，它就会被很快地耗竭。

### 6.1.3　可耗竭资源的开采周期

从某种意义上说，地球的矿物资源几乎是无穷尽的。只要有足够的手段，就可以从任何一块岩石或泥土中分析乃至提炼出周期表上大多数元素。以人类最熟知的铁元素来说，其含量占地球质量的34.6%（详见表6-1），合$2.1\times10^{21}$t，等于火星质量（$6.4\times10^{20}$t）的3倍多。虽然地球中的铁元素大部分集中在地核中，非人类所能取得。但是，地壳中含铁5.0%

（详见表6-2），合$6.0\times10^{17}$t，为目前已探明铁矿储量的400万倍。

表6-1 地球中各主要元素的平均组成

| 序列 | 元素 | 符号 | 质量百分数/% | 累积质量百分数/% |
|---|---|---|---|---|
| 1 | 铁 | Fe | 34.6 | 34.60 |
| 2 | 氧 | O | 29.5 | 64.10 |
| 3 | 硅 | Si | 15.2 | 79.30 |
| 4 | 镁 | Mg | 12.7 | 92.00 |
| 5 | 镍 | Ni | 2.4 | 94.40 |
| 6 | 硫 | S | 1.9 | 96.30 |
| 7 | 钙 | Ca | 1.1 | 97.40 |
| 8 | 铝 | Al | 1.1 | 98.50 |
| 9 | 钠 | Na | 0.57 | 99.07 |
| 10 | 铬 | Cr | 0.26 | 99.33 |
| 11 | 锰 | Mn | 0.22 | 99.55 |
| 12 | 钴 | Co | 0.13 | 99.68 |
| 13 | 磷 | P | 0.10 | 99.78 |
| 14 | 钾 | K | 0.07 | 99.85 |
| 15 | 钛 | Ti | 0.05 | 99.90 |

然而，由于能源供应、技术水平和经济效益的限制，我们还不能从一般岩石中提取人类所需要的元素。如果从陆地岩石中提取1t铁就需要20t岩石，提取1t铬、镍、铜或锌各需要（1～2）$\times10^4$t岩石，而提取1t金则需$2.85\times10^8$t岩石，这是无论如何也难以做到的。幸而，由于地球内部的岩浆活动与地表风化过程等内外应力的作用，一些元素相对地集中于某些矿物或岩石中，形成各类矿床，使开采与提炼这些元素在技术上与经济上成为可能。例如，铁矿开采的工业品位（品位是指矿石中有用矿物或有用组分的单位含量，常用质量百分率、g/t或g/$m^3$等单位表示）为30%～40%，低于此品位则在当前的经济技术条件下不宜开采。

表6-2 地壳中含量较多的元素

| 元素 | 符号 | 质量百分数/% | 体积百分数/% | 原子百分数/% |
|---|---|---|---|---|
| 氧 | O | 46.6 | 93.8 | 62.6 |
| 硅 | Si | 27.7 | 0.9 | 21.2 |
| 铝 | Al | 8.1 | 0.5 | 6.5 |
| 铁 | Fe | 5.0 | 0.4 | 1.9 |
| 钙 | Ca | 3.6 | 1.0 | 1.9 |
| 钠 | Na | 2.8 | 1.3 | 2.6 |
| 钾 | K | 2.6 | 1.8 | 1.4 |
| 镁 | Mg | 2.1 | 0.3 | 1.8 |

任何一种矿物资源在地壳和地球中的储量都是固定的，但是对资源的调查和勘探总要有一个过程。因此，矿物资源一般均可分为已探明的储量和未探明的储量。储量已探明的资源

中，可按其探明的程度与经济可行性把矿物资源分为5类，如图6-2所示。

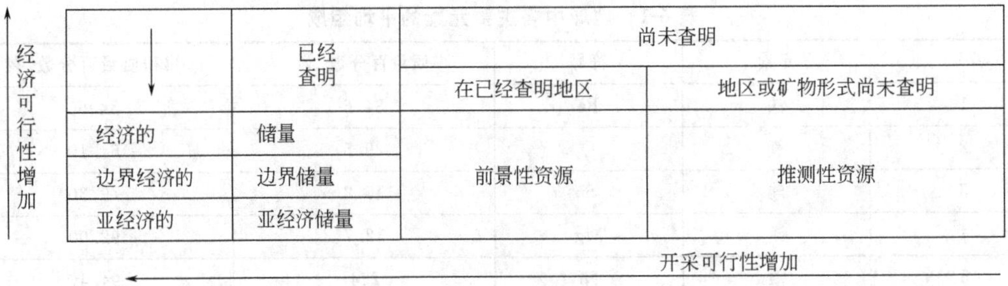

经济可行性增加

| | 已经查明 | 尚未查明 | |
|---|---|---|---|
| | | 在已经查明地区 | 地区或矿物形式尚未查明 |
| 经济的 | 储量 | 前景性资源 | 推测性资源 |
| 边界经济的 | 边界储量 | | |
| 亚经济的 | 亚经济储量 | | |

开采可行性增加

图6-2 矿物资源分类

① 储量（Reserves）：某一个时期内已探明，在经济上和法律上可供开采以提炼有用矿物或能源产品的资源。

② 边界储量（Marginal Reserves）：已探明资源中经济上可采性处于边界状态的部分，包括经济技术或法律因素发生变化后方有可能开采的资源。

③ 亚经济储量（Subeconomic Reserves）：已探明资源中不符合储量或边界储量标准的部分，但是，在充分经济技术变革条件下有可能变成储量。

④ 前景性资源（Hypothetical Resources）：虽未探明，但是根据已知的地质资料及其矿区的具体情况有理由期望其存在的资源。

⑤ 推测性资源（Speculative Resources）：未发现的物质，可能是一类已知的矿床存在于一种有利的地质背景中，但尚未被发现，也可能是一类有待认识的未知矿床。

## 6.2 岩石圈中的能源

### 6.2.1 能源及其分类

上文已经指出能源（资源）对人类的特殊意义。事实上，人类社会的进步也是对能源（资源）与物质消费量持续增长的过程。据研究，原始社会人类的能源消费极其有限，只限于食物的消费。随着社会文明的发展，人类在生活和生产上所消耗的能源急剧增加，从表6-3所列数据表明，当代信息社会人均能源消费量为原始社会的300多倍。而且，当今全球能源消费水平差异也很大，发达国家与发展中国家人均能源消费量的差别高达几十倍，甚至上百倍。

表6-3 历史上各文明阶段人均能源消费水平的变化 单位：kJ/（人·d）

| 年代 | 文明阶段 | 食物[①] | 家居 | 工农业 | 交通运输 | 总计 |
|---|---|---|---|---|---|---|
| $10^6$ 年以前 | 旧石器时代早期 | 8400 | — | — | — | 8400 |
| $10^5$ 年以前 | 旧石器时代中期 | 12600 | 8400 | — | — | 21000 |
| $10^4$ 年以前 | 新石器时代早期 | 16700 | 16700 | 16700 | — | 50100 |
| 600年以前 | 中世纪末期(西北欧) | 25100 | 50000 | 29300 | 4100 | 108000 |
| 100年以前 | 工业社会早期 | 29300 | 134000 | 100000 | 59000 | 322300 |
| 公元1970年 | 技术社会 | 42000 | 276000 | 380000 | 264000 | 962000 |
| 2000年后 | 信息社会 | 63000 | 1131600 | 874000 | 818400 | 2887000 |

① 包括生产肉奶制品所消耗的能量。

迄今为止，人们从不同的角度对能源进行了多种多样的分类，如一次能源和二次能源，常规能源和新能源、可再生能源和不可再生能源等（详见图6-3）。

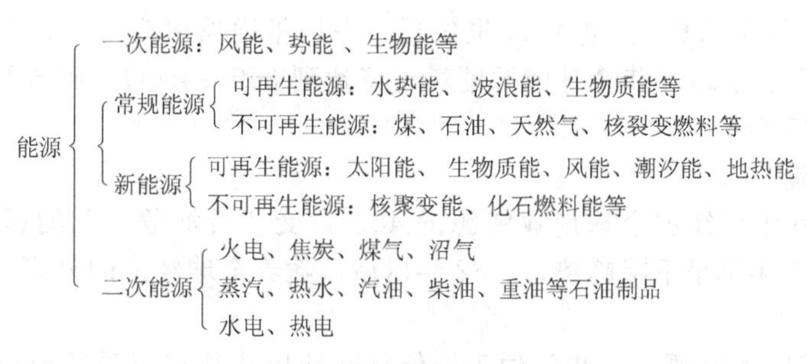


图 6-3　能源分类

按照能源的使用方式可以分为一次能源与二次能源。一次能源是指从自然界直接取得，而不改变其基本形态的能源，有时也称初级能源。包括一切直接使用的可再生能源和不可再生能源。二次能源是指经过加工，转换成为另一种形态的能源，如火电、煤气等。但有时一次能源和二次能源之间并无截然的界线。

按照能源使用的历史可以分为常规（或传统）能源和新能源，常规能源是指当前被广泛利用的一次能源，如煤炭、石油、天然气、生物质能等；新能源是目前尚未广泛利用而正在积极研究以便推广利用的一次能源，如地热能、潮汐能、太阳能和沼气能等。此外，风能的利用虽然有着悠久的历史，但是，当代高效风力发电机的集群利用又使风能成为新能源的一种。

按照能源的产生和再生能力可以分为可再生能源和不可再生能源两大类。可再生能源是指能够不断地从自然界得到补充，并供人们使用的一次能源，如水势能、波浪能、太阳能等；不可再生能源是指经若干地质年代才能形成而在一定时期内（短期）无法再生的一次能源，包括一切化石燃料与核裂变燃料等。它们尽管短期内无法再生，却是我们目前主要利用的能源。

### 6.2.2　世界能源供求状况与前景

从人类进化史来看，大规模使用化石燃料的历史尚不足 200 年，长期以来人类使用的燃料是薪柴、木炭、作物秸秆和牲畜粪便。有资料表明，直至 1895 年，工业发达的美国与欧洲大陆的能源结构中木材仍占 90%。只是进入 20 世纪以后，煤的使用才开始表现出作用。在木材丰富的北美，当煤在能源供应中的比例上升至 70%时，木材的需求才下降至 20%。同期全球商业能源组成中煤炭已占 90%。这个时期煤炭的使用占有主导地位。

从 20 世纪 20 年代开始，因国际上石油的开采大幅度上升，煤的重要性才有所下降。1950 年在美国，石油和天然气合计占能源供应的 60%。即使 1973 年曾经发生过全球“石油危机”，但是，直至 1975 年石油和天然气消耗仍旧占全球能耗的 67%。总之，从 20 世纪 20～70 年代的半个世纪中，全球石油产量急剧增长，构成了能源供应的“石油时代”。据统计，1925～1975 年间，全球煤炭产量增长了 70%，而同期石油产量却增长了 1000%。从 1975～2010 年，全球化石燃料的消耗都以非常惊人的速度在增长。

就全球而言，有人作过估计，从人类利用煤炭开始直至 1860 年，全球共消耗煤炭约 $7.00\times10^{9}$ t，从 1860～1970 年的 110 年间全球共消耗煤炭 $1.33\times10^{11}$ t，为过去年代的 19 倍。如果把所有能源均包括在内，从远古至 1860 年全球所消耗的能源约为 $3.59\times10^{10}$ t 煤当量（tce），约等于 1Q（$1Q=3.662\times10^{10}$ tce），而 1860～1970 年期间的消费量就约达 10Q。据统计，从 1970～2000 年的 30 年间全球能源消耗量已经超过 30Q。回顾过去，全球能源消耗随着人类人口的增加呈指数增长，且愈增愈快。19 世纪中期全球能源消耗的年增长率约为 2%，从 19 世纪中期～20 世纪初期，年增长率约为 3.5%，到了 20 世纪 60 年代时，平均年增长率约为5.6%，进入21世纪后，平均年增长率约为12.6%，如果按后一个百分数推测，到了公元2050年全球能源消耗量将达到350～450Q。而岩石圈中所有化石燃料的总储量仅为250Q。

#### 6.2.2.1 石油

1970年石油消耗曾经占全球商业能源的48%，受“石油危机”的影响，1973年降至43%，之后至1982年仍呈下降趋势。1982年以后，随着全球经济的复苏，石油消耗又呈上升趋势。

近年来，虽然陆续发现了一些新油田，但是新油田往往在更深的地层和离岸更远的近海。从全球范围看，每勘探1km²所发现的石油储量呈明显减少趋势，说明石油勘探的前景不甚光明。就以20世纪70年代欧洲人曾寄予厚望的欧洲北海油田（North Sea Oil Field）来说，其总储量虽称巨大，达$2.5\times10^9$t，但和1985年欧洲$0.7\times10^9$t的石油消耗相比，也仅仅满足其4年之需。据2009年BP世界能源统计结果显示：1988年底全球石油探明储量为9984亿桶；1998年底探明储量为10685亿桶；2007年底探明储量为12610亿桶；平均每年新探明储量为131.3亿桶，到2008年底却没有发现新储量（详见表6-4）。如果今后仍旧发现不到新储量，全球石油耗竭的前景就为期不远了。

**表6-4 1988～2008年全球石油探明储量**

| 地区 | 1988年底/10亿桶 | 1998年底/10亿桶 | 2007年底/10亿桶 | 2008年底 | | | |
|---|---|---|---|---|---|---|---|
| | | | | $10\times10^8$t | 10亿桶 | 占总量比例/% | $R/P$① |
| 北美洲 | 100.0 | 65.3 | 71.3 | 9.7 | 70.9 | 5.6 | 14.8 |
| 中南美洲 | 69.2 | 95.6 | 123.5 | 17.6 | 123.2 | 9.8 | 50.3 |
| 欧洲及欧亚大陆 | 77.3 | 104.9 | 144.6 | 19.2 | 142.2 | 11.3 | 22.1 |
| 中东 | 653.0 | 684.3 | 755.0 | 102.0 | 754.1 | 59.9 | 78.6 |
| 非洲 | 59.0 | 77.2 | 125.3 | 16.6 | 125.6 | 10.0 | 33.4 |
| 亚太地区 | 39.9 | 41.3 | 41.3 | 5.6 | 42.0 | 3.3 | 14.5 |
| 全球总计 | 998.4 | 1068.5 | 1261.0 | 170.8 | 1258.0 | 100.0 | 42.0 |
| 其中：欧盟 | 8.3 | 8.9 | 6.7 | 0.8 | 6.3 | 0.5 | 7.7 |
| 经合组织 | 118.3 | 89.2 | 90.3 | 12.0 | 88.9 | 7.1 | 13.2 |
| 石油输出国组织 | 764.0 | 827.2 | 957.1 | 129.8 | 955.8 | 76.0 | 71.1 |
| 非石油输出国组织 | 173.5 | 157.6 | 174.7 | 23.6 | 174.4 | 13.9 | 14.8 |
| 前苏联 | 60.9 | 83.8 | 129.2 | 17.4 | 127.8 | 10.2 | 27.2 |
| 加拿大油砂 | n/a | n/a | 150.7 | 24.5 | 150.7 | | |
| 探明储量和油砂 | n/a | n/a | 1411.7 | 195.3 | 1408.7 | | |

① $R/P$为储采比，用该年底的探明储量除以该年底的开采量所得的结果。

全球石油消耗的上升趋势一直延续到2007年（详见表6-5），2008～2010年略有下降，但是，取而代之的是乙醇燃料消耗开始上升。若以全球2008年石油消耗量为287.9亿桶（1t石油=7.33桶）的保守数字推算，其探明储量仅够开采44年，即2050年底全球石油宣告采完。

#### 6.2.2.2 天然气

天然气主要成分为甲烷（占75%～79%），其次为轻质烃（丙烷、丁烷和戊烷），并含有痕量$N_2$和硫化物，是所有化石燃料中污染最轻的，全球储量相当大。据2009年BP世界能源统计结果显示：1988年底天然气探明储量为$109.72\times10^{12}$ m³；1998年底探明储量为$148.01\times10^{12}$ m³；2007年底探明储量为$177.05\times10^{12}$ m³；2008年底探明储量为$185.02\times$

$10^{12}m^3$（详见表 6-6）；平均每年新探明储量为 3.765×$10^{12}m^3$，前景储量尚较难确定。

**表 6-5　1998～2008 年全球石油消耗量**

| 地区 | 年消耗量/(×$10^8$t) | | | | | | | | | | |
|---|---|---|---|---|---|---|---|---|---|---|---|
| | 1998 | 1999 | 2000 | 2001 | 2002 | 2003 | 2004 | 2005 | 2006 | 2007 | 2008 |
| 北美洲 | 10.333 | 10.584 | 10.714 | 10.716 | 10.711 | 10.918 | 11.346 | 11.394 | 11.302 | 11.345 | 10.766 |
| 中南美洲 | 2.273 | 2.273 | 2.259 | 2.309 | 2.287 | 2.221 | 2.275 | 2.348 | 2.430 | 2.600 | 2.703 |
| 欧洲及欧亚大陆 | 9.422 | 9.355 | 9.281 | 9.345 | 9.335 | 9.409 | 9.516 | 9.583 | 9.685 | 9.476 | 9.555 |
| 中东 | 2.071 | 2.124 | 2.223 | 2.281 | 2.367 | 2.450 | 2.572 | 2.687 | 2.783 | 2.901 | 3.069 |
| 非洲 | 1.118 | 1.154 | 1.151 | 1.154 | 1.167 | 1.188 | 1.220 | 1.280 | 1.263 | 1.299 | 1.352 |
| 亚太地区 | 9.174 | 9.609 | 9.884 | 9.906 | 10.189 | 10.537 | 11.179 | 11.326 | 11.477 | 11.774 | 11.834 |
| 全球总计 | 34.392 | 35.101 | 35.512 | 35.711 | 36.055 | 36.723 | 38.108 | 38.618 | 38.940 | 39.394 | 39.279 |
| 其中：欧盟 | 7.035 | 7.004 | 6.967 | 7.033 | 6.998 | 7.032 | 7.132 | 7.201 | 7.218 | 7.002 | 7.026 |
| 经合组织 | 21.517 | 21.885 | 21.997 | 21.976 | 21.908 | 22.230 | 22.664 | 22.816 | 22.689 | 22.461 | 21.798 |
| 前苏联 | 1.811 | 1.778 | 1.732 | 1.726 | 1.741 | 1.767 | 1.777 | 1.775 | 1.859 | 1.862 | 1.895 |
| 其他新兴市场经济体 | 11.064 | 11.438 | 11.784 | 12.009 | 12.406 | 12.726 | 13.668 | 14.027 | 14.392 | 15.071 | 15.586 |

**表 6-6　1988～2008 年全球天然气储量**

| 地区 | 1988 年底 /(×$10^{12}m^3$) | 1998 年底 /(×$10^{12}m^3$) | 2007 年底 /(×$10^{12}m^3$) | 2008 年底 | | |
|---|---|---|---|---|---|---|
| | | | | /(×$10^{12}m^3$) | 占总量比例/% | $R/P$① |
| 北美洲 | 9.51 | 7.24 | 8.88 | 8.87 | 4.8 | 10.9 |
| 中南美洲 | 4.79 | 6.35 | 7.27 | 7.31 | 4.0 | 46.0 |
| 欧洲及欧亚大陆 | 44.53 | 59.09 | 57.39 | 62.89 | 34.0 | 57.8 |
| 中东 | 34.34 | 53.17 | 74.17 | 75.91 | 41.0 | ② |
| 非洲 | 7.68 | 10.77 | 14.54 | 14.65 | 7.9 | 68.2 |
| 亚太地区 | 8.86 | 11.39 | 14.80 | 15.39 | 8.3 | 37.4 |
| 全球总计 | 109.72 | 148.01 | 177.05 | 185.02 | 100.0 | 60.4 |
| 其中：欧盟 | 3.65 | 3.77 | 2.91 | 2.87 | 1.6 | 15.1 |
| 经合组织 | 16.57 | 16.17 | 16.56 | 16.63 | 9.0 | 14.6 |
| 前苏联 | 38.46 | 51.48 | 51.50 | 57.00 | 30.8 | 71.8 |

① $R/P$ 为储采比，用该年底的探明储量除以该年底的开采量所得的结果；

② 储采比超过 100 年。

与石油相比，虽然天然气储量颇丰，但是其分布极不均匀。中东地区天然气储量占全球探明储量的 41%，欧洲及欧亚大陆天然气储量占全球探明储量的 34%，这一部分储量主要分布在前苏联，其次分布在欧洲西北部，其中荷兰的格罗宁根（Groningen）储量达到 2.00×$10^{12}m^3$，是全球较大的天然气田之一。就全球来看，中东地区和欧洲及欧亚大陆占了全球天然气总储量的 75%，其余地区仅仅占 25%。

全球天然气消耗量一直呈上升趋势，从 1998～2008 年的 10 年间，全球天然气消耗量从 22682×$10^8m^3$ 稳步上升到 30187×$10^8m^3$（详见表 6-7），平均每年新增消耗 750.5×$10^8m^3$。

从全球来看，天然气的储采比 $R/P$=60.4，还是较大的。但是，如果今后不能够发现乐观储量，以 2008 年全球天然气的探明储量（1850200×$10^8m^3$）和消耗量（30187×$10^8m^3$）来推算，全球天然气的开采期限仅为 61 年。

表 6-7 1998～2008 年全球天然气消耗量

| 地区 | 年消耗量/($10\times10^8m^3$) | | | | | | | | | | |
|---|---|---|---|---|---|---|---|---|---|---|---|
| | 1998 | 1999 | 2000 | 2001 | 2002 | 2003 | 2004 | 2005 | 2006 | 2007 | 2008 |
| 北美洲 | 752.8 | 759.2 | 793.7 | 758.7 | 787.4 | 779.1 | 782.4 | 774.7 | 771.9 | 812.4 | 824.4 |
| 中南美洲 | 89.8 | 89.5 | 95.5 | 100.3 | 101.4 | 106.3 | 117.4 | 123.7 | 135.2 | 137.9 | 143.0 |
| 欧洲及欧亚大陆 | 945.4 | 967.5 | 996.9 | 1010.0 | 1029.1 | 1053.9 | 1087.2 | 1110.6 | 1132.4 | 1138.3 | 1143.9 |
| 中东 | 174.8 | 181.1 | 186.7 | 206.8 | 217.6 | 229.0 | 247.1 | 279.2 | 291.5 | 303.3 | 327.1 |
| 非洲 | 49.5 | 53.4 | 57.2 | 62.6 | 64.7 | 71.5 | 77.4 | 79.4 | 83.9 | 89.2 | 94.9 |
| 亚太地区 | 255.8 | 272.2 | 294.9 | 314.9 | 329.5 | 355.6 | 372.3 | 402.2 | 427.8 | 456.8 | 485.3 |
| 全球总计 | 2268.2 | 2322.8 | 2424.8 | 2453.3 | 2529.7 | 2595.5 | 2683.9 | 2769.8 | 2842.7 | 2938.0 | 3018.7 |
| 其中:欧盟 | 414.3 | 428.6 | 440.1 | 450.8 | 451.5 | 471.6 | 485.0 | 495.5 | 488.9 | 480.9 | 490.1 |
| 经合组织 | 1262.4 | 1294.8 | 1348.4 | 1331.7 | 1363.5 | 1384.6 | 1405.3 | 1414.8 | 1417.4 | 1466.7 | 1494.3 |
| 前苏联 | 513.7 | 520.2 | 535.5 | 536.5 | 553.3 | 554.3 | 572.1 | 580.9 | 605.7 | 615.1 | 609.6 |
| 其他新兴市场经济体 | 492.1 | 507.8 | 541.0 | 585.1 | 612.9 | 656.6 | 706.5 | 774.1 | 819.6 | 856.1 | 914.9 |

#### 6.2.2.3 油砂与油页岩

油砂与油页岩是岩石圈中含有的烃类化合物，它们具有很高的黏稠性，甚至呈准固态。岩石圈中这类物质储量很丰富，仅加拿大艾伯塔省（Alberta）的油砂田面积就达 $10\times10^4km^2$，估算烃类物质含量为 $4.70\times10^{10}t$，居全球之首，约合全球石油储量的一半。委内瑞拉的奥里诺科（Orinoco）油砂田中含沥青 $2.00\times10^{10}t$。另据地质学家估计，马达加斯加的油砂田中含烃类物质达 $1.50\times10^{11}t$，远远超过加拿大，但此项估计值尚有待于进一步证实。

全球储量最大的油页岩在美国西部的格林河流域（Green River Basin)，包括科罗拉多 (Colorado)、犹他（Utah）和怀俄明（Wyoming）几个州，这里的油页岩在美国 1860 年修筑横贯东西大铁路时就已经被发现。该地带油页岩中的石油远景储量达 $1.800\times10^{12}$ 桶，其中岩层厚度 10m 以上，含油量大于 100L/t，具有开采价值的石油储量约为 $1.170\times10^{11}$ 桶，约合 $2.000\times10^{10}t$。据地质学家估计，全球油页岩的远景含油储量约为 $2.000\times10^{15}$ 桶，约合 $3.419\times10^{14}t$，但目前有经济价值可供开采的只有约 $5.000\times10^{10}t$。

油砂、油页岩的组成与石油颇不相同，因而需要特殊的提炼技术和方法。例如油砂的技术处理常用沸水与蒸汽的混合物把吸附于惰性砂粒上的烃类分离出来，然后作进一步的加工。油页岩中所含准固态烃类成分也与原油差别很大，而且还含有各种氮的化合物和其他无机杂质，其提炼过程中需将岩石加热至48℃以上，而且耗水量很大，每产出 1t 粗挥发油需水 $3m^3$。因此，其成本将远远高于开采煤炭。而且，油砂、油页岩处理后所剩余的大量废砂石也造成新的环境污染问题。

#### 6.2.2.4 煤炭

煤在地壳中的分布比较有规律性，它常常蕴藏于某些地层中，并成片成片地分布，比较容易勘探。因此，在各类自然资源中煤的储量估计比较准确。据 2009 年 BP 世界能源统计结果显示（详见表 6-8)：直至 2008 年底全球煤炭探明储量为 $826001\times10^6t$（相当于 $412440.7\times10^6t$ 油当量)，其中无烟煤和烟煤探明储量为 $411321\times10^6t$（相当于 $274214.0\times10^6t$ 油当量)；亚烟煤和褐煤探明储量为 $414680\times10^6t$（相当于 $138226.7\times10^6t$ 油当量)。其储量分布：欧洲及欧亚大陆为 $272246\times10^6t$，占全球总储量的 33.0%；亚太地区为 $259253\times10^6t$，占全球总储量的 31.4%；北美洲为 $246097\times10^6t$，占全球总储量的 29.8%；

其余地区合计为 $48405\times10^6$t，占全球总储量的 5.8%。全球煤炭储采比 $R/P=122$，与其他能源相比还是很大的。

**表 6-8　2008 年底全球煤炭探明储量**

| 地　区 | 无烟煤与烟煤/($\times10^6$t) | 亚烟煤与褐煤/($\times10^6$t) | 总计/($\times10^6$t) | 占总量比例/% | $R/P$① |
|---|---|---|---|---|---|
| 北美洲 | 113281 | 132816 | 246097 | 29.8 | 216 |
| 中南美洲 | 6964 | 8042 | 15006 | 1.8 | 172 |
| 欧洲及欧亚大陆 | 102042 | 170204 | 272246 | 33.0 | 218 |
| 非洲与中东 | 33225 | 174 | 33399 | 4.0 | 131 |
| 亚太地区 | 155809 | 103444 | 259253 | 31.4 | 64 |
| 全球总计 | 411321 | 414680 | 826001 | 100.0 | 122 |
| 其中:欧盟 | 8427 | 21143 | 29570 | 3.6 | 51 |
| 经合组织 | 159012 | 193083 | 352095 | 42.6 | 164 |
| 前苏联 | 93609 | 132386 | 225995 | 27.4 | 433 |
| 其他新兴市场经济体 | 158700 | 89211 | 247911 | 30.0 | 60 |

① $R/P$ 为储采比，用该年底的储量除以该年底的开采量所得的结果。

全球煤炭消耗量一直呈上升趋势，从 1998～2008 年的 10 年间，全球煤炭消耗量从 $2261.7\times10^6$t 油当量稳步上升到 $3303.7\times10^6$t 油当量（详见表 6-9），平均每年新增消耗 $104.2\times10^6$t 油当量。尽管煤炭的储采比很大，但前景储量不容乐观。以 2008 年全球煤炭的探明储量（$412440.7\times10^6$t 油当量）和消耗量（$3303.7\times10^6$t 油当量）数字推算，全球煤炭的开采期限仅为 125 年，即 2133 年宣告采完，这个数字没有考虑到人口增长存在的潜在消耗因素。如果考虑这个因素，全球煤炭的开采期限不会超过 100 年。

**表 6-9　1998～2008 年全球煤炭消耗量**

| 地区 | 年消耗量/($\times10^6$t 油当量)① | | | | | | | | | | |
|---|---|---|---|---|---|---|---|---|---|---|---|
| | 1998 | 1999 | 2000 | 2001 | 2002 | 2003 | 2004 | 2005 | 2006 | 2007 | 2008 |
| 北美洲 | 582.3 | 581.4 | 606.9 | 593.0 | 591.1 | 604.5 | 603.0 | 614.9 | 606.1 | 614.6 | 606.9 |
| 中南美洲 | 19.7 | 20.1 | 20.1 | 19.0 | 18.3 | 19.6 | 20.5 | 20.8 | 20.9 | 22.5 | 23.3 |
| 欧洲及欧亚大陆 | 529.5 | 504.5 | 525.6 | 518.7 | 518.6 | 533.9 | 527.8 | 514.1 | 526.6 | 528.9 | 522.7 |
| 中东 | 6.8 | 6.7 | 7.3 | 8.3 | 8.7 | 9.0 | 9.0 | 9.1 | 9.1 | 9.3 | 9.4 |
| 非洲 | 91.6 | 89.9 | 89.4 | 89.3 | 92.4 | 97.4 | 103.4 | 100.8 | 102.3 | 105.7 | 110.3 |
| 亚太地区 | 1031.8 | 1048.0 | 1089.0 | 1121.5 | 1176.1 | 1333.2 | 1502.5 | 1647.6 | 1777.2 | 1913.5 | 2031.2 |
| 全球总计 | 2261.7 | 2250.7 | 2338.4 | 2349.7 | 2405.2 | 2597.6 | 2766.2 | 2907.4 | 3042.3 | 3194.5 | 3303.7 |
| 其中:欧盟 | 323.5 | 306.1 | 315.3 | 315.5 | 314.0 | 323.9 | 318.8 | 310.1 | 317.3 | 317.4 | 301.2 |
| 经合组织 | 1085.0 | 1072.8 | 1123.1 | 1113.7 | 1119.8 | 1150.2 | 1158.8 | 1169.1 | 1168.6 | 1189.4 | 1170.6 |
| 前苏联 | 163.9 | 161.3 | 169.1 | 166.1 | 166.0 | 170.3 | 167.6 | 161.1 | 166.8 | 166.5 | 176.9 |
| 其他新兴市场经济体 | 1012.8 | 1016.6 | 1046.2 | 1069.9 | 1119.3 | 1277.1 | 1439.8 | 1577.2 | 1706.9 | 1838.6 | 1956.3 |

① 1t 油当量大约相当于 1.5t 硬煤、3t 褐煤。

#### 6.2.2.5　水电

人类早就发明了水碓、水磨等水力机械和水力提水装置。20 世纪以来，世界各国均致力于水利水电的开发与利用，将水力发电推向了一个崭新的阶段。水力发电的确有很多优点：①无污染，运行费用低；②一般情况下，水库寿命比火电站和核电站都长；③水库具有城市供水、农业灌溉、水产养殖、防洪抗旱等多方面的综合效益等。

**表 6-10 1998～2008 年全球水电消耗量**

| 地区 | 年消耗量/($\times 10^6$t 油当量)① | | | | | | | | | | |
|---|---|---|---|---|---|---|---|---|---|---|---|
| | 1998 | 1999 | 2000 | 2001 | 2002 | 2003 | 2004 | 2005 | 2006 | 2007 | 2008 |
| 北美洲 | 154.6 | 158.3 | 151.6 | 131.5 | 145.4 | 143.9 | 144.2 | 150.0 | 152.8 | 145.6 | 148.9 |
| 中南美洲 | 117.5 | 118.2 | 124.8 | 117.3 | 122.9 | 127.9 | 132.8 | 140.9 | 148.0 | 152.6 | 152.5 |
| 欧洲及欧亚大陆 | 180.1 | 183.2 | 188.6 | 189.4 | 176.3 | 168.9 | 179.7 | 180.2 | 177.2 | 179.6 | 180.2 |
| 中东 | 2.6 | 2.0 | 1.8 | 1.9 | 2.9 | 3.2 | 4.0 | 4.1 | 5.4 | 5.2 | 2.8 |
| 非洲 | 15.7 | 17.3 | 17.0 | 17.8 | 18.9 | 18.7 | 19.8 | 20.4 | 20.9 | 22.1 | 22.2 |
| 亚太地区 | 117.1 | 113.6 | 116.7 | 128.4 | 130.7 | 134.2 | 153.2 | 162.6 | 179.5 | 190.7 | 210.8 |
| 全球总计 | 587.6 | 592.7 | 600.5 | 586.3 | 597.2 | 596.8 | 633.7 | 658.2 | 683.8 | 695.8 | 717.5 |
| 其中:欧盟 | 78.9 | 79.3 | 81.9 | 85.9 | 72.6 | 70.7 | 72.3 | 69.6 | 69.9 | 69.7 | 70.6 |
| 经合组织 | 302.8 | 305.6 | 305.3 | 283.2 | 287.6 | 282.2 | 286.2 | 287.7 | 291.0 | 283.9 | 288.3 |
| 前苏联 | 51.1 | 51.5 | 52.1 | 54.2 | 52.0 | 51.2 | 56.9 | 55.9 | 55.6 | 56.3 | 54.0 |
| 其他新兴市场经济体 | 233.7 | 235.6 | 243.1 | 248.9 | 257.6 | 263.4 | 290.6 | 314.6 | 337.1 | 355.5 | 375.3 |

① 1t 油当量大约相当于 12MW·h。

至 2008 年，全球水力发电持续增长，已占全球电力供应的 33.7%和商业能源供应的 11.5%。有些国家水力发电成为其主要能源，例如，挪威所用电力几乎全部来自于水电，其次是巴西、新西兰、瑞士，水电占全国电力的 75%以上，再次为奥地利占 68%、加拿大占 70%，加拿大有 400 座水电站在运转，其总发电能力超过了 60000MW。但就发电量的绝对数量而言，美国是水力发电量最多的国家，水电占这个耗能大国电力供应的 14%，全部商业能源的 6%。其他发达国家水电资源的开发程度也较高，其中欧洲最高，达 59%；但是，发展中国家水电的开发程度仍然较低，一般不足 11%。我国改革开放以来，水电的开发呈连续增长势头。

据 2009 年 BP 世界能源统计结果显示（详见表 6-10）：随着全球水力发电量的持续增长，与之相对应的是水电消耗持续增长；从 1998～2008 年的 10 年间，全球水电消耗量从 587.6$\times 10^6$t 油当量稳步上升到 717.5$\times 10^6$t 油当量，平均每年新增消耗 13.0$\times 10^6$t 油当量。相当于全球水电消耗量从 7051.2$\times 10^6$MW·h 稳步上升到 8610.0$\times 10^6$MW·h，平均每年新增消耗 156.0$\times 10^6$MW·h。

全球水力发电的潜能估计在 300$\times 10^4$MW。如果这个水势生产能力满负荷运转的话，可提供电量 9000$\times 10^6$MW·h（相当于 750$\times 10^6$t 油当量），这个数字与 2008 年全球水力发电量 8876.3$\times 10^6$MW·h 相比，仅存 123.7$\times 10^6$MW·h 的潜能。可见，全球水电开发潜能已尽。理由是：①全球许多最有利的地理地势已经被开发，西方发达国家尤其如此。有待开发地点多处在远离能源消费地的偏远山区，开发难度较大；②水电开发所需投资较大，发展中国家开发潜力较大，但缺乏资金，无力投资。

除此以外，从更长的时间跨度来看，水力发电还有一个往往被忽视的弱点，就是水库的寿命视土壤侵蚀的程度而发生变化，由 30～300 年不等。水库一旦被淤平，将永远失去它的功能，在其上游或下游不远处往往不可能再修筑新的水库。假如考虑到这一弱点，水力资源也可视作为可耗竭资源，该资源将随着水库的淤积而逐渐耗尽。

### 6.2.2.6　核能

核动力是来自岩石圈中的浓缩能源，19世纪末元素放射性的发现和20世纪初爱因斯坦相对论的提出，为核能的利用奠定了理论基础。原子核能的释放可以通过两条途径：一条途径是核裂变，质量较大的原子核在中子轰击下分裂成2个较小的新原子核，如果产生的中子继续轰击其他铀核，就会产生一系列链式反应（Chain Reaction)，导致铀核持续裂变。另一条途径是核聚变，两个质量较轻的原子核聚变为一个质量较重的新核，因为聚变反应需要在很高的温度下才会发生，所以也叫热核反应。无论是哪一条途径，它们都伴随着巨额能量的释放，同时质量减少，所减少的质量 $\Delta m$ 即转化为释放的能量 $\Delta E$，这就是著名的爱因斯坦质能守恒定律：$\Delta E=\Delta m \cdot C^2$，式中 $C$ 为光速。

现在已投入生产的成熟技术是核裂变，所用的物质为U-235，每个U-235原子裂变时释放200MeV能量，相当于 $3.20\times10^{11}$J。1g铀元素有 $2.56\times10^{21}$ 个原子，裂变时释放出的能量相当于2.7t煤。不过天然铀矿中U-235的含量只占0.711%（即每140个U-238原子中才有1个U-235原子），因此1g铀矿产生的能量约等于19.2kg煤。地壳中铀矿的储量不多，1976年世界能源会议和1977年美国的核能政策研究小组所提供的数字分别为 $490\times10^4$t 和 $487.6\times10^4$t，这两个数字非常接近。据国际原子能机构的统计资料表明，截至2010年，在第一个核电站投产63年之后，全球31个国家或地区共有440座核反应堆发电机组在运行，总发电量为 $7.522\times10^9$MW·h，约占全球电力供应的18.7%，商业能耗的5.5%。从核反应堆发电机组的数量看：美国占全球第一位，共有104座核发电机组在运行，总发电量达 $2.326\times10^9$MW·h；第二位是法国，有59座核发电机组在运行，总发电量为 $1.195\times10^9$MW·h；第三位是日本，有53座核发电机组在运行，总发电量为 $6.840\times10^8$MW·h；顺后排序的还有英国、俄罗斯、德国、韩国、加拿大、乌克兰、中国等。据2009年BP世界能源统计结果显示（详见表6-11)：1998～2002年，全球核能消耗量呈上升趋势，2003年有所下降，之后至2006年又有所上升，2007年后又有所下降；上升的主要原因是中国、印度等发展中国家核能发电迅速兴起，下降的主要原因是韩国、加拿大等发达国家开始控制核能发电；这一升一降，全球2008年核能消耗量基本保持在2002年与2004年的平均水平上，该年全球核能消耗量为 $619.7\times10^6$t 油当量，相当于消耗72621t铀矿。以此为据，不考虑以后核能的发展，可以推算全球铀矿储量将于2075年耗竭。可见，铀矿作为一种能源的使用周期也是不长的。但是，从2009年召开哥本哈根全球气候变化大会开始，因切尔诺贝利核电站事故而沉默了20多年的核电行业再次成为各国政府节能减排的热议话题，而重新引起重视。与2008年相比，2010年全球增加了5座核能发电机组，意大利要在2013年之前建设新的核能发电站，越南声称要在2020～2024年之间建成4座发电能力为4000MW的核能电站，引起了国际社会的普遍关注。

**表6-11　1998～2008年全球核能消耗量**

| 地区 | 年消耗量/($\times10^6$t 油当量)[①] | | | | | | | | | | |
|---|---|---|---|---|---|---|---|---|---|---|---|
| | 1998 | 1999 | 2000 | 2001 | 2002 | 2003 | 2004 | 2005 | 2006 | 2007 | 2008 |
| 北美洲 | 178.7 | 192.4 | 197.9 | 202.5 | 205.1 | 201.2 | 210.3 | 209.5 | 212.0 | 215.4 | 215.4 |
| 中南美洲 | 2.4 | 2.5 | 2.8 | 4.8 | 4.4 | 4.7 | 4.4 | 3.8 | 4.8 | 4.4 | 4.8 |
| 欧洲及欧亚大陆 | 257.3 | 263.1 | 267.4 | 276.3 | 280.8 | 285.0 | 288.2 | 285.5 | 287.2 | 276.4 | 276.7 |
| 中东 | — | — | — | — | — | — | — | — | — | — | — |
| 非洲 | 3.2 | 3.1 | 3.1 | 2.6 | 2.9 | 3.0 | 3.4 | 2.9 | 2.4 | 3.0 | 3.0 |

续表

| 地区 | 年消耗量/(×10⁶t油当量)① | | | | | | | | | | |
|---|---|---|---|---|---|---|---|---|---|---|---|
| | 1998 | 1999 | 2000 | 2001 | 2002 | 2003 | 2004 | 2005 | 2006 | 2007 | 2008 |
| 亚太地区 | 108.5 | 110.2 | 113.3 | 114.8 | 117.7 | 104.6 | 119.0 | 125.2 | 128.6 | 123.3 | 119.3 |
| 全球总计 | 550.2 | 571.2 | 584.5 | 600.9 | 610.9 | 598.7 | 625.4 | 626.9 | 634.9 | 622.5 | 619.7 |
| 其中:欧盟 | 210.5 | 213.6 | 213.9 | 221.6 | 224.5 | 226.3 | 229.2 | 226.1 | 224.5 | 212.1 | 212.7 |
| 经合组织 | 480.2 | 498.7 | 506.5 | 518.7 | 523.6 | 504.9 | 529.6 | 531.3 | 536.3 | 520.7 | 515.7 |
| 前苏联 | 44.0 | 46.2 | 49.4 | 51.2 | 53.4 | 56.0 | 56.4 | 56.4 | 58.4 | 60.3 | 60.0 |
| 其他新兴市场经济体 | 26.0 | 26.4 | 28.6 | 31.0 | 33.9 | 37.7 | 39.4 | 39.1 | 40.2 | 41.6 | 44.0 |

① 1t油当量大约相当于12MW·h。

种种迹象表明，尽管核能电站存在着基本建设和运营维护费用很高（核能电站预期寿命仅有30～40年），核废料难以处置以及不断发生的核泄漏事故问题；另外，还存在着铀矿开采、运输、浓缩铀等过程造成人体放射性危害以及尾矿、废水排放等对环境的污染问题，然而在化石燃料供应紧张和温室气体控制的双重压力下，今后全球核能发电能力仍会持续上升。

### 6.2.2.7 地热能

地热能是指地壳以下热岩和热液中储存的能量。目前，已开发利用的多为后者，通常以3种形式存在：干蒸汽（其中不含水滴），湿蒸汽（蒸汽中含水滴）和热水。以干蒸汽质量为最佳，最易开发利用。意大利早在1904年就在拉德雷洛（Larderello）附近开发了一口大型干蒸汽井，所生产的电力成为该国电气化铁路的主要能源。在菲律宾、墨西哥、印度尼西亚、日本、美国和冰岛也有规模较大的干蒸汽地热电站。但是，干蒸汽较为稀少，常见的是湿蒸汽和热水。后二者的开发难度较大，费用也偏高。但是，冰岛人1928年起就动手开采地热，首都雷克雅未克的居民早已不用煤和油取暖了，约有一多半冰岛人依赖于地下热水供应系统采暖并进行温室栽培，首都的地热发电能力为500MW，它相当于一个大型火力发电厂的发电能力，每年可供电约30×10⁸kW·h。热岩一般包括3种类型：近地表的熔岩、干热岩和温岩。目前对于热岩的开发利用尚少。据估计，地热能在全球能源供应中所占份额很小，其优点是开发成本比较低廉，其电力成本约为燃煤发电站的50%，核电成本的25%，所排放的$CO_2$也很少。据称，美国于1992年在岛屿和沿海地带进行了地热调查，夏威夷岛具有发电规模为8×10⁴kW的地热资源。美国有关部门在加利福尼亚州建设了输出为32×10⁴kW的地热发电所，并于1993年开始工作，其地热发电的工作原理详见图6-4。据估计，美国地下4000m处可利用的地热资源约有4×10⁸kW。美国高温地热发电潜力相当于7297×10⁸～7550×10⁸t标准煤，可以直接利用的中、低温热能相当于8606×10⁸～9139×10⁸t标准煤。

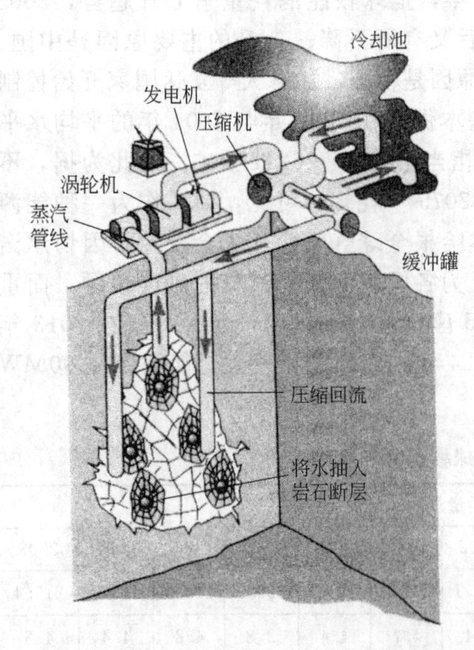


图6-4 用于发电的地热蒸汽抽取系统

在蒸汽驱动涡轮机转动以后，地下蒸汽被冷凝，并被重新打回地下蒸汽田，这种低投资的发电站所用的蒸汽源可以往复使用几十年

就全球来看，地热利用主要受限于资源稀少，

可供人类开发的地方不多。而且就地热蒸汽与热水而言，其更新速度极其缓慢，一旦开采速度过快，就会面临耗竭。此外，地热资源也只是相对的“干净”，地热蒸汽与热水中通常含有少量硫化氢、氨气、放射性物质（如氡）、可溶性盐类或有毒物质等。因此，在开发过程中需要格外强调环境与健康保护。

#### 6.2.2.8　可持续能源

岩石圈以外的其他能源主要包括风能、海洋的潮汐能和波浪能以及太阳能等，虽然目前在全球能源供应中所占比例很小，但是，从战略的眼光看，未来可能是人类取之不尽的永久性能源。以太阳能为例，现在全球每年通过生物圈转化的太阳能已是全球能耗的十几倍。另外，到达大气层顶部的太阳能更是地面的 35000 倍。如果在那里能实现对太阳能的接收、转化和传输，则人类利用能源几乎就是无限的了。但是，这仅仅是当前的幻想，在相当的时期内还是不可能的。

以上概述了全球能源状况，其中石油、天然气、油砂与油页岩、煤和核燃料均取自于岩石圈，其他能源类别，包括水能、风能、太阳能、海洋潮汐能和波浪能等均来自于岩石圈以外。这些能源对于人类利用的过去和现在及其未来都有不可估量的价值意义。预测将来，为了人类的繁衍与社会经济的可持续发展，我们毋庸置疑地应该做到如下两点。

第一，人类必须把能源消费从非再生能源转移到再生能源。应清醒地认识到，一方面，虽然岩石圈内储存着巨大的能量，但是这些在亿万地质年代内积聚起来的能源是不可再生的。另一方面，人类对能源的消费随着人口的增长呈指数增长，人均能源消费量越来越大。因此，岩石圈中这些非再生能源终将无法满足人类不断增长的需求。更为严重的是，这几种传统能源的耗竭时间将分别为今后几十年，不足百年。

第二，降低生活标准，节约使用能源。发达国家和工业高速发展国家能源浪费十分严重。高速发展国家是全球最大的能源消费者和浪费者，他们往往以资源耗竭为代价去追求 GDP 的增长，能源有效利用率很低。在生产过程中热力学损失很大，在生活过程中奢侈浪费严重。因此，应该告诫他们，人类必须适度发展，适度消费，通过资源节约延长自然资源的使用期，要提倡利用较少的能源来维持朴素而健康的生活水准。

上述两点的共同呼声是：人类必须抓紧实现可持续能源的利用与转化，因为要实现从传统能源向新能源的转变本身也要消耗大量能量，许多新工艺、新技术、新设备（如核聚变与太阳能发电等）都要耗费巨大的能量方能得以实现，应该准备好现存的能源储量用于实现这种转变。因为，未来的几十年在能源利用上可能会决定人类文明的整个进程，风能、太阳能、水能、海洋潮汐能（详见图6-5）等能源都将是人类求生发展的唯一出路。

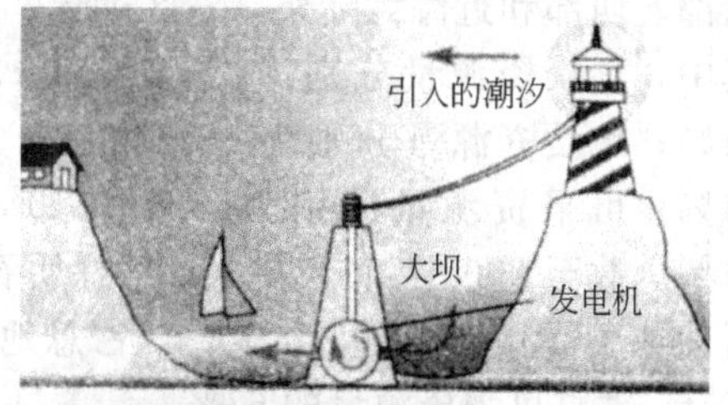

图 6-5　潮汐发电站

引入的和排出的潮汐都被大坝拦截。两个不同方向上形成的水位差驱使海水流过可逆的涡轮发电机时产生电力

### 6.2.3　中国能源供求现状与前景

我国能源供求取决于资源储量及其结构，煤炭储量可观，但品质不高。能源短缺难以满足迅速增长的需求，尤其是清洁能源与市场需求之间的矛盾日显突出。

#### 6.2.3.1　煤炭

我国煤炭储量丰富。现已探明煤炭储量为 $1.5\times10^{12}$t，居全球第 3 位，仅次于前苏联和美国。

我国煤炭占能源资源总储量的98%，这充分表现出我国能源构成的特点，从根本上决定了我国能源消费以煤为主的基本格局。

我国煤炭资源广布，但分布极不均匀。现有储量中的82.2%集中在华北和西北，而且以燃料煤为主，煤炭资源分布偏西北部，而经济发展重心偏东南部，造成西煤东调、北煤南运的格局。

我国煤炭种类齐全，从褐煤到无烟煤都有，其中以烟煤为主，占全国煤炭储量的70%，无烟煤占16%，褐煤仅占14%。在烟煤中以动力煤（燃料煤）储量为最多，占总储量的50%还多，主要分布在华北地区；炼焦煤主要分布在山西、黑龙江东部、河南、江苏、山东、安徽及贵州省的部分地区；无烟煤主要分布在山西和贵州两省；褐煤主要分布在内蒙古及云南、江西等省。

虽然我国煤炭资源颇丰，但是资源质量差异很大，总体来看，煤炭品质不高，中硫煤占多数。华北地区山西、河北两省的煤炭质量为最佳，其次是西北的甘肃和新疆以及黑龙江、辽宁等地。质量最差的煤炭资源是华南和西南地区，华南煤以含硫量高而著称，西南煤以含磷量高为特点，有的地方煤层中夹着一层磷矿。在我国煤炭总储量中，含硫量低于1%的优质煤占17%，含硫量3%的高硫煤占25%，而含硫量为1%～3%的中硫煤占58%。总之，我国煤炭资源中含硫量高于2%的煤居多。高硫、高灰分煤的燃烧是造成我国煤烟型大气污染的根本原因。

我国是全球第二大煤炭生产国，同时也是全球第一大煤炭消费国，年生产煤炭$12\times10^8$t，年消费煤炭$11.8\times10^8$t，随着我国GDP持续高速增长，煤炭消费量将会大幅度增高。我国年煤炭消费递增速率预计为5%～6%，2015年和2040年煤炭消费量将分别为$17.5\times10^8$t和$36.8\times10^8$t标准煤。

#### 6.2.3.2 石油

进入21世纪的最新一轮全国石油资源评价结果显示：中国陆域和近海115个盆地石油远景资源量$108.6\times10^8$t，其中陆地$93.4\times10^8$t，近海$15.2\times10^8$t；近海陆域石油地质资源量$76.5\times10^8$t，其中陆地$65.8\times10^8$t，近海$10.7\times10^8$t；近海陆域石油可采资源量$21.2\times10^8$t，其中陆地$18.3\times10^8$t，近海$2.9\times10^8$t。从大区分布上看，中国石油资源主要分布在东部、西部和近海大陆架，三区远景、地质和可采资源量分别占全国的82%、79%、84%。其中，远景资源量分别为$41.8\times10^8$t、$27.1\times10^8$t、$15.2\times10^8$t，占全国的39%、30%、14%；地质资源量分别为$32.4\times10^8$t、$17.5\times10^8$t、$10.7\times10^8$t，占全国的42%、23%、14%；可采资源量分别为$10.0\times10^8$t、$4.8\times10^8$t、$2.9\times10^8$t，占全国的47%、23%、14%。截至2005年底，中国累计探明石油地质储量为$25.8\times10^8$t，探明程度34%；待探明石油地质资源量为$50.7\times10^8$t，占总地质资源量的66%；待探明石油可采资源量为$14.2\times10^8$t，占总可采资源量的67%。

随着中国物流业、汽车业的发展以及家庭轿车的日益普及，我国石油消费量呈持续增长势头。已由2002年的日消费$67.52\times10^4$t增至2004年的日消费$77.75\times10^4$t，平均每年日消费量递增$3.41\times10^4$t。2004～2010年中国石油消费增长占全球石油消费增长的33%～35%，已经取代日本成为仅次于美国的全球第二大石油消费国。

目前，中国石油剩余可采储量为$21.2\times10^8$t，储采比仅为13.2，已开发油区的储采比只有11.0。在这样的储采比配置下，如果尚不能发现可采资源量，以2010年的石油消费量（$3.585\times10^8$t）估计，中国石油将在2016～2018年发生枯竭。据悉，2010年中国石油产量仅可维持在$1.8\times10^8$t，预计2020年极限产量只能达到$2.0\times10^8$t，需要进口$2.0\times10^8$t。实际上，从1996年起，中国就已经开始进口石油，由一个石油输出国成为一个真正的石油进口国。

就中国进口石油的主要来源地看，进口石油的85%来自于中东和非洲国家。预计未来若干年，从这些地区进口石油的比例仍将继续保持较高水平。中东和非洲正是国际政治经济局势动荡的主要地区，局部战争连年不断，恐怖事件频繁发生；而且无论是从中东还是从非洲进口石油，大都由海上集中运输，其重要通道马六甲海峡安全隐患突出，中国石油进口面临着较大的风险。

#### 6.2.3.3　核能

中国是铀矿资源颇丰的国家。根据2007年以来我国向国际原子能机构陆续提供的一批铀矿田的储量推算，我国铀矿潜在储量超过数百万吨。但中小规模的铀矿床占总储量的60%以上，矿石品位偏低，通常有磷、硫及有色金属、稀有金属矿与之共生或伴生。矿床类型主要有花岗岩型、火山岩型、砂岩型、碳硅泥岩型铀矿床4种，它们拥有的储量分别占全国总储量的38%、22%、19.5%、16%。含煤地层中铀矿床、碱性岩中铀矿床及其他类型铀矿床在探明储量中所占比例很少，但具有找矿潜力。中国铀矿成矿时代的时间为元古代到第三纪之间，以中生代的侏罗纪和白垩纪成矿最为集中。在空间分布上我国铀矿床分南、北两个大区，南方铀矿主要分布在赣、粤、黔、湘、桂；北方铀矿主要分布在甘、新、辽、冀、蒙。北方铀矿区以火山岩型为主，南方铀矿区则以花岗岩型为主。目前浓缩铀生产基本可满足我国核电发展的需要。

我国与发达国家相比，核电发展较为迟缓。研究核能发电起始于20世纪70年代。1991年面临杭州湾、背靠秦山，建设了我国第一座核电站——秦山核电站，并成功实现并网发电。

在过去的20年内，我国先后与法国、加拿大和前苏联合作并开展技术引进，先后建成核反应堆11座。2007年后，我国又与美国、法国的主要核电设计和运营企业合作，将在未来10年内再修建16座基于第三代核电技术的核反应堆。我国从第一座核电站建成直至今日，核能发电量所占比率一直不高。截止到2010年，我国正在运行的核反应堆数量仅为11座，核能发电总量不足全国总发电量的2%，发展潜力巨大。但需要强调的是，核能发电物质是浓缩铀，采掘铀矿到铀浓缩的一系列生产加工过程都存在着对人体伤害和环境污染，更何况岩石圈内的铀矿储量也是有限的，因此核能既不是清洁能源也不是可持续能源。

#### 6.2.3.4　地热能

中国地热资源比较丰富。近几年，通过地质调查粗略估计，中国地热资源的远景储量为$1353\times10^8$tce（Ton of Standard Coal Equivalent），探明储量为$31.6\times10^8$tce。全国已发现地热异常位置3200多处，其中进行勘查的地热田有1048处，已进行地热资源评估的地热田有260多处；已打成地热井1900多眼，从中发现高温地热系统255处，经过评估总发电潜力5800MW·30a，主要分布在西藏南部和云南、四川的西部。在西藏羊八井地热田ZK4002孔，孔深2006m，已探获329.8℃的高温地热流体。还发现中低温地热系统2900多处，已开发利用700处之多，总计自然放热量约为$1.08\times10^{11}$MJ/a，相当于每年$360\times10^4$t煤当量。它们主要分布在东南沿海地带和内陆盆地，如松辽盆地、华北盆地、江汉盆地、渭河盆地以及众多山间盆地。在这些地区向下深入1000～3000m，可获80～100℃的地热水。

目前，中国地热资源利用主要用于供暖、发电、温泉洗浴、水产养殖、温室种植等方面，随着社会经济与社会成员的需求，中国地热开发与利用将以每年12%的速度递增，至2010年，地热采暖面积接近$1056\times10^4m^2$，地热温室面积$90\times10^4m^2$，地热养殖面积$395\times10^4m^2$，温泉疗养地1110处，地热直接利用规模已逾$500\times10^4$t/a煤当量。地热发电装机容量为29MW，其中西藏羊八井地热电站装机容量为25MW，年发电$1\times10^8$kW·h。

#### 6.2.3.5 天然气

我国天然气资源随着地质勘探的深入逐渐被发现，1988 年已探明天然气可采储量为 $0.92\times10^{12}m^3$，截止到 2010 年底，我国已探明天然气可采储量为 $3.08\times10^{12}m^3$，其间可采储量平均每年新增 $982\times10^8m^3$（详见表 6-12）。随之中国的天然气生产量和消费量也在逐渐增长，1988 年天然气生产量为 $233\times10^8m^3$，截止到 2010 年天然气生产量为 $1008\times10^8m^3$，平均每年新增生产量为 $35.23\times10^8m^3$；1988 年天然气消费量为 $203\times10^8m^3$，截止到 2010 年，天然气消费量为 $1000\times10^8m^3$，平均每年新增消费量为 $36.23\times10^8m^3$（详见表 6-13）。从总体上看，生产量略大于消费量，20 年来供需基本趋于平衡，储采比为 23.7。

表 6-12 1988～2008 年中国天然气可采储量

| 1988 年底 | 1998 年底 | 2001 年底 | 2005 年底 | 2007 年底 | 2008 年底 | 2009 年底 | 2010 年底 | |
|---|---|---|---|---|---|---|---|---|
| /($\times10^{12}m^3$) | /($\times10^{12}m^3$) | /($\times10^{12}m^3$) | /($\times10^{12}m^3$) | /($\times10^{12}m^3$) | /($\times10^{12}m^3$) | /($\times10^{12}m^3$) | /($\times10^{12}m^3$) | $R/P$① |
| 0.92 | 1.37 | 1.69 | 2.26 | 2.46 | 2.66 | 2.87 | 3.08 | 23.7 |

① $R/P$ 为储采比，用该年底的探明储量除以该年底的开采量所得的结果。

表 6-13 1998～2008 年中国天然气生产量与消费量

| 年生产量/($10\times10^8m^3$) | | | | | | | | | | | | |
|---|---|---|---|---|---|---|---|---|---|---|---|---|
| 1998 | 1999 | 2000 | 2001 | 2002 | 2003 | 2004 | 2005 | 2006 | 2007 | 2008 | 2009 | 2010 |
| 23.3 | 25.2 | 27.2 | 30.3 | 32.7 | 35.0 | 41.5 | 49.3 | 58.9 | 69.8 | 80.7 | 88.9 | 100.8 |
| 年消费量/($10\times10^8m^3$) | | | | | | | | | | | | |
| 1998 | 1999 | 2000 | 2001 | 2002 | 2003 | 2004 | 2005 | 2006 | 2007 | 2008 | 2009 | 2010 |
| 20.3 | 21.5 | 24.5 | 27.4 | 29.2 | 33.9 | 39.7 | 46.8 | 56.1 | 69.2 | 76.1 | 88.1 | 100 |

从地理上看，我国天然气资源分布相对集中，主要分布在西部的塔里木盆地、鄂尔多斯盆地、四川盆地、柴达木盆地、准噶尔盆地，还有东北部的松辽盆地、渤海湾盆地以及东部近海海域的东海盆地和南海西部的莺琼盆地，诸如这些中新生代的沉积盆地远景天然气储量可达 $50\times10^{12}m^3$。假如远景储量我们能够顺利开采，以我国 2010 年天然气消费量 $1000\times10^8m^3$ 估计，可满足我们消费 500 年。可事实上，我们不可能都会将远景储量变成为可开采储量，总有些地方因地理地质原因而无法开采。由于我国天然气储量过于集中，国家不得不采取“西气东输”的能源调配战略。第一条“西气东输”工程于 2002 年 7 月正式开工建设，它西起新疆塔里木盆地的轮南气田，经甘肃、宁夏进入陕西，在靖边与长庆气田连接，再经山西、河南、安徽、江苏、浙江抵达上海，全长约 4000km，年输气能力为 $120\times10^8m^3$，工程静态总投资 1500 亿元，2004 年 10 月全线投入运营。第二条“西气东输”工程路线是从重庆的忠县到湖北的武汉，于 2003 年开工建设，全长 1352km（含支线），2004 年末投入运营。第三条“西气东输”工程是陕京输气管线，全长 862km，年输气能力达 $120\times10^8m^3$，2004 年动工，2005 年 9 月建成。

#### 6.2.3.6 可持续能源

如果不受人为影响，可再生能源应该是可以永续利用的可持续能源，如风能、太阳能、生物质能和海洋能等，它不存在资源枯竭问题。中国除了具有丰富的水流势能以外，还有较为丰富的太阳能、风能和生物质能。中国太阳能较丰富的区域占国土总面积的 2/3 以上，年太阳辐射量超过 $6000MJ/m^2$，每年地表吸收的太阳能大约相当于 $1.7\times10^{12}$tce 的能量；风能资源约为 $32\times10^8$kW，初步估算可开发利用的风能资源约为 $10\times10^8$kW，如果按照德国、西班牙、丹麦等风电发展较好的国家经验进行类比分析，中国可供开发的风能资源将超过

$30\times10^8$kW；此外，从经济技术上可以利用的海洋能源（包括潮汐能、波浪能）估计约为（4～5）$\times10^8$kW；还有生物质能源，它包括：农业秸秆、森林薪柴、有机垃圾和工业有机废物等，总资源量可达到 $7\times10^8$tce。总之，中国可持续能源比较丰富，已具有规模性开发的资源条件和技术潜力，如果努力开发，可以为未来社会经济发展提供十分可观的能源。

## 6.3　岩石圈中的矿物资源

人类所利用的物质大多直接或间接地取自于岩石圈，人类文明史也可以看作是一部矿物资源利用的历史。随着人类走向文明，所利用矿物资源的种类与数量都在不断增加：远古的人类仅会利用石头作为工具，经历了漫长的石器时代；大约公元前 6000 年人类首次学会从矿石中提炼金属，从铜开始，进入青铜器时代；到了公元前 1600 年又学会了提炼更坚硬的铁，进入铁器时代；又延续了若干年，到了公元 1709 年英国人阿伯汉姆·达比（Abraham Darby）发明了用焦炭作燃料熔炼铁，从此人类进入了钢铁时代，钢铁成为当代工农业的基础。

人类进步促使矿物资源利用的数量与日俱增：原始社会的人一生可能只需要几千克的石头打制石器；农业社会的农民一生可能只需要几千克的铁或铜制造简单的农具；但是，工业化社会对矿物资源的消耗却多得出奇，20 世纪 70 年代一个美国公民每年要消耗钢铁 9.4t、有色金属约 6.0t（其中铅 0.00725t，主要用于汽油添加剂）、砂和砾石 3.580t、水泥 0.229t、黏土 0.098t、盐 0.091t，总计各种物质消耗约 19.400t。

应该指出，人类对矿物资源的需求与人口的增长有关，故也呈现出一种指数增长趋势。据世界金属统计局（World Bureau of Metal Statistics）估计：1950～1975 年期间，人类所消耗的金属量已超过以前历史消耗量的总和；随着全球经济的复苏，2010 年全球的金属消耗量是该期间的 2 倍。从更长远的观念看，发展中国家的金属消耗量将显著增长。现在，占全球人口 1/4 的发达国家消耗着全球 3/4 的矿物资源，发展中国家的矿物资源消耗量只占全球矿物资源量的 10%。如果他们的消耗水平增长至发达国家的一半，就会对全球资源产生巨大的压力。

应该知道，矿物资源的第一特性是它的不可再生性，它是在漫长的地质年代里形成的，在人类发展的长河中不可能更新。并且，除了放射性元素能蜕变成其他元素以外，其他元素的数量是恒定的，人们在开采、提炼、加工、使用以至废弃之后，其前后的数量丝毫没有改变，所改变的只不过是其存在形式而已。

矿物资源的第二特性是它分布的不均匀性。地壳的元素组成中，氧、硅、铝、铁、钙、钠、镁和钾 8 种元素的质量占 98.6%，其中又以氧和硅占绝对优势，共占 74.3%；其他上百种元素只占 1%强，其中许多属于稀有和稀缺元素。这种不均匀性还表现为空间分布上的不连续性，有些元素常聚集在一起形成矿物，矿物又集中在一起形成可供开采的矿床。矿床的分布极不均匀，例如，北美有富集的钼矿，而亚洲几乎没有，但亚洲有全球最丰富的锡、钨和锰，古巴和新喀里多尼亚（New Caledonia）的镍储量占全球一半，全球已探明的 400 多万吨锑储量有 50%在中国，工业金刚石则集中在扎伊尔，其他许多矿物资源也有类似的情况。一些工业发展史较长的国家（如英国）已基本用完了本国的矿物资源而不得不依靠进口，美国也将面临着类似问题，钢铁主要生产国日本和意大利的铁矿石早已完全依靠进口，同样，实现工业化最早的西欧国家也要进口大部分有色金属矿，以维持本国的现代工业。

紧跟着人口大爆炸之后，就是全球矿物资源消耗量的急剧增长。一方面是，许多高品位的矿床已经被采完，因而不得不接受较低品位的矿物。例如，20 世纪初铜矿开采的平均品位为2%，现在已降低至0.5%。另一方面是，向纵深勘探，并开采埋藏更深的矿床。这两方面都要求更高水准的科学技术与更高的能源消耗，因此，增大了开采过程的生产成本，同时，还要增加弃置围岩的数量以及选矿、冶炼废渣的数量，严重破坏了生态系统，加剧了环境污染。

就全球而言，随着资源耗竭速率的加快，资源探明速率明显降低，因为尚未探明的地方已经不多，发达国家尤其如此。今后我们应该将矿产资源勘查的重点放在科学技术比较落后的发展中国家，因为早先这些国家地质工作基础较为薄弱，由此可能会有资源探明的前景。但是，这种前景不一定乐观。

无论乐观与否，现在我们可以思考两种方案去估计人类生存的资源前景。第一个方案是，从远期考虑，所有探明资源储量将来都是可以开采的（这是不可能的），并且今后资源消耗量和资源增长量保持不变，以2003年资源开采量估计资源供应前景，可以得出一种预期结果（详见表6-14）。第二个方案是，从近期考虑，用可开采资源储量除以年资源开采量，并且今后资源消耗量和资源增长量保持不变，以2003年资源开采量估计资源供应前景，也可以得出一种预期结果（详见表6-14）。

**表6-14 关系人类生存的主要资源前景**

| 金属 | 方案1的金属矿物开采寿命/a | 方案2的金属矿物开采寿命/a | 非金属 | 方案1的非金属矿物开采寿命/a | 方案2的非金属矿物开采寿命/a |
|---|---|---|---|---|---|
| Fe | 24a,2027年耗竭 | 11a,2014年耗竭 | 硫 | 59a,2062年耗竭 | 23a,2026年耗竭 |
| Al | 22a,2025年耗竭 | 15a,2018年耗竭 | 磷 | 2941a,4944年耗竭 | 1059a,3062年耗竭 |
| Mn | 622a,2625年耗竭 | 46a,2049年耗竭 | 钾盐 | 603a,2606年耗竭 | 294a,2297年耗竭 |
| Mg | 3025a,5028年耗竭 | 1849a,3852年耗竭 | 硼 | 98a,2101年耗竭 | 35a,2038年耗竭 |
| Li | 81a,2084年耗竭 | 30a,2033年耗竭 | 天然碱 | 840a,2843年耗竭 | 504a,2507年耗竭 |
| Cr | 116a,2119年耗竭 | 52a,2055年耗竭 | 重晶石 | 114a,2117年耗竭 | 31a,2034年耗竭 |
| Zn | 49a,2052年耗竭 | 23a,2026年耗竭 | 石墨 | 387a,2390年耗竭 | 116a,2119年耗竭 |
| Ni | 111a,2114年耗竭 | 49a,2052年耗竭 | 石膏 | 980a,2983年耗竭 | 784a,2787年耗竭 |
| Cu | 69a,2072年耗竭 | 34a,2037年耗竭 | 石棉 | 1163a,3166年耗竭 | 930a,2933年耗竭 |
| Pb | 45a,2048年耗竭 | 22a,2025年耗竭 | 滑石 | 224a,2227年耗竭 | 202a,2205年耗竭 |
| Sn | 43a,2046年耗竭 | 24a,2027年耗竭 | 硅灰石 | 13333a,大于15336年耗竭 | 13333a,15336年耗竭 |
| W | 100a,2103年耗竭 | 47a,2050年耗竭 | 金刚石 | 833a,2836年耗竭 | 387a,2390年耗竭 |
| Ag | 31a,2034年耗竭 | 15a,2018年耗竭 | 硅藻土 | ∞a,∞年耗竭 | 469a,2472年耗竭 |
| Co | 277a,2280年耗竭 | 149a,2152年耗竭 | 膨润土 | 12430a,14433年耗竭 | 12178a,14181年耗竭 |
| Mo | 149a,2152年耗竭 | 68a,2071年耗竭 | 高岭土 | 8307a,10310年耗竭 | 7911a,9914年耗竭 |
| V | 872a,2875年耗竭 | 298a,2301年耗竭 | | | |
| Sb | 25a,2028年耗竭 | 12a,2015年耗竭 | | | |
| Au | 82a,2085年耗竭 | 38a,2041年耗竭 | | | |
| Ti | 228a,2231年耗竭 | 114a,2117年耗竭 | | | |
| Pt族 | 194a,2197年耗竭 | 172a,2175年耗竭 | | | |
| 稀土金属 | 1394a,3397年耗竭 | 818a,2821年耗竭 | | | |

注：1. 铁矿石按照60%含铁量进行估算。2. 金属资源使用寿命排序：Mg>稀土金属>V>Mn>Co>Ti>Pt族>Mo>Cr>Ni>W>Au>Li>Cu>Zn>Pb>Sn>Ag>Sb>Fe>Al。3. 非金属资源使用寿命排序：硅灰石>膨润土>高岭土>磷>石棉>石膏>天然碱>硅藻土>金刚石>钾盐>滑石>石墨>硼>重晶石>硫

从表6-14的结果可见，无论是第一个方案还是第二个方案，金属资源和非金属资源的使用寿命排序都是相同的，金属资源寿命排序为：Mg>稀土金属>V>Mn>Co>Ti>Pt

族＞Mo＞Cr＞Ni＞W＞Au＞Li＞Cu＞Zn＞Pb＞Sn＞Ag＞Sb＞Fe(Al)＞Al(Fe)；非金属资源寿命排序为：硅灰石＞膨润土＞高岭土＞磷＞石棉＞石膏＞天然碱＞硅藻土＞金刚石＞钾盐＞滑石＞石墨＞硼＞重晶石＞硫。该排序告诉我们：人类消费量大或易于开采的资源寿命短，如铝、铁等；人类消费量小或难以开采的资源寿命长，如镁、稀土金属等；尽管人类期望消费值很高，然而难以开采的资源寿命却较短，如金、银等。按照方案 1 所估计的主要金属资源和非金属资源分别在 2025～5028 年和 2062～15336 年陆续采完，按照方案 2 所估计的主要金属资源和非金属资源分别在 2014～3852 年和 2026～15336 年陆续采完。这里必须指出的是，铁、铝等主要金属和硫、硼等主要非金属资源一旦率先耗竭，就打破了人类对矿产资源需求的平衡，未来人类的生存就变得极其艰难了。

上述估测多以地球资源有限论为基础，因此常常被无知者指责为“悲观主义”。然而，事实是严峻的，在我们可以预见的未来，在现有经济技术条件下，可供开采的矿物资源的确是有限的，相反的是，人类的需求仍在持续增长之中。这一不可调和的矛盾必将加速资源耗竭，况且，耗竭已迫在眉睫。十几年转眼在即，百年只不过是转瞬间，如果我们不从现在做起，防患于未然，尽早的适度消费，尽早的节约使用资源，尽早的走人类可持续发展道路，我们及其后代必将陷入资源耗竭的痛苦之中。

## 6.4　人类对岩石圈的影响

迄今为止，人类对岩石圈的干预很少超过 10km 深度，只有为数不多的钻孔达到万米以上。但是人类的种种活动仍然造成岩石圈不小的影响，在某些地区影响极其强烈，后果相当严重。

### 6.4.1　深井回灌触发地震

1962 年在美国科罗拉多州（The State of Colorado）丹佛（Denver）发生了频繁地震。尽管这个地区在历史上发生过多次地震，如在 1882 年发生了烈度较大的地震，之后又发生了一系列地区性地震，但是总的来说，自然地震的强度都比较小。但是这种情况在 1962 年 4 月之后就发生了变化。从那时到 1963 年 9 月，地震记录仪记录了 700 余次地震，里氏震级在 0.7～4.3 之间。

地震学家注意到，绝大多数地震发生在丹佛东北的落基山（Rock）方圆 9km 的范围内。这里是美国军队的武器生产基地，在生产过程中排出大量污水。这些污水原本是存蓄在地表的一个小池塘里，任其蒸发。后来，为了减少污水对环境的可见性污染，自 1961 年开始，采用污水深井回灌技术，利用高压泵将污水回灌入 3021m 的深井中。其间 1963 年 3 月～1964 年 9 月设施暂时被搁置，从 1964 年 9 月～1965 年 9 月该设施再次启用，利用高压泵将污水压到深井，紧接着在丹佛地区就发生了地震。当地居民推测，近来地震与污水的深井回灌有关，并集体控告到联邦法院。军队被迫无奈，只好放弃这种污水处理的方法。

当时，地震学家跟踪研究了该事件，发现在深井加压回灌中，污水注人量与地震次数之间的确存在着十分密切的相关关系（详见图 6-6）。在 1964 年初发生了一连串的地震后，在 1964 年地震次数大为减少。接着在 1965 年又发生了非常频繁的大地震，并达到了最大值，这明显与注入污水的压力和注入水量有关。这其中有两个原因可以解释这种现象：第一，在深井中加大水压，迫使污水进入地下已经存在的裂缝和裂隙中，进而减小了岩石的抗剪切能力；第二，岩石的破坏，有利于水流沿着极其众多的微裂缝流动，水从中产生了润滑作用。在这两种情况下，经过若干年形成的地壳构造，就易发生形变，而形变的应力只有通过连锁性的滑动和地震释放出来。

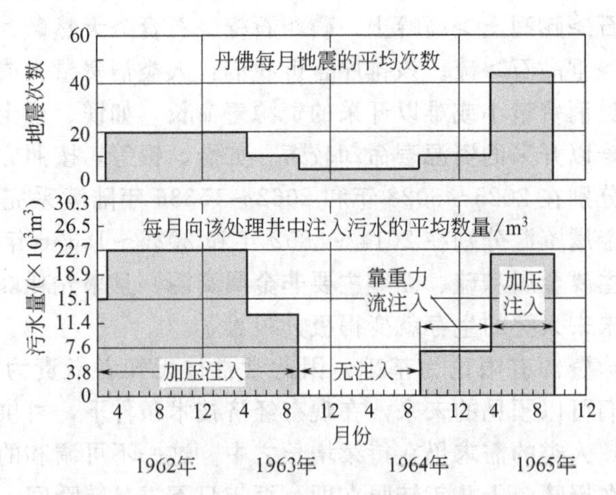


图 6-6 落基山武器生产基地深井灌注污水与地震的关系

丹佛地震成因的研究结果给人以很大的启示。从那以后，地震学家又在许多不同的条件下，进行野外实地试验。1969 年美国的地质工作者在科罗拉多州西部的尤因塔（Uinta）盆地的 Rangeley 油田，利用许多废弃的油井进行了广泛的试验，将水注入深井，或将水从深井中抽出来，或改变水压，同时测量岩石中的水压变化。然后，再在周围地区安装专门的地震测试系统，监测当地的地震活动。从测试的结果中发现：在加压注水与地震活动之间存在着十分密切的相关关系，只要水压达到某一恒定值，地震活动就会增加；如果将水抽出，岩石中的水压力就会降低，地震活动就会减少。可见，地下深井水压力的变化，会影响地壳中已存在的结构应力场，只要深井水压力达到某一极限值，就会诱发地震。

### 6.4.2 油气田开采与回灌引起断块（层）活动、地面沉降和地震

一般从地质学上讲，地下水的开采多在沉积物中，石油与天然气的开采多在岩石夹缝之中，但是，二者导致岩石圈影响的性质、范围和严重性有许多相似之处。

早在 1925 年美国德克萨斯州鹅溪（Goose Creek）油田就已经发现了采油引起的地面下沉（Land Subsidence），水准测量表明沉降地区面积为 25.35（6.5×3.9）$km^2$，降幅最大处达 1m，下沉地区与开采区基本相一致，同时还发现此处有断层与地震活动。

另外，早在 1928 年加利福尼亚州威明顿-长滩地区（Wilmington-LongBeacharea）就已经发现地下水开采所引起的地面沉降，但是，直至 1938 年大规模石油开采以前沉降并不显著。从大量抽取石油以后，于 1940 年的水准测量发现地面下沉了 0.4m，至 1945 年累积下沉了 1.4m，仅 1951 年期间就下沉了 0.6m，造成大量建筑物、管线、铁路、公路的毁损，降幅最大处达 10m，以至于有些地方不得不筑坝以防水淹。后来该州通过立法实行地下水回灌才使威明顿-长滩地区趋于稳定。但是，灌水又使该地区发生断块与地震活动，使成百个石油开采井毁坏。上述油田的各项损失总计高达 1 亿多美元。

地质学家认为，石油与天然气的开采引起采空地层的压紧作用，于是在采空区的中心地带形成低角度的逆冲断层，在边缘地带则造成正断层，从而发生地面沉降。

### 6.4.3 地下核试验对地质构造的破坏与影响

地球本身就是一个巨大的能量聚集体，地壳深处蕴藏的高热应力，其分布很不均匀，具有极强的不稳定性。地震就是在地球内部结构发生突变之时，巨大热应力和机械能瞬间释放所致。里氏 5 级以上的地震即可造成地面构筑物破坏，而高强度地震更是威力惊人，破坏性极其巨大。

有史以来，地震给国计民生造成的灾难不胜枚举。1908 年 12 月，意大利发生了 7.5 级大地震，伤亡人数逾 10 万之众。2004 年 12 月，发生在印度苏门答腊海域的强烈地震（继而引发印度洋大海啸）所造成的破坏更是惨绝人寰，数十万条鲜活的生命突然间不复存在，无数村落小镇瞬间消失，方圆数百里范围满目疮痍，不计其数的伤残人流离失所，啼饥号寒……

因为空中和地面核试验对人类的负面效应非常明显：爆炸瞬间产生的放射性尘埃，会跨越国界大面积扩散，造成全球性的长期污染；爆炸产生的电磁辐射，会影响到太空中运行的航天器，甚至干扰或破坏通信传输信号，从而引起了国际社会的众多愤慨。所以在 1963 年后，前苏联、美国和英国都先后禁止了空中和地面核试验；1980 年后，中国也全面禁止了试验。从此，地面以上的核试验都转入了地下试验。

20 世纪 60 年代，前苏联核研究人员在进行地下核试验时惊奇地发现，在核试验后的几天里，距离爆破点数百千米乃至数千千米的某个地区会诱发一定震级的地震。这一惊人的发现引起了地震学界的高度重视。为进一步证实这一发现，前苏联地震学家又特意参加了先后 32 次地下核试验，从中获取了大量的数据，并得到了核试验能够诱发地震的肯定结论。同一时代，美国地震学家也注意到了前苏联人发现的这一现象，在任何一次地下核试验之后的一段时间内，试验区周边 20～30km 范围内往往会发生多次程度不同的地震。美国地震学家据此认为，地下核试验诱发的地震很可能是由于核爆炸释放的巨大能量引起地质构造板块的移位，并同时发生地壳变化所致。为证实这一点，美国人进行了一系列地下核爆炸触发地震的试验。在取得一定的研究成果之后，美国能源部又于 1993 年 9 月在内华达核试验场（Nevada Nuclear Test Site）进行了超大非核爆炸装置的地下引爆试验，其爆炸威力相当于 1000t TNT 当量，目的是用于验证在同等地质条件、同等当量的情况下，非核装药爆炸和核装药爆炸能否产生相同的地震效应。实验证明，当量为 $10\times10^4$t TNT 的地下核爆炸可引发里氏 6.1 级地震，而当量为 $100\times10^4$t TNT 的地下核爆炸可引发 6.9 级的强烈地震。

近十几年来，由地下核爆炸引发地震，并因此造成生命财产损失的事件已屡见不鲜。1985 年夏天，法国不顾国际社会的强烈反对，在南太平洋进行了核试验，试验结束数天后，爆炸点附近的莫鲁亚环礁地区就发生了连续多起强烈地震，幸亏未造成太大损失；1988 年，前苏联在哈萨克地区进行了地下核爆炸试验，两天后，远在千里之外的亚美尼亚地区就发生了大地震，导致 4.5 万人丧生，财产损失无数；1992 年 6 月 18 日，美国在内华达沙漠进行了地下核试验，10 天后洛杉矶地区就发生了强烈地震，造成重大财产损失。

地下核试验或巨型钻地炸弹试验一般均在数百米至数千米的地下进行，爆炸过后，地表深陷百米方圆凹坑。若选在了断裂带、地震带、构造板块或地层脆弱的关键点上进行爆炸，就会引起纵深为 10～30km 的连锁共振反应，对地表构筑物、活动山体、水利枢纽、卫星发射基地、铁路、公路等产生巨大破坏作用。还需要强调的是：地下核试验极易污染浅层地下水，数十年甚至上百年内都无法饮用；如果核烟雾沿着崩裂的岩石狭缝泄漏，就会污染空气，使空气具有放射性；高温形成的核水雾被蒸发到空中，四处传播，如遇降水，放射性雨滴落到人体、动物体、植物茎叶上，就会沾染上核尘。

#### 6.4.4　矿山开发对环境的影响

采矿对环境的影响主要取决于水文地质、气候气象、开采技术、矿床类型、矿山规模以及地形地貌等因素，其对环境影响的大小因资源开发的阶段而异，勘探阶段影响较小，采矿与矿冶影响较大。

包括空中航测与卫星遥感、地面填图、地质钻探和物探等现代勘探技术，只要合理运用，即使对干旱区、沼泽地以至冻土地带等环境敏感区域亦无显著影响。

采矿与矿冶过程一般都会对土壤环境、水环境、空气环境、声环境、生物多样性等产生较大影响，同时对社会环境亦造成影响，因为采矿与矿冶属于人类经济活动，不可避免地涉及土地占用、移民安置、交通运输、矿区工房与服务设施等诸方面的问题。

露天开采具有建设速度快、劳动条件与安全保障好、生产效率与矿石回收率高等优点。如铁矿的露天开采比地下采掘工效高6～7倍，成本低30%～50%。因此，20世纪以来，西方国家露天矿的开采发展很快，已占总采矿量的65%以上。加拿大露天开采的铁矿占96%，美国的金属矿山有84%为露天开采。我国露天采矿相对滞后于西方国家，尤其是露天采煤受制于多种因素而未能迅速发展，露天采煤在全国煤炭总产量中的比例一直徘徊在5%。目前，我国煤田探明储量中适于露天开采的约$400\times10^8$t，已有和可开发的主要露天矿13处，其中平朔安太堡煤矿、准格尔的哈尔乌素煤矿、霍林河、元宝山和伊敏是我国5大露天煤矿，预计2020年我国露天采煤产量可达$3\times10^8$t，约占煤炭总产量的14.3%。虽然露天采矿较地下采矿有诸多优点，但是地表破坏面积极大，由此所造成的众多影响是不容忽视的。

露天采矿对环境的影响是多方面的。首先出现的是大量堆置废石与表层土，破坏地表自然景观；其次是占用耕地、果园、水井，强制移民搬迁；最后结果是原有植被彻底毁灭，野生动物大逃亡。大型露天矿的剥采比（即采掘每吨矿石需要剥离下来的废石或表层土的吨数量）较高。以铁矿石开采为例：大型铁矿山的剥采比为8～10；中型铁矿山为6～8；小型铁矿山为5～6。即每取得1t有用矿石往往需要剥离5～10t废石或表层土。用爆破与索斗铲等方式挖掘出来的废石往往难以利用，只得就近堆置，形成起伏不平、寸草难生的人工石海。爆破产生强烈的气流噪声、地面震动和严重的空气污染，矿石运载过程沙尘四起。矿石采掘完后，给人们留下难以忍受的景观就是一个巨大的废矿坑。日本、加拿大、美国和中国成功的处理方法是，通过自然降水或引入高坡径流，将地势较低的废矿坑修整成为人工湖泊，四周用废矿石堆砌，其上覆以厚厚的土壤，以立体方式植树绿化，让旧地换新貌，成为风景区。

矿石采冶过程产生的废石堆与尾矿堆如遇到地震或降雨常常会坍塌，造成重大伤亡事故。1928年智利的西威尔选矿厂拉奥诺尾矿池因地震破坏，$900\times10^4m^3$尾矿流入河流中，河水暴涨，泛滥成灾，造成下游居民生命财产的巨大损失。

### 6.4.5 人类活动的其他影响

矿冶生产长期堆砌的废弃物，受风雨侵蚀后，其中有毒有害物质将渗入地表和地下，污染附近地表水（包括江河、水库、湖泊、海洋）和地下水。近几十年来，发现并开采的深海锰结核矿、石油，已造成海洋环境污染。如2010年4月20日，位于美国路易斯安那州威尼斯东南约82km处海面的一座“深水地平线”石油钻井平台突然爆炸引发大火。火势持续大约36小时后，平台倒塌，沉入墨西哥湾，其油井底部自4月24日起原油泄漏不止，形成的油污带进入湾南海洋环流，造成前所未有的生态灾难，大量海洋生物死亡。

此外，违反自然规律的开矿、建房、筑路、施工等人为活动都严重地破坏了森林和地表植被，并使当地小气候发生变化，加剧水土流失，诱发山体滑坡。

## 6.5 开发“城市矿山”

岩石圈是矿物原料与化石燃料的储藏所，虽然储量巨大，也难以满足人类日益增长的需求。今后人类的出路在何方？

回顾过去，人类从工业革命开始经历了300多年的资源豪夺，全球80%以上可工业化利用的矿产资源，已经从地下转移到了地上，并以“垃圾”的形态堆积在人们周围，总量高达数千亿吨，并还在以每年$100\times10^8$t的数量增加。而靠工业文明发展起来的发达国家，正在成为一座座永不枯竭的“城市矿山”。我们从循环经济的社会视角看，把城市比喻成为一座座储藏丰裕资源的矿山加以开发，将废弃资源回收再利用，的确是为人类可持续发展找到了一条崭新的道路，况且“城市矿山”要比大自然赋予的真正矿山更具有潜在的开发价值。

### 6.5.1 “城市矿山”

在中国、日本、韩国、越南等亚洲地区人们称那些富含锂、钛、黄金、铟、银、锑、钴、钯等稀贵金属的废旧家电、电子垃圾为“城（都）市矿山”。但是，据调查显示，大量使用后的小家电产品，长期以来“沉睡”在居民家中，甚至作为垃圾随意丢弃，以至于造成城市居住环境的潜在危害。

目前，虽然日本黄金储量极其匮乏，但是，“城市矿山”的黄金储量却高达6800t，甚至超过了全球最大的黄金出产国南非的天然金矿储量。由此，日本政府正在推进“城市矿山”开发计划，试图从废旧家电等废弃物中提炼黄金等稀有金属。号召并发动全社会走循环经济道路，实现废弃资源再循环利用的产业化远景战略。

从废旧物资回收利用着眼，中国学者也曾提出过，要把一座城市看成一座矿山（其实也就是一座矿山）。但是，最先明确提出“城市矿山”概念，将其上升到理论高度，并在东南亚国家传播开来的，则是以日本南条道夫教授为首的东北大学选矿精炼研究所的学者们。他们的“开发矿山”概念，是指日本国内蓄积下的众多可回收金属。

### 6.5.2 “城市矿山”开发

无论何时，任一位百姓绝不会将“矿山”和自己生活的小环境联系起来，它更像是一个距离自己遥远的名词。但是，这个固有的印象也许应该被纠正——在人们生活的城市就有一座座不同的矿山潜藏在内。这些矿藏其实就在我们周围，它们藏匿于那些旧电池、电路板等废弃物中。

也许这并不值得惊奇。大部分矿山之所以吸引人们去挖掘，原因就在于它们可以被提炼成制作电子消费品和其他产品的原料。而当标志着一次资源的矿山储量逐渐减少时，标志着二次资源的城市矿山却因此逐步成长。

虽然这些隐藏着的“城市矿山”并不难找，但很少有大企业重视它们。从矿藏开采史可以证明，大大小小的企业已经习惯了以越来越高的成本和越来越高难度的技术去开采数量有限的矿山。好在，越来越多有智慧的人开始将目光放在了“城市矿山”上。围绕着仍在不断长大的隐形矿藏，一些企业正在尝试新的开采模式。这种新的开采模式，不但利用了“新”的资源，还解决了部分环境污染问题，堪称一条“绿金”之路。

当然，新的开采模式并非没有门槛。首先，这些企业必须掌握废弃资源回收利用的科学技术，以便能以较高的效率利用废弃资源，循环再造高附加值的产品，并保持较高的利润。其次，与传统矿山开采模式相区别的是，不再需要通过政府圈地划界、授权开采年限和范围，而是创造了新的“圈法”——打通相关废弃物原料的社会收集渠道，编织好废弃物汇集的网络。这个网络的完善程度和范围大小，决定了这些生产企业原料供应体系的稳定程度。

### 6.5.3 中国“城市矿山”开发

因为中国城市的规模、功能定位、发展历史、产业结构、消费水平、现代化程度以及常住人群构成等差别很大，所以每座“城市矿山”的资源开发价值千差万别。每座“城市矿山”的实际开发价值取决于可回收利用资源的多少，既要看到当前的资源“存量”，也要预测未来的资源“增量”，看将来“增量”的增长速率。

无论是金属，还是非金属资源，中国都已经具备了一批“城市矿山”开发利用的大中城市，如北京、上海、天津、西安、广州、沈阳、重庆、哈尔滨、大连等。据相关资料统计，目前，中国电视机、电冰箱、洗衣机的社会保有量分别达到了3.5亿台、1.3亿台、1.7亿台。这些家电产品多数是20世纪80年代中后期进入家庭的，通常以10～15年使用寿命估算，从2003年起我国每年至少有500万台电视机、400万台电冰箱、500万台洗衣机要报废。此外，目前，我国电脑社会保有量近2000万台、手机约1.9亿部，而这两种电子产品更新速度比家电产品快得多，大约有500万台电脑、上千万部手机已经进入淘汰期。家电产品、电子产品的用户中约有八成以上集中在经济发展较快的大中城市。如果我国也能够像日本那样实现全社会的循环经济，并采用先进的废弃物回收再利用技术开发“城市矿山”，从近期和远期来看，不仅对开发者有利可图，而且对我国自然资源可持续利用具有重要的战略意义。

### 6.5.4 “城市矿山”开发遇到的问题

首先是技术与成本问题。处理城市电子废弃物的技术难度较大，对新的回收处理技术依赖程度较高，由此导致“城市矿山”开发的前期投入较高，这恰恰是“城市矿山”长期未能引起商家重视的主要原因。另外就是电子废弃物回收渠道不畅通。当前，废弃电子、家电产品较难以回收和集中。克服这些问题的关键应该是思想认识问题，一是要意识到“城市矿山”的储量会随着城市成长不断地增加可持续开采性，二是要充分看到开发“城市矿山”可获得多维的社会经济效益，既利国又利民。

其次是人们没有注意到的环境效应问题。举例来说，废弃家电含有大量对人体和环境有害的物质。据专家测算，一台21英寸电视机的阴极射像管会有约1kg的铅，如果按照500万台的彩电报废量计算，仅中国彩电的铅污染就有5000t，如果加上其他电子废弃物中的有害物质，其对环境和人体的危害可想而知。又如，与开采冶炼天然矿产物相比，开发“城市矿山”可以大大减少能源消耗和“三废”排放。由此可见，回收处理废旧家电、电子产品等具有诸多优点：①在回收大量有用金属和稀贵金属的同时，消除了环境与人体危害；②增加了城市就业岗位；③减少了从国外进口废杂金属的数量，延长了自然资源的使用期；④降低了能源消耗，减轻了人类生存的环境压力。

最后是政府正确的政策导向。那么，由谁来担当“城市矿山”开发的主体呢？生产企业——这个资源回收循环利用的链节充当什么角色呢？政府主管部门在“城市矿山”开发中又如何去组织引导呢？这些都是“城市矿山”开发中所遇到的实际问题，寻求这些问题的解决办法，需要多方联手，集思广益，共同商讨。就国家而言，“城市矿山”的开发应该在政府政策引导下、总体规划和资金投入的支持下进行。从可持续发展的意义上讲，政府重视“城市矿山”的开发程度不应该亚于对自然资源的开发程度。因为开发“城市矿山”更加环保，更加生态，更多地具有社会经济价值。

### 6.5.5 日本“城市矿山”开发利用情况

日本在“城市矿山”开发的实践中取得了显著成效。例如，日本埼玉县本庄市DOWA生态系统回收公司，一年内从“城市矿山”中开采出2.4t黄金、50t银。其中从锂离子电池、核反应堆废料、液晶电视面板中提炼出60kg钯、30kg铑以及近百吨铜、铅、白金等稀有贵重金属资源。

为此，2009年日本政府拿出7000万日元支持“城市矿山”开发，日本环境省选定秋田县大缩市、福冈县大牟田市、茨城县日立市作为小型消费家电、电子回收再利用，稀有

（贵）金属回收提炼再循环再利用试点地区。日本东京都环境计划课的谷上裕先生认为，作为自然资源不足的日本，开发“城市矿山”是战胜资源高度依赖进口的最有效方式。据了解，《日本资源有效利用促进法》确定 2009 年台式计算机、笔记本电脑、液晶显示器的法定回收目标分别为 52%、22%、57%，而实际实现率分别为 75.1%、43.8%、63%，都远远超过法定目标。

## 习　题

1. 岩石圈处在地球的何等位置上？请叙述其重要性。
2. 清楚自然资源的定义及其分类吗？
3. 何谓矿物资源的有用期限？
4. 何谓能源的不同分类方法？
5. 人类使用传统能源的前景何在？
6. 你知道地球内部的圈层构造吗？
7. 可耗竭资源开采周期理论的核心内容是什么？
8. 核能是清洁能源吗？为什么？
9. 水电是清洁能源吗？为什么？
10. 地下核试验促成了哪些地质灾害？对人类产生了那些影响？
11. 人类活动造成了哪些不应该有的其他环境影响？
12. “城市矿山”的含义是什么？
13. 为什么要开发“城市矿山”呢？
14. 我国“城市矿山”开发遇到了哪些问题？
15. 从日本“城市矿山”开发的成功经验中，找找我们自己的差距。
16. 说说看，世界资源开采的前景如何？
17. 说说看，中国资源开采的前景如何？
18. 采矿给人类带来了哪些灾难？如何防治这些灾难的发生？
19. 如何定义可持续能源？它都包含哪些能源？

# 第7章 人口与环境

人类社会诸多环境影响因素中，人口是最基本、最主要的关键因素。人类是地球衍生的产物，与大自然生息相随，并依赖于自然环境而生存。在地球上，人口较少的生产力低下时期，自然资源不仅能够满足人类生产生活的需要，而且良好的生态系统完全能够净化人类生活和生产中所排放的废弃物。那时候，环境问题可以忽略不计，也不存在资源耗竭问题。但是，随着人口呈指数增长，生产力的高速发展，耗竭的自然资源几乎都变成了污染物排放到环境中。超量排放的污染物不仅毁坏了局地环境，也破坏了全球环境，严重威胁着人类生存。

## 7.1 世界人口问题

目前，人口大爆炸已经成了举世震惊的重大问题。许多人忧心忡忡，担心人类在这个地球上难以生存下去了。因人口激增，通货膨胀、失业率增高、贫富差距悬殊等社会问题突出，人类社会与自然环境之间的矛盾愈加尖锐。

### 7.1.1 世界上早期的人口

世界上早期人口的研究，首先涉及的问题就是人类的起源，目前，人类在这个问题上的研究已经取得了很大进展。20世纪以来，在肯尼亚、南亚和中国云南发现的拉玛古猿，是人科的祖先，距今1400万年。相比之下，人属的起源要晚得多，能够制造工具的“真人”出现在大约300万年前，有先后在坦桑尼亚、肯尼亚和南非发现的190万～300万年前的古猿化石为证。

尽管学者们可以通过化石的发现推测人类起源的大致年代，但是推测如此遥远的史前人口数量并非易事。他们根据不同的资料、理论与方法进行估算，结果差异很大，这是可以理解的。但是，他们的估算结果有两个共同点：①早期人类的数量非常少，全球人口在几千至几万之间；②几百万年以来，人口增长极其缓慢。前苏联学者根据下述两点推算出10万年前全球人口为20万～30万人：①10万年前全球能供渔猎与采集的陆地面积仅为$400\times10^4 km^2$；②靠采集与渔猎为生，平均$1km^2$只能养活0.08人。史前人口的考古学证据和近代的人口统计数据表明，全球人口繁衍的主要特点是：人口基数越来越大，增长速度越来越快。

### 7.1.2 世界人口增长过程

自300万年前（冰期开始）人类出现在地球上的那一天，就试图向全球所有的陆地扩散。

从人类的繁衍受制于大自然的约束到摆脱约束进入人口高速繁衍期，经历了漫长的历史年代（详见图7-1）。

纵观分析图7-1，全球人口增长历程主要具有如下3个特点。

① 长期以来人口增长率非常低。虽然目前世界人口增长率达1.7%～2.0%，但是，从人类发展史来看，平均增长率仅为0.00011%。

② 全球人口增长是一个极其缓慢的历程。从原始人发展到1亿人口，经历了200万～300万年。

③ 近代全球人口呈指数增长形式。这意味着人口增长速度越来越快。自第二次世界大

战以后，全球人口出现了有史以来不曾有过的高速增长势头。根据历史人口学家的估计，1650年，全球人口只有5亿，这就是说，在经历了几百万年的人类活动之后，全球人口才繁衍到5亿。之后，过了200年，在1840～1850年间，全球人口达到10亿。又过了100年，在1940～1950年间，全球人口达到20亿。再往后人口呈加速度增长：1960年，人口达到30亿；1974年，人口达到40亿；1987年，人口突破50亿；1999年，人口突破60亿；2010年，人口趋近70亿。所以有人说，全球人口大爆炸并不过分。

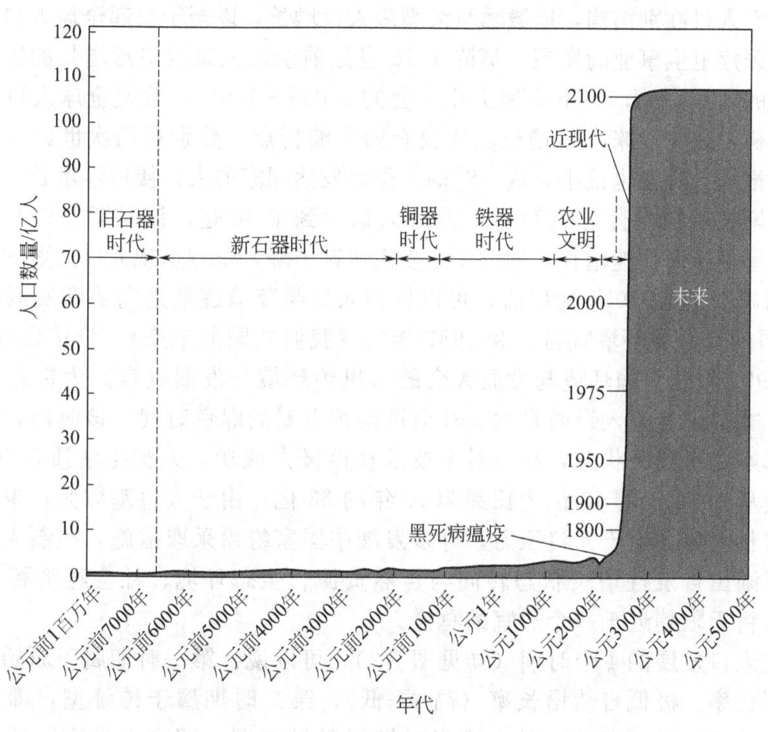

图7-1　人类人口增长历程

根据图7-1，可以把全球人口的增长过程划分为以下4个时期。

第一时期，从人类起源开始～公元前3000年左右，称为史前时期。这个时期人类先后经历了旧石器时代和新石器时代。火的使用提高了人类的生活质量，第一次较大地提高了人口增长率，但是，随后的饥寒与疾病、毒蛇与猛兽、自然灾难和部落冲突却阻碍了人口增长。所以，这个时期全球人口增长非常缓慢，到公元前3000年，全球人口仅达到4000万左右。该时期的人口增长曲线呈现为突升突降的波浪形，人口下降比较急剧而恢复比较缓慢。史前人口繁衍的另一个显著特点是时间和空间上的极端不平衡，人口增长受制于自然因素。环境良好时，人口增长较多；环境恶劣时，则明显减少，有时恶劣的自然环境可以导致一个部落或一个地区的人口几近灭绝。

第二时期，大约从公元前3000年～18世纪，这个时期从铜器时代、铁器时代进入了农耕时代，人类从野蛮逐渐走向文明。这一时期，人类经历了奴隶社会和封建社会，掌握了铜器和铁器的制造，学会了驯养禽畜，更重要的是掌握了农业种植技术，生产力得到了发展。从那时起，人类有了较稳定的食物来源，人口增长率有了提高，约达到0.03%，使全球人口在公元元年达到1亿～2.5亿。从公元元年～中世纪，人口死亡率很高，竟达到3.0%～4.0%，出生率为3.5%～5.0%，增长率为0.5%～1.0%。但是，由于经常出现饥荒、瘟疫和战争，使实际人口增长率没有超过0.1%。公元1300年，全球人口达到3.84亿，但这时从中亚传到欧洲的黑死病——鼠疫，使人口于公元1400年又戏剧性减至3.73亿。直至公元1700年，全球人口还是上升到了6.23亿。该时期人口发展的主要特点是，人口出生率得到了稳定增长，死亡率则进一步降低，人口总量呈波浪式推进，总趋势是不断增长。

第三时期，从18世纪～20世纪70年代，人类进入了工业文明时期。1768年蒸汽机的出现标志着人类真正文明的开始，人类社会走进工业化模式，社会生产力明显提高，人口相应进入高速增长期，人口增长率从农业社会的0.1%～0.2%增加到1.0%～2.0%。特别是二战之后，各国为稳定人口性别结构，以激励政策刺激人口增长，以至于引起全球人口激增。由于科学技术进步和医疗卫生事业的发展，消除了18世纪前全球人口波浪形增长的因素，人口死亡率从农业社会的3.0%～4.0%下降到工业社会的1.0%～1.5%，致使全球人口处于稳步上升状态。回顾分析，近代以来人口增长曲线仅有两个波折点，分别是两次世界大战造成的，但是，持续时间很短，降幅也很小。这一时期，虽然发达国家的人口接近零增长，但是不发达国家的人口持续增长过快，直至1974年，全球人口达到了40亿。该时期人口发展的主要特点是，人口出生率稳步而快速增长，死亡率稳步而快速下降，全球呈现人口大爆炸。

第四时期，20世纪70年代以后，可以称为人口与环境逐渐走向协调发展的新时期。以1972年联合国的《人类环境宣言》和1987年的《我们共同的未来》(Our Common Future)为开端，以1992年联合国环境与发展大会的《里约环境与发展宣言》为标志，人类正在从“蒙昧”开始“醒悟”，步入崇尚自然、社会可持续发展的绿色时代。该时期，除了局部战争以外，全球基本处于和平状态，高新科学技术获得极大成功，人类生活质量获得新的提高。全球人口数量从1974年的40亿增长到2010年的68亿，由于人口基数大，未来全球人口依然具有持续增长趋势。迫于人口压力，许多发展中国家纷纷采取措施，控制人口增长。今后全球人口将逐渐由自发性增长状态转向与自然资源、生态环境、社会经济相协调的增长状态，最终人口将无限趋近于一个适宜的总量。

归纳以上人口发展的4个时期（详见图7-2），可以说：第一时期属于原始型，即极高出生率，极高死亡率，极低自然增长率（高-高-低）；第二时期属于传统型，即高出生率，高死亡率，低自然增长率（高-高-低）；第三时期属于过渡型，即高出生率，低死亡率，高自然增长率（高-低-高）；第四时期属于现代型，即低出生率，低死亡率，低自然增长率（低-低-低）。

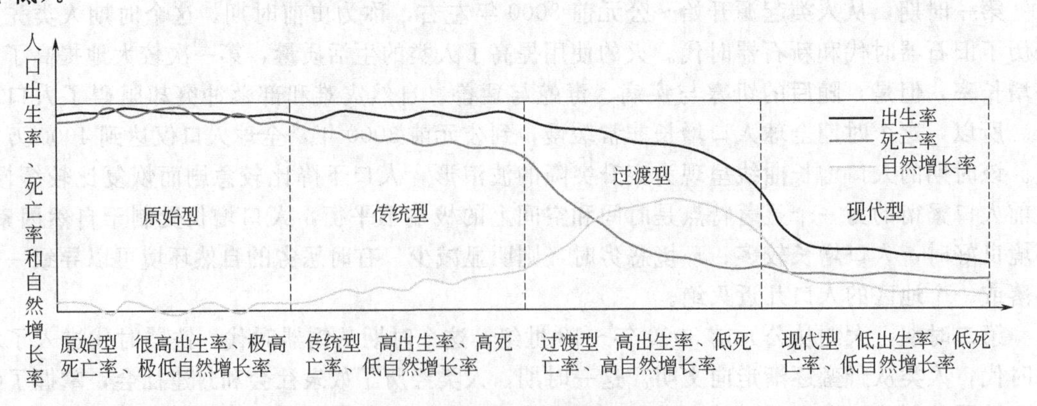


图7-2 人口增长模式及转变示意图

### 7.1.3 世界人口增长的原因与特点

#### 7.1.3.1 世界人口增长的原因

全球人口急剧增长的主要原因，有人认为是由于人类寿命延长所致。的确，随着人类的进步，生产力的发展，生活条件的改善，医疗卫生水平的提高，人类的死亡率明显下降，人类的平均寿命明显延长。据联合国人口与发展委员会的调查，20 世纪末，全球人口男女平均寿命分别达到 63.6 岁和 67.9 岁，发达国家人口的男女平均寿命分别达到 71.1 岁和 78.7 岁，欠发达国家的男女平均寿命分别为 61.8 岁和 65.0 岁，最不发达国家人口的男女平均寿命分别为 49.6 岁和 51.5 岁。全球人均寿命长的 10 个国家，有 8 个在欧洲，一个在亚洲，一个在大洋洲，均为经济发达国家。

也有人认为，人们寿命的长短对人口数量的长期影响很小。真正影响人口增长的因素是生多少小孩和这些小孩有多少长大成人并生育下一代人。而这一切恰恰都是由社会经济因素决定的，人口增长较快的往往是经济比较落后的发展中国家。这是由以下原因造成的。

① 工业化程度低，农业生产落后，需要较多的劳动力。

② 婴幼儿死亡率高，迫使家庭用高出生率来抵偿。

③ 文盲率高，不易接受现代科学知识。

④ 妇女的社会地位低，在生育问题上没有决定权。

⑤ 盛行早婚，保持高出生率。

⑥ 旧的传统风俗、宗教教义影响发展中国家的人口政策。

除了上述原因之外，全球人口增长还与各个国家执行的人口政策有关。对于人口政策问题，各个国家的看法不同，解释当然有所不同。甚至有些国家矢口否认他们有人口政策，原因是这些国家政府害怕被指责为干预基本人权——生育子女的权利。对此，有些学者认为，这是一种消极的人口政策；相反地，由政府颁布并执行的人口政策，被称为积极的人口政策。实际上，不管政府是否公开宣布有人口政策，都在自觉或不自觉地执行着一项人口政策。

由于地理与环境、宗教与传承、经济与文化、人种与战争等诸多因素的影响，到 2010 年为止，全球仍有 30 多个国家的政府实行或倾向于实行鼓励生育的人口政策。各个国家根据本国的具体情况，实行适应于自己的人口政策，主要措施有 3 类：第一，观念影响措施；第二，经济激励措施；第三，行政立法措施。例如法国，1939 年成立“人口最高委员会”，并颁布了“家庭法”，规定给予有 3 个以上孩子的家庭更多的补助，在拥有 200 名以上职工的工厂工作的妇女，可连续休产假两年，并允许丈夫分享假期等。西欧和北欧一些国家也实行类似的鼓励生育政策，因为这些国家多少年来自然生育率都非常低。

多少年来，发达国家和不发达国家都从本国的利益出发去调整人口政策，致使全球人口剧增，有人把人口剧增称之为毫不引人注目却又担负着人类生死存亡的剧变。

2010 年全球人口已经突破了 68 亿大关，这个庞大的数字意味着一种迫切性和危机感。迫切性是指地球人都应当认识到控制人口对于我们已经是迫在眉睫了，危机感是指人口如果继续持高速增长势头我们还能否在资源有限的地球上活下去的问题。这种迫切性除了全球人口的惊人增长以外，还有来自于人口变化的惯性、周期性和历史性。概括地讲，惯性是指人口的增加或减少的趋势都要经过一代人至几代人的时间才能改变，趋势改变具有很强的滞后性；周期性是指有出生高峰，就必然伴随有上学高峰、就业高峰、婚育高峰、老年人高峰；历史性就是认识过去、承认现实、接受将来。全球今天的 68 亿人口基数，将不可避免地以该基数继续增长下去，达到 80 亿乃至 100 亿，最终全球人口究竟能稳定在何种水平上，还要看人类自身有效控制生育的能力。

#### 7.1.3.2　世界人口增长的特点

全球人口急速增长已经引起各国的普遍关注，其增长特点主要包括以下 3 个方面。

(1) 人口增长的国家与区域差异　虽然西方发达国家（中、高收入）采取人口增殖的鼓励政策，但由于人口基数小，增长依然缓慢。由此，全球人口快速增长的直接原因是发展中国家（中、低收入），因为这些国家人口基数大，所以呈指数规律的增速很快。

人口增长率与一个国家的富裕程度有关。高收入的富国人口增长率普遍较低，例如，法国、德国、日本的人口增长率多少年来分别为0.37%、－0.07%、0.11%；中等收入的经济转型国家人口增长率普遍偏高（东欧国家除外），低收入的穷国人口增长率普遍很高，例如，阿富汗、也门、约旦的人口增长率多少年来分别为5.83%、4.97%和4.89%。穷国与富国的人口增长率差异很大。由此可见，全球人口问题就是发展中国家的问题，发展中国家若不严加控制人口，必将加大发展中国家与发达国家之间的贫富差距，进而加剧全球人口与资源环境之间的矛盾。

(2) 城市人口和非农业人口急剧增长　城市化（Urbanization）是以农村人口向城市迁移和集中为特征的一种历史过程，表现在人的地理位置转移和职业的改变以及由此引起的生产与生活方式的转变，这里既有看得见的实体变化，也有看不见的意识形态方面的无形变化。有关城市化方面的数据大约出现在公元1800年，当时全球人口约为9.06亿，其中约有2.17亿（占总人口的24%）人生活在拥有2万人口规模以上的城市中，约有0.18亿人生活在拥有10万人口的大城市里。公元1850年全球人口大约增长了30%，拥有2万规模以上的城市人口比例增加了132%，大城市的人口比例增长了76%。公元1851年，英国的城市人口首次超过农村，率先在全球实现了城市化。近代1900～1950年期间，全球大城市人口增长率达到254%。

据联合国人口基金会（UNFPA）发表的《2009年世界人口状况报告》（State of World Population 2009）显示，2008年全球人口达到了空前的城市化，生活在城市中的人口首次超过全球总人口数量的50%，达到33亿。预计到2030年，生活在城市中的人口数量将超过50亿。从工业革命以来，全球达到100万人口规模的城市在1800年只有伦敦1座，而1850年有3座，1900年有16座，1950年增加到115座，1980年达到234座。2010年全球人口超过100万的大城市有400座，其中119座在中国；人口超过1000万的超大城市有20座，其中有3座在中国（详见表7-1）。

**表7-1　全球2010年人口超过1000万的城市**

| 排名 | 城　市 | 人口/万 | 排名 | 城　市 | 人口/万 |
|---|---|---|---|---|---|
| 1 | 东京(日本) | 2800 | 11 | 伊斯坦布尔(土耳其) | 1230 |
| 2 | 墨西哥城(墨西哥) | 2000 | 12 | 拉各斯(尼日利亚) | 1220 |
| 3 | 上海(中国) | 1978 | 13 | 里约热内卢(巴西) | 1210 |
| 4 | 纽约(美国) | 1919 | 14 | 雅加达(印度尼西亚) | 1200 |
| 5 | 圣保罗(巴西) | 1800 | 15 | 北京(中国) | 1188 |
| 6 | 新德里(印度) | 1700 | 16 | 德黑兰(伊朗) | 1130 |
| 7 | 开罗(埃及) | 1500 | 17 | 汉城(韩国) | 1028 |
| 8 | 孟买(印度) | 1420 | 18 | 莫斯科(俄罗斯) | 1100 |
| 9 | 布伊诺斯艾利斯(阿根廷) | 1383 | 19 | 广州(中国) | 1054 |
| 10 | 加尔各答(印度) | 1250 | 20 | 达卡(孟加拉国) | 1000 |

从表7-1中可见，全球超大城市多数在发展中国家。就全球来看，非农业人口增长的一个城市化特点是：高速推进都市化的发展中国家，使许多农民失去了土地，他们期望在大城市找到就业机会。由于他们的文化层次低，也无一技之长，希望往往破灭，生活陷入困境，多数聚集在城市边缘的贫民窟，有的人甚至连居住的地方都没有，他们当中相当一部分人靠拾荒、偷盗、抢劫、卖淫等方式生存，严重毁坏了安定和谐的社会环境。实质上，城市环境

问题就是城市人口问题，城市人口问题就是城市贫民问题，应该引起各国政府的高度重视。非农业人口增长的另外一个城市化特点是：发达国家城市化已经趋于稳定，小城镇建设稳步推进，城镇人口与农业人口的比例相对平衡；发展中国家城市化进程正在迅猛加速，涌入城市的人口激增（详见图 7-3)。相比之下，显得城市基础设施建设薄弱、实业经济发展不足，引发了就业、就学、医疗、养老等一系列社会保障问题，其实社会保障问题就是城市人口问题。

(3) 世界人口年龄结构呈老龄化趋势　人口年龄结构常指一定时期内某地区各年龄组人口在全体人口中的比例，又称人口年龄构成，通常用百分比来表示，有时也用各年龄组人口的人数表示。为了反映人口年龄结构的类型，最近世界卫生组织提出了新的年龄划分标准，标准规定为 5 类：0～14 岁人群为少年儿童；15～44 岁人群为青年人；45～59 岁人群为中年人；60～89 岁人群为老年人；90 岁以上人群为长寿老人。这个标准既考虑到发达国家，又考虑到发展中国家；既考虑了人类平均预期寿命不断延长的发展趋势，又考虑到人类健康水平日益提高的必然结果。目前，国际通用标准将人口年龄构成分为 3 种基本类型：年轻型人口、成年型人口和老年型人口，如表 7-2 所示。

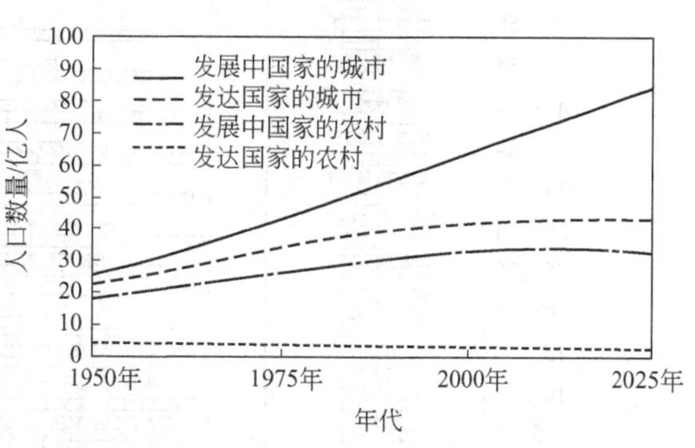


图 7-3　全球城市和农村人口的增长趋势

**表 7-2　人口年龄构成类型标准**

| 类　型 | 年轻型 | 成年型 | 老年型 |
|---|---|---|---|
| 少年儿童系数(0～14 岁人口所占比例) | ＞40% | 30%～40% | ＜30% |
| 老年人口系数(65 岁以上人口所占比例) | ＜4% | 4%～7% | ＞7% |
| 年龄中值数 | ＜20 岁 | 20～30 岁 | ＞30 岁 |

全球人口日趋老龄化，是世界人口结构发生变化的主要特点，如图 7-4 所示，发达国家步入老龄化社会的趋势非常明显，而发展中国家的老龄人口也在不断增长，所占比率有所增加。

从老龄人口带来的社会问题中，人们逐渐认识到，人口年龄结构的变化比人口总量的提高更能影响社会经济发展。19 世纪中叶法国最早进入人口老龄化国家，之后，瑞典、挪威、德国、日本、英国于 19 世纪末叶相继进入老龄化国家的行列。目前，全球进入人口老龄化的国家和地区已经有 72 个，其中欧洲 41 个，拉丁美洲和加勒比海地区 14 个。据联合国人口司 2007 年公布的一项研究报告显示：2005 年全球 60 岁以上老龄人口已经超过 6.73 亿，到 2020 年 60 岁以上老龄人口将首次超过 0～14 岁儿童人口数；预计到 2050 年 60 岁以上老龄人口将增至 20 亿，届时全球每 5 个人中就有一个老年人；2150 年时每 3 个人中将会有一个 60 岁以上的老年人。目前，全球老年人口的主要部分在亚洲（占 53%)，其次是欧洲(占 25%)，发达国家老年人口比例明显高于发展中国家，但是，发展中国家人口老龄化(Aging of Population) 的速度更快，西方发达国家人口老龄化大约用了 100～150 年，而发展中国家仅用了 30～50 年，相比之下，发展中国家的人口年龄结构从年轻型转变为老年型的时间大为缩短。

人口老龄化将引起人口结构、投资结构、消费结构、产业结构、劳动就业等一系列社会

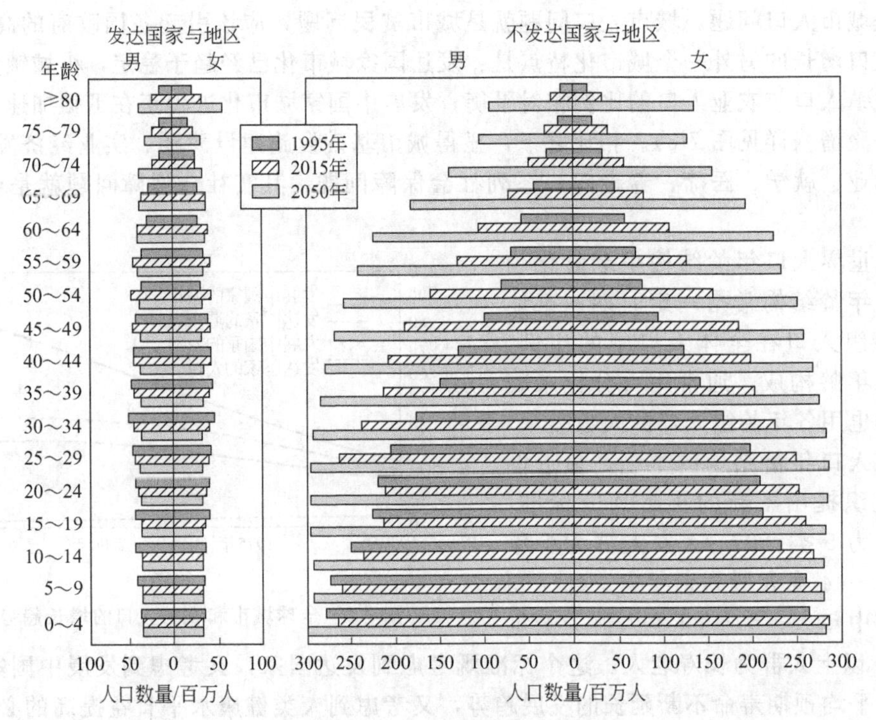


图 7-4 全球人口年龄结构变化图

经济变化，对全球人类社会经济的发展与生存环境产生众多方面的重要影响。

## 7.2 中国人口问题

中国人口问题是国际社会瞩目的复杂社会问题，从古到今普遍引起当政者的重视，因为它涉及国强民富、人民安康以及社会经济发展之大事。早在新中国成立之初，我国人口学家、社会经济学家马寅初先生就提出了我国存在着人口问题，需要有计划控制人口的崭新观点，引起了党和政府的高度关注。

### 7.2.1 人口增长的历史回顾

中国是世界四大文明古国之一，有着五千多年的文明史。与世界大多数国家一样，经历了社会发展的各个阶段。中国一直是全球人口最多的国家。由于赋税、征兵的需要，历朝历代都设有专管人口数字统计的官吏，如司民、户部等，定期稽查户口；都有关于人口普查的记载。中国人口增长过程经历了几次较大的起伏，大致可以分为 4 个时期。

第一时期，从夏禹到秦始皇统一中国。夏禹时期是中国现存最早的人口统计数据。据史书《帝王世纪·郡国志》记载："禹平水土，定天下九洲，抚有民 1355 万"。说明中国在公元前 2200 年进入阶级社会时，已有 1000 多万人口。

周朝周成王初时人口约 1371 万。周庄王时约为 1184 万。到了春秋战国时期，由于连年战乱，人口有所减少。秦统一六国后，始皇时代的（公元前 205 年）人口只有 1200 万，仍停留在夏禹时的水平。该时期是中国处于奴隶社会和由奴隶社会向封建社会过渡的时期，随着社会经济发展，人口数量有一定增长，但增长速度极其缓慢。

第二时期，从西汉开始到明末清初，这个时期约有 1600 年，中国处于封建社会。期间经历过十几个朝代，因为农民起义和外族入侵等战争较多，所以人口有几次较大的波动。

第三时期，从康熙赋税改革到新中国成立。由清康熙五十一年（公元1712年）实行赋税改革，人口急剧增长。到1949年新中国成立时，全国人口为5.4亿。

回顾中国历史上的人口变化，可以看出，中国人口从奴隶社会初期的1300多万增长到新中国成立时的5亿4千万，前后共经历了4200多年，人口增加5亿2700万，总体平均，每年增长人数只有12万之余，平均每年增长率仅为0.88%。而且大部分是近100～200年来增加的。历来中国人口增长如此缓慢的主要原因是战争、饥荒和瘟疫。

第四时期，新中国成立后至今。这一期间，除了1960年、1961年由于自然灾害，人口停止增长以外，人口总数呈直线上升。从1951年第一次人口普查到2000年第五次人口普查，其间经历了近半个世纪，我国人口净增近7亿，平均每年净增人口1400万。

### 7.2.2 新中国的人口变化历程

中国是全球人口最多的国家，2009年末中国大陆人口13.40亿，占全球人口的20.18%，亚洲人口的33.30%。新中国成立以来，大陆人口发展经历了两个不同的时期：一是实行计划生育政策之前，人口发展处于无序的高增长时期；二是实行计划生育政策之后，人口发展逐步走向有序的可控制时期。这两个不同发展时期的区别，不仅表现在出生率、死亡率的变化上，还表现在人口增长模式的转变以及人口结构的变化上。

#### 7.2.2.1 人口总量的变化

人口变化与社会变革及其经济发展密不可分，结合我国不同时期的社会经济变化状况，可以把新中国成立后人口总量的变化过程划分为如下6个阶段。

第一个阶段是人口高增长阶段（1949～1957年） 解放战争刚刚结束，新中国进入和平发展之初，人口增长缓慢。不久后，随着社会经济发展，人民生活水平及医疗卫生条件不断地得到改善，人口的发展明显地呈现出低死亡率、高出生率、高自然增长率的特征。在1949～1957年的8年间，全国人口净增1.05亿。出现了新中国成立后的“第一次人口生育高峰”。

第二个阶段是人口低增长阶段（1958～1961年） 1958年至1961年，由于连续3年的自然灾害，使人民生活受到了严重影响，致使人口死亡率突增，出生率锐减。

第三个阶段是人口高增长阶段（1962～1970年） 度过3年自然灾害之后，经济发展状况逐渐好转，人口发展逐渐恢复正常状态，人口死亡率开始下降，国民强烈的补偿性生育愿望使人口出生率迅速回升，人口增长进入了新中国成立以来前所未有的高峰期，并一直持续到20世纪70年代。这是新中国成立以后出现的“第二次人口生育高峰”。

第四个阶段是人口控制性增长阶段（1971～1980年） 20世纪70年代以后是我国人口发展出现根本性转变的时期。新中国成立以来人口高速增长所带来的社会压力，使政府重新反思，并认识到我国人口学家马寅初人口论的正确性，开始动员国民实行计划生育，并出台了“一对夫妇只生一个孩”的新人口政策。使人口高出生、高增长的势头得到了迅速控制，从此，我国人口由无序的高增长时期转入了有序的可控增长时期。这一时期，人口出生率和自然增长率迅速下降，然而，由于总人口基数庞大，这一阶段，我国人口净增数量仍然相当可观。1971～1980年，我国总人口由8.52亿增加到9.87亿，净增1.35亿，超过了“第一次人口生育高峰”时的净增人口数量。

第五个阶段是人口高增长阶段（1981～1990年） 进入20世纪80年代后，政府把实行计划生育作为一项基本国策，将严格人口控制提高到了战略高度。但是，由于20世纪60年代初“第二次人口生育高峰”中出生的人口陆续进入婚育年龄，加之20世纪80年代初《婚姻法》的修改造成许多不到晚婚年龄的人口提前进入婚育行列，使得人口出生率出现回升，这是新中国成立以后出现的“第三次人口生育高峰”。

第六个阶段是人口平稳增长阶段（1991～2010年）进入20世纪90年代后，随着计划生育工作的不断加强，人口的高出生率得到了控制，并持续稳步下降。1998年人口自然增长率首次降到10‰以下，2008年人口自然增长率为5.2‰。从2000年开始，年净增人口低于1000万，中国人口进入了平稳增长阶段。

#### 7.2.2.2 人口增长模式的变化

人口增长模式是与社会生产力发展相适应的，随着社会进步，人口的增长模式从传统型（高出生率-高死亡率-低自然增长率）逐渐转变到现代型（低出生率-低死亡率-低自然增长率）。

（1）我国人口增长模式的变化过程　新中国成立后，人民生活水平不断提高，医疗卫生事业健康发展，人口死亡率迅速下降。同时，安定和谐的社会也给人口生育提供了良好的环境，除了3年自然灾害外，人口出生率一直居高不下，导致我国人口增长模式第一次发生历史性转变——由新中国成立前的传统型转变为过渡型，并一直持续到20世纪70年代初期。

20世纪70年代后，随着计划生育工作的深入开展，人口出生率持续下降，与此同时，人口死亡率也稳步下降，由1971年的7.3‰逐步降低到1977年的6.9‰，以后，死亡率一直维持在7‰以下的水平。从此发生了第二次历史性转变，人口增长模式由过渡型转变为现代型。

（2）我国人口增长模式的变化特点　我国人口增长模式的重大转变，都是在经济发展水平不高的条件下发生的。特别是由过渡型向现代型的转变，其中政府推行的计划生育政策起到了决定性的作用。因此，人口增长模式的转变并非经济发展带来的自然转变，而是人为因素，这与其他国家相比具有明显的特殊性。

我国人口控制速度快、周期短，是其人口增长模式转变的显著特点。发达国家的人口转变，是随着经济发展程度逐步提高、死亡率和生育水平的缓慢下降而逐步实现的，其间经历了一个漫长的自然转变过程。我国随着医疗卫生事业的进步，人口死亡率由1949年的20‰下降到1952年的17‰，其后仅用了5年的时间便迅速下降到1957年的10.8‰，这一速度大大快于发达国家同期水平。从人口预期平均寿命的变化看，1949年，仅为35岁；1957年达到57岁；1981年上升到68岁。在30多年的时间里，人口预期平均寿命提高了30多岁，提升速度远远超过发达国家。

我国人口增长模式的第二次转变，表现为生育水平由高到低的转变。与其他国家相比，这一转变同样体现了速度快的特点。20世纪70年代之前，中国妇女的生育水平一直较高，1949～1969年妇女总和生育水平为5.8，出生率为33.8‰，进入20世纪70年代后生育水平开始迅速下降，1972年总和生育水平下降到5.0以下，到1977年，总和生育水平进一步下降到3.0以下，出生率下降到20‰以下。20世纪末妇女总和生育水平下降到1.8。

#### 7.2.2.3 人口年龄结构已完成向老年型的转化

（1）人口年龄结构的变化成因　人口年龄结构是指一定时期内各年龄组人口在全体人口中的比例。它是过去和当前人口出生、死亡、迁移变动对人口发展的综合作用结果，也是社会与经济发展的结果。

新中国成立后，人口健康状况持续改善，人口死亡率持续下降，幼龄人口死亡率下降更快，而出生率仍维持在高水平，因此人口出现了爆炸式的增长。1962～1970年中国创下了有史以来人口快速增长的高峰。

由于人口死亡率的下降速度快于人口出生率的下降速度，形成了人口年龄金字塔的凸出部分。随着时间的推移，这个凸出的部分也在移动，从未成年到成年，最后到老年。这就造成了人口年龄结构从年轻型→成年型到老年型的转变（详见图7-5）。

（2）人口年龄结构变化的特点与现状　全球大多数国家的人口年龄结构，都是随着社会经济发展和人口增长模式的变化，逐渐从年轻型→成年型转变到老年型。西方发达国家是伴随着工业化和现代化而逐步深化的人口渐进转化过程，经历了漫长的时间。而我国是在经济不发达的条件下进行的，明显带有人为痕迹，因此，人口年龄结构随着人口增长模式的转变也发生了快速转变，即从相对年轻型人口结构直接转化为相对老年化的人口结构（详见图 7-5）。

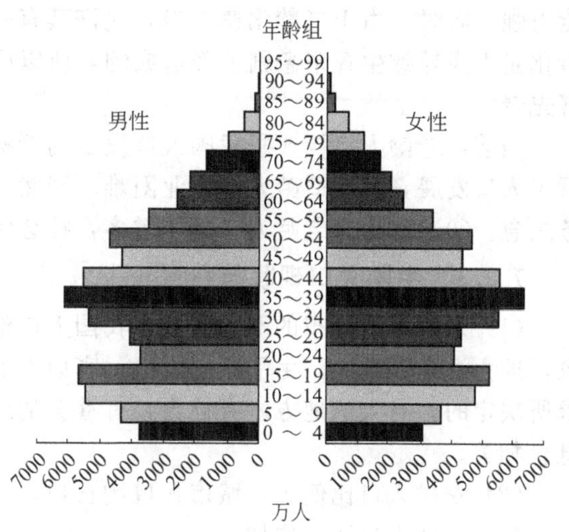

图 7-5　2005 年中国人口年龄结构图

1953 年和 1964 年第一、第二次人口普查时，我国的人口年龄结构基本属于年轻型，进入 20 世纪 70 年代以后，尤其是强力推行计划生育政策之后，伴随着人口出生率和总和生育水平的急剧下降，少儿人口比例下降，老年人口比例上升，大大加快了人口年龄结构类型的转化。到 1982 年第三次人口普查时，人口年龄结构已初步进入成年型，到 1990 年的第四次人口普查时，人口年龄结构已变为典型的成年型。此后，人口年龄继续老化，特别是进入 20 世纪 90 年代以后，人口老龄化进程加快，人口年龄结构开始向老年型转变。到 2000 年第五次人口普查时，中国 65 岁以上人口达到 8811 万，占总人口的 6.96%，意味着中国已经进入了老龄化国家的行列，我们的人口年龄结构从年轻型至老年型的转化过程仅仅用了 36 年。

据 2008 年人口变化抽样调查结果推算，当年我国 65 岁及以上人口已占总人口的 8.30%，与 2000 年第五次人口普查相比，又上升了 1.34%，这表明我国的人口老龄化趋势正在加剧（详见表 7-3）。

**表 7-3　大陆人口年龄结构变化**

| 人口普查年份 | 0～14 岁人口比例/% | 65 岁及以上人口比例/% | 老少比/% | 年龄中位数/岁 |
|---|---|---|---|---|
| 1953 年第一次人口普查 | 36.3 | 4.4 | 12.2 | 22.7 |
| 1964 年第二次人口普查 | 40.7 | 3.6 | 8.8 | 20.2 |
| 1982 年第三次人口普查 | 33.6 | 4.9 | 14.6 | 22.9 |
| 1990 年第四次人口普查 | 27.7 | 5.6 | 20.1 | 25.3 |
| 2000 年第五次人口普查 | 22.9 | 7.0 | 30.4 | 30.8 |

（3）我国人口面临着老龄化的挑战　当国际社会关注着快速增长的中国人口给社会与自然环境所带来的巨大压力时，中国人口的年龄结构也在悄然老化，使我们又面临着另一个严峻的挑战——人口老龄化问题。

我国人口老龄化具有 3 个特点：①老年人口基数大。②人口老龄化速度快、来势猛。我国人口年龄结构从成年型进入老年型仅用了大约 18 年时间，与发达国家相比，速度十分惊人。据预测，到 2020 年，我国 65 岁及以上老年人口所占比例将达到 11.92%，比 2000 年提高 4.96%，届时每 8 个人中就有一个 65 岁及以上老年人。以后老龄化程度会继续提高，到 21 世纪中叶，老年人口比例将达到 25%，每 4 个人中就有一个老年人。③人口老龄化发展超前于经济发展。发达国家的人口老龄化是在经济发达时期出现的，对人口老龄化的承受能力强。同时，由于老龄化速度慢，允许其有一段较长时间的准备和适应。因为中国人口老龄化是人为导致生育率急剧下降造成的，所以中国人口老龄化必然超前于经济发展，即“未富先老”。

当前，老龄人口构成了我国人口发展的严峻形势，主要表现在两个方面：①经济发展滞后于人口发展，致使适龄人口就业困难。当然，激励民族实业经济发展，促进劳动就业是当务之急。②退休后的老龄人口逐年增多，社会保障压力逐年增大。

### 7.2.3 中国人口现状与特点

(1) 人口时空分布的不均衡性 我国人口地理分布特征与全球人口地理分布状况基本一致，即由沿海到内地，由平原向山地、高原上的人口逐渐稀疏，这是由人类生存对环境的要求所决定的。有人的地方才有社会，有社会的地方才有经济，社会经济发展与人口分布状况息息相关。

(2) 农村人口比例大，城市人口增长快。

(3) 流动人口逐年增加。

(4) 人口出生的性别比失调。

## 7.3 人口学理论

正如自然界的生物多样性一样，人口控制理论也是众说纷纭。一些人认为，人口的增长是造成贫穷与环境恶化的最根本原因；而另一些人则认为，贫穷、环境恶化与人口的过度增长只不过是深层次社会和政治因素的反映。这里最典型的两种理论对峙就是马尔萨斯人口论与马克思、恩格斯人口论。

### 7.3.1 T.R 马尔萨斯人口论

以马尔萨斯（Malthus，Thomas Robert）为代表的人口理论。又称《马尔萨斯人口论》。马尔萨斯（1766～1834）是英国早期的牧师、社会经济学家和人口学家。他在1798年发表并出版了《论影响于社会改良前途的人口原理》（简称《人口原理》）一书中提出，人和动、植物一样都听命于繁殖自己种类的本能冲动，造成了过度繁殖。因此，人口有超过生活资料许可的范围而增长的恒常趋势。他断言：人口按几何数列1，2，4，8，16，32，……增加，而生活资料只能按算术数列1，2，3，4，5，6，……增加。人口的增长快于生活资料的增长是一个无法改变的自然规律，这个规律将使全体劳动者沦于贫乏和困苦的境地。工人贫穷的原因在于他们自己，同社会制度、财产的不平等分配和政府的权利作用没有任何关系。解救工人的办法不是革命，不是实行平等的社会制度，而是在于直接抑制他们的人口增长。马尔萨斯认为，社会人口问题就是底层阶级的人口问题，应该让这些人以最低的消费量发挥最大的劳动潜能，以实现积极的人口控制。他还认为大多数人不仅懒惰而且还不道德，不能主动控制出生率。因此，他极力反对英国政府救济和帮助穷人，因为他害怕较多的食物会增加人口的出生率，致使饥饿与贫困问题长期发展下去而根本得不到解决。马尔萨斯主张人口过度增长是许多社会和环境问题的根源（详见图7-6）。

### 7.3.2 马克思、恩格斯人口论

显然，马尔萨斯人口理论激起了一场关于社会经济问题的大辩论。大辩论中，无产阶级先锋战士——卡尔·马克思是最猛烈的抨击者之一。根据马克思的人口理论，人口的增长是贫穷、资源耗竭、环境污染以及其他社会疾病的反映而非根源。他认为产生这些问题的直接原因是剥削与压迫（详见图7-7）。马克思指出，工人（包括一切低阶层劳动者）总是在劳动，

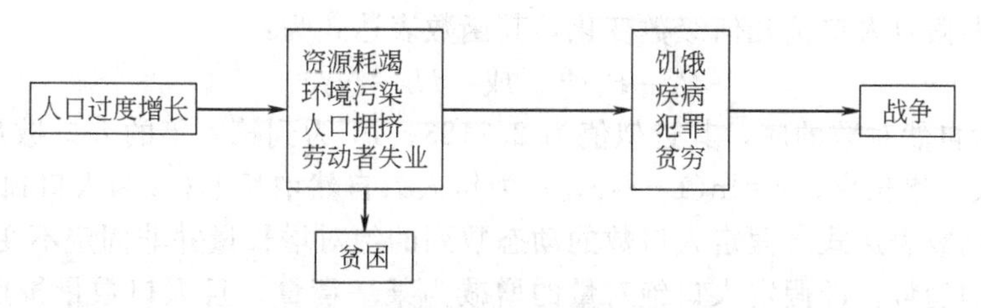


图 7-6　人口过度增长是许多社会和环境问题的根源

只享受他们应该得到的那一部分中的很少一部分来解决他们自己的生计。根据马克思的理论，降低人口增长和减少犯罪、疾病、饥饿、贫穷和环境恶化的最好方式是通过资源再分配去争取社会公平。

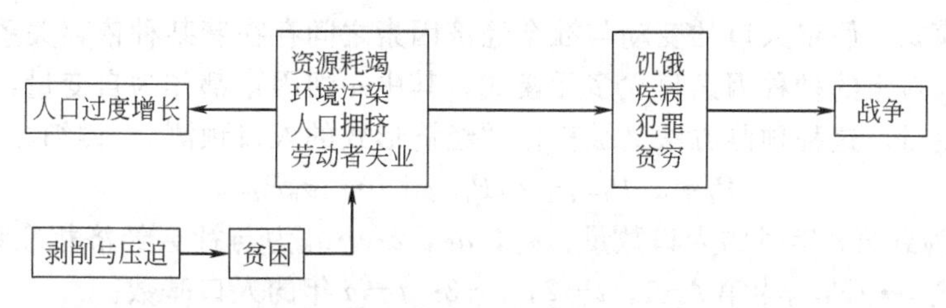


图 7-7　剥削与压迫是贫穷和环境恶化的真正原因，人口增长只是社会问题的反映或结果，而非根源

恩格斯的人口研究开始于 19 世纪中叶国际工人运动高涨的年代。他在 1844 年初发表的《政治经济学批判大纲》中，严厉批判了维护私有制的资产阶级经济学，严肃驳斥了仇视劳动人民的马尔萨斯人口论。在马克思主义人口理论发展史上，是他最先对马尔萨斯人口论进行了批判斗争，他精辟地阐明了经济危机、工人失业、国民贫困等都是资本主义私有制统治的产物，并指出："人口过剩或劳动力过剩是始终同财富过剩、资本过剩和地产过剩联系着的。只有在生产力过大的地方，人口才会过多。"（《马克思恩格斯全集》第 1 卷第 619 页）而且，就业手段并不就是生活资料，"就业手段的扩大仅仅是机器力量的增加和资本扩大的最终结果；而生活资料却只要生产力稍许提高，就会立刻增加。"

根据马克思与恩格斯的人口理论，只有人口压迫生产力的时候才需要控制人口来解放生产力，否则，适当地发展高质量人口，不仅不会遏制生产力，还会有效地增强生产力。当然扩大内需，消灭制度层面上的分配不合理是当务之急，只有这样做，才可以避免目前出现的社会弊端，即有消费能力的人口没有消费意愿，有消费意愿的人口没有消费能力。

## 7.4　人口预测模型

未来总人口发展趋势预测的方法很多，从人口预测的依据来说，主要有以下三个方面：根据现有人口数量、性别和年龄构成等因素来预测未来人口数量的变动；根据过去某一时期内人口增长的速率或绝对数量来预测未来人口变化的趋势；根据影响人口总数的变动因素进行人口预测。但是，就方法论而言，可以分为数学方法和人口学方法。

### 7.4.1　数学方法

根据已知人口数，利用数学公式推算出所求人口数。预测时，应根据实际调查情况，确定恰当的假设，选择相应的解析函数和数学表达式。

（1）指数函数表达式　假定人口的相对增减比例始终保持不变，且按照一个不变的自然增长率增加，即假定人口按几何级数变化，其函数表达式为：

$$P_t = P_0 e^{rt} \quad 或 \quad N_t = N_0 e^{rt} \tag{7-1}$$

式中，e 为自然对数的底，其近似值为 2.7183；$P_t$ 为到第 $t$ 年的人口数量；$P_0$ 为人口基数；$r$ 为年人口增长率，$r=\ln(1+r_0)$；$r_0$ 为年人口自然增长率；$t$ 为人口预测时间，a。

（2）二次函数表达式　假定人口数的动态数列的绝对增长量并非固定不变，而是有一种逐渐变成常数的趋势，即假定人口绝对量的增减为某一衡量，且人口数量按照抛物线变化。最常用的二次抛物线表达式为：

$$P_t = a + bt + ct^2 \tag{7-2}$$

式中，$P_t$ 为到第 $t$ 年的人口数量；$t$ 为人口预测时间，a；$a$、$b$、$c$ 分别是这条抛物线的参数，可用最小二乘法求得。

（3）回归模式　假定人口的变动与社会经济因素之间存在着某种依存关系，根据影响人口总数或某些人口组的种种因素建立多元模式，其中一切因素都作为自变量，而所需计算的人口数作为因变量。这种预测方法又被称作“经济形式的人口预测”。详细方程表达如下：

$$P_t = a_1 P_{t-1} + a_2 P_{t-2} + \cdots + a_n P_{t-n} \tag{7-3}$$

式中，$P_t$ 为到第 $t$ 年时的人口数量；$a_1$，$a_2$，$a_3 \cdots a_n$ 为与社会经济相联系的回归系数；$P_{t-1}$，$P_{t-2}$，$P_{t-3} \cdots P_{t-n}$ 为第 $t-1$，$t-2$，$t-3 \cdots t-n$ 年的人口基数。

（4）罗吉斯蒂柯函数（Logistic Function）表达式　用来描述一个在有限环境里一个生物群体内个体数目增长过程中的一种指数函数。这个函数如图 7-8 所示。

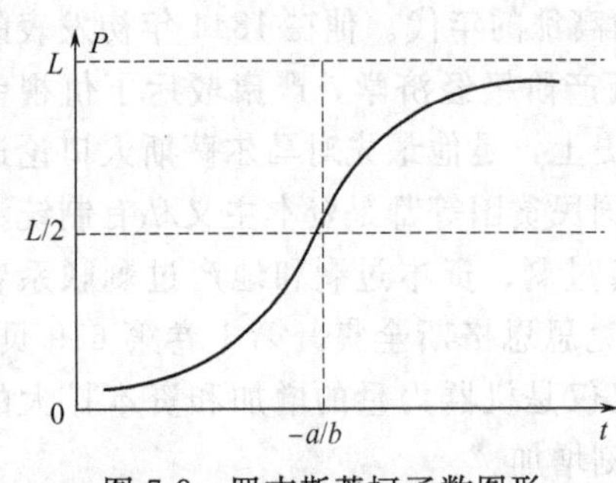

图 7-8　罗吉斯蒂柯函数图形

它具有下列特点：①$P$ 值随 $t$ 值的增长而增长，为单调增函数。②以拐点（$-a/b$，$L/2$）为中心呈中心对称。③在拐点以前，$P$ 值加速增长；过拐点以后，$P$ 值减速增长。即群内个体数目开始增长很快，然后越来越快，达到一定数目（$L/2$）后，增长速度便越来越慢，当 $P$ 值趋近于极限值 $L$ 时，增长趋近于零。④函数以 $P=0$ 和 $P=L$ 为两条水平渐近线。

此函数曾于 1838 年由比利时学者维尔雨斯特（P. F. Verhulst）第一次提出，后泯灭失传。1920 年，美国学者珀尔（R. Pearl）和利德（L. J. Reed）在研究果蝇的繁殖中，重新发现这条曲线，并开始在人口预测中推广应用，引起广泛关注。

这个函数是对人口指数函数的一种修正。若假定每单位时间内人口增长率（或瞬间人口增长率）永远保持不变，$\frac{dP}{Pdt}=k$（$P$ 为人口数，是时间 $t$ 的函数，$k$ 为常数），即得人口指数函数 $P(t)=P_0 e^{kt}$。若假定每单位时间内人口增长率（或瞬间人口增长率）$\frac{dP}{Pdt}$ 随着人口数 $P$ 的增加而降低，$\frac{dP}{Pdt}=k\left(1-\frac{P}{L}\right)$（$L$ 为可能达到的最高人口数），即得罗吉斯蒂柯人口函数如下：

$$P(t) = \frac{L}{(1+e^{a+bt})} \tag{7-4}$$

式中，$t$ 为人口预测时间，a；$P$ 为人口数；$L$，$a$，$b$ 均为与罗吉斯蒂柯函数有关的参数，其中 $L$ 为 $P$ 的最大极限值。

### 7.4.2　人口学方法

人口学方法也有人称之为“分要素推算法”，即先分别预测影响人口总数的各项因素，如出生人数、死亡人数、迁移人数，然后再加合起来，推算未来人口总量。平衡方程是最简单的计算公式：

$$P_t = P_0 + B - D + I - E \tag{7-5}$$

式中，$P_t$ 为 $t$ 时刻的预测人口数；$P_0$ 为人口基数；$B$ 为 0～$t$ 时刻内的人口出生数；$D$ 为 0～$t$ 时刻内的死亡人口数；$I$ 为 0～$t$ 时刻内的迁入人口数；$E$ 为 0～$t$ 时刻内的迁出人口数。

此预测方法比较麻烦，但预测精度比较高。目前联合国的许多预测报告都是采用这种方法计算的。

假如不考虑人口迁移的影响，则决定未来人口发展趋势的只是人口自然增长率，其计算就较为简单，其公式为：

$$P_t = P_0(1+r)^t \tag{7-6}$$

式中，$P_t$ 为 $t$ 时刻的预测人口数；$P_0$ 为人口基数；$r$ 为人口自然增长率；$t$ 为预测年限。

除上述人口预测方法外，常用的还有一种预测人口倍增所需时间的公式，即倍增期 $T_d$ 的计算公式。倍增期是表示在固定增长率的条件下，人口增长一倍所需要的时间。其数学公式由指数函数（自然递增）公式 $N_t = N_0 e^{rt}$ 推出。

令 $N_t = 2N_0$，$t = T_d$，代入公式 $N_t = N_0 e^{rt}$，得出：

$$2N_0 = N_0 e^{rT_d}$$

$$\ln 2 = rT_d$$

$$T_d = \frac{\ln 2}{r} \approx \frac{0.7}{r} \tag{7-7}$$

式中，$r$ 为人口增长率。

人口变化的倍增关系详见图 7-9。

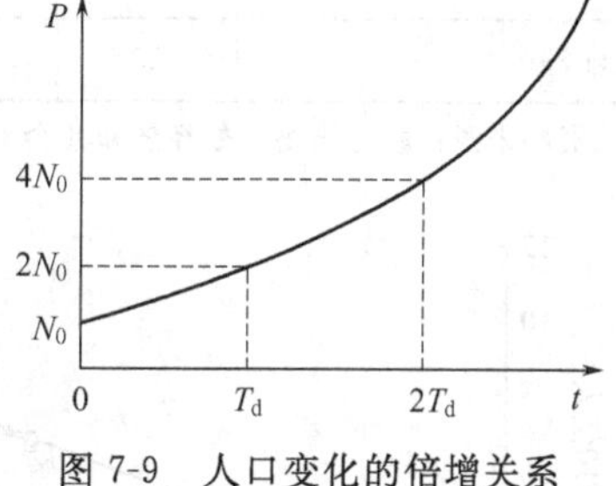


图 7-9　人口变化的倍增关系

## 7.5　未来人口预测

人口按照指数规律增长，如果任其无限增长下去，地球将很难容纳下去，其灾难性后果可想而知。为了避免全球人口增长失控，准确地预测未来人口发展趋势就显得十分重要了。

总体概括，如果按照中变期（中期变化）假设预测，可以得出如下结论。

① 2005 年 7 月全球人口数为 64.6 亿，到 2010 年 7 月增长至 69.0 亿，净增 4.4 亿人，每年净增 8800 万人。尽管预测 2010～2050 年的生育率会继续下降，但是直至 21 世纪中叶，全球人口预期将达到 91.0 亿，每年增加 5500 万人。

② 现在人口增长的 95%出现在发展中国家，5%出现在发达国家。直至 2050 年，较发达国家总体人口每年将减少约 100 万，而发展中国家每年将增加 5300 万人，其中 3300 万人出现在极不发达国家。

③ 未来人口增幅取决于未来生育率走向。预测未来生育率（力）将由现在的每一妇女生 2.6 个子女降至 2050 年每一妇女生育略多于 2.0 个子女。如果生育率（力）比中变式计算结果多出半个子女，到 2050 年全球人口将达到 106.0 亿，如果生育率（力）比中变式计算结果少出半个子女，到 2050 年人口将达到 76.0 亿。也就是说，即使生育率下降速度较快，到 21 世纪中叶全球人口持续增长的势头仍旧不会改变。上述①、②、③的综合情况详见表 7-4 和图 7-10。

**表 7-4 预测 2010～2050 年全球及主要地区的人口变化**

| 全球及主要地区 | 人口/$10^6$ 人 | | | | 2050 年人口/$10^6$ 人 | | | |
|---|---|---|---|---|---|---|---|---|
| | 1950 | 1975 | 2005 | 2010 | 低 | 中 | 高 | 不变 |
| 全球 | 2519 | 4074 | 6465 | 6898 | 7680 | 9076 | 10646 | 11658 |
| 较发达地区 | 813 | 1047 | 1211 | 1211 | 1057 | 1236 | 1440 | 1195 |
| 较不发达地区 | 1707 | 3027 | 5253 | 5493 | 6622 | 7840 | 9206 | 10463 |
| 极不发达国家 | 201 | 356 | 759 | 794 | 1497 | 1735 | 1994 | 2744 |
| 其他发展中国家 | 1506 | 2671 | 4494 | 4699 | 5126 | 6104 | 7213 | 7719 |
| 非洲 | 224 | 416 | 906 | 947 | 1666 | 1937 | 2228 | 3100 |
| 亚洲 | 1396 | 2395 | 3905 | 4083 | 4388 | 5217 | 6161 | 6487 |
| 欧洲 | 547 | 676 | 728 | 761 | 557 | 653 | 764 | 606 |
| 拉丁美洲和加勒比 | 167 | 322 | 561 | 587 | 653 | 783 | 930 | 957 |
| 北美洲 | 172 | 243 | 331 | 346 | 375 | 438 | 509 | 454 |
| 大洋洲 | 13 | 21 | 33 | 34 | 41 | 48 | 55 | 55 |

资料来源：联合国秘书处经济和社会事务部人口司（2005 年）。

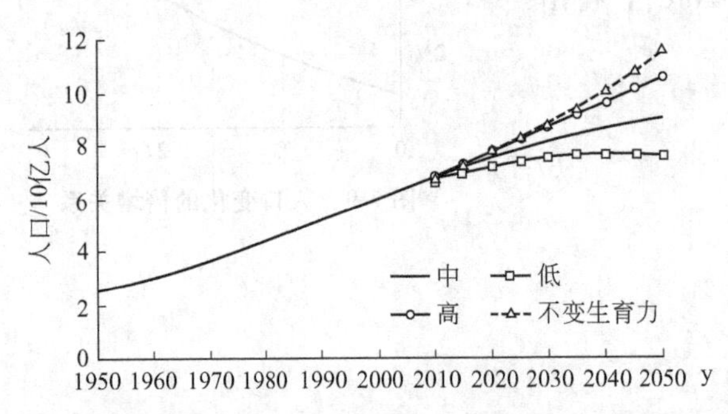


图 7-10 预测 2010～2050 年全球人口变化情况

资料来源：联合国秘书处经济和社会事务部人事司（2005 年）。

④ 发达国家总体人口由于增长率低且不断下降，预期 2010～2050 年人口数量将保持不变，约为 12 亿人口。相对预测，50 个极不发达国家的人口将增加 1 倍多，由 2010 年的 7.9 亿人增至 2050 年的 17.4 亿人。其余发展中国家人口增长速率虽然减慢，因基数大，人口仍旧增多，从 2010 年的 47 亿人增至 2050 年的 61 亿人。

⑤ 有 51 个国家和地区，包括德国、意大利、日本、波罗的海国家和前苏联的多数继承国到 2050 年的预期人口数量将低于 2010 年。

⑥ 从 2010～2050 年，全球净增人口数的 50％出现在 9 个国家，按照在这一期间人口增长变化率的多少进行排列，这些国家为：印度、巴基斯坦、尼日利亚、刚果民主共和国、孟加拉国、乌干达、美利坚合众国、埃塞俄比亚和中国。

⑦ 从 2000～2005 年，全球总和生育水平为每一位妇女生 2.65 个子女，约为 1950～1955 年的半数（每一妇女生 5 个子女）。预计到 2045～2050 年全球总和生育水平将进一步下降到每一妇女生 2.05 个子女。目前，全球平均总和生育水平随着经济发展程度的不同而呈现出极不均衡的差异。在发达国家的总体人口中，2010 年的总和生育水平为每一妇女生 1.55 个子女，预计到 2045～2050 年将增加到每一妇女生 1.84 个子女。在极不发达国家，总和生育水平为每一妇女生 5 个子女，预计到 2045～2050 年将下降 50％，为每一妇女生 2.57 个子女。其余发展中国家，总和生育水平已经较低，为每一妇女生 2.58 个子女，预计 21 世纪中叶将进一步降低到每一妇女生 1.92 个子女，届时趋近于发达国家的总和生育水平。

⑧ 全球平均寿命已经从1950～1955年的47岁上升到2000～2005年的65岁，预期将上升到2045～2050年的75岁。在较发达地区，预期从现在的76岁上升到21世纪中叶的82岁。在极不发达地区，现在的寿命为51岁，预计将上升到2045～2050年的67岁。由于这些地区的许多国家受艾滋病毒和流行病的危害极深，因此，他们预期寿命的增长很大程度上取决于能否很好地预防艾滋病毒蔓延和很好地治疗艾滋病及其流行病。传染病预防和医疗条件较好的发展中国家，预期寿命将从现在的66岁增至21世纪中叶的76岁。

⑨ 预测2010～2050年移往发达国家的移民净增12473万～13364万人，平均每年净移民280万～300万人。对发达国家而言，2010～2050年预期死亡人数超过出生人数导致的人口损失将因移民引入而抵消。对发展中国家而言，12920万人的外移人口还不及预期人口增长的5.3%。

## 7.6　人口过剩对环境的压力

2009年9月27日第26届世界人口大会在摩洛哥南部著名古城马拉喀什（Marrakech）开幕，来自144个国家和地区及国际组织的2200多名人口问题及人口统计学专家出席了大会。与会专家共同探讨了人口与气候变化、人口与贫困、人口老龄化、人口与经济、人口与环境资源等问题，他们一致认为全球人口的增长速度已经超过了自然资源的再生速度，人类正面临着自然资源耗竭和环境污染与生态环境破坏的严重威胁。

### 7.6.1　人口膨胀对自然环境的压力

#### 7.6.1.1　人口膨胀对土地资源的压力

土地资源是人类赖以生存的基础，庞大的人口对粮食等农产品产生渴望需求。在人类生存所需要的能量物质中，在耕地上生长的农作物占88%；草原和牧区占10%；海洋占2%。有人推测，随着人类对海洋的开发利用，海洋为人类提供的能量物质将会增加。就目前情况看，全球适合于人类耕种的土地面积约为$299200\times10^4hm^2$，人均只有$0.44hm^2$。但是，这有限的耕地资源仍在不断地减少。其主要原因是：①由于人口的增长，城镇规划不断扩展、兴建工厂、劈山开矿、广修路、广架桥等，每年超过$1000\times10^4hm^2$耕地被占用。②为了解决因人口增多而增加的粮食需求，一方面对土地过度利用，其结果是耕地表土侵蚀严重，肥力急剧下降；另一方面为了增加耕地面积，不得不砍伐森林、开垦草原、围湖造田，其结果是生态系统平衡被破坏。上述两方面最终导致土地沙化，因沙化全球每年丧失土地面积达$(600\sim700)\times10^4hm^2$。③为了提高粮食单产，除了推广优良品种，改良土壤和精耕细作外，就是大量施用化肥和农药，而后者已经成为土壤污染的重要因素。上述主要原因激化了全球人口增长与土地资源稀缺之间的矛盾，人口膨胀对土地资源的压力越来越大。

中国土地资源稀缺状况更为突出，随着人口的激增，每年都开垦相当数量的荒地，但人均耕地面积还是逐年减少：1950年为$0.180hm^2$；1980年下降到$0.100hm^2$；1990年又下降到$0.089hm^2$；到了2010年，人均耕地面积只有$0.088hm^2$。也就是说，由于人口的增加，每公顷耕地需要养活的人口数在不断增加：1950年为5.5人；1980年增加到9.8人；1990年增加到11.8人；2010年每公顷耕地就要养活13.2人。

#### 7.6.1.2　人口膨胀导致水资源的压力

地球上的淡水资源并不丰富，它是陆地上一切生命的源泉。有水则有生命，从古到今人类想方设法利用陆地水资源，也只不过达到可用量$9000km^3$。

对应于人口分布，时空降水的分配量极不均匀。因此，全球许多地区淡水不足。加上人口膨胀，用水量不断增加，使本来就不富裕的淡水资源显得更加紧张，目前，全球已有十几个地区和二十几个国家发生水荒。

我国的淡水资源看起来比较丰富，但人均占有量却很少。眼下，年均可利用水量只有 $1.1\times10^{12}m^3$。由于水资源时空分布不均，造成不少地区缺水。2008 年工农业总产值比 1988 年翻了两番，年均增长率为 7.18%，这意味着工农业用水量也在同步增加。另外，在保持人均耗水量不变的情况下，随着人口的增长，每年至少应该增加 1.2%的用水量，这就给本来已经十分紧张的水资源带来了更大压力。再有，因“三废”排放造成的水源污染以及输水过程中出现的跑、冒、滴、漏现象，极大地减少了有限的淡水资源量，进而加剧了水资源的危机。

#### 7.6.1.3 人口膨胀导致能源紧缺

能源是人类生产和生活所必需的。随着人口膨胀和工业化速度的加快，人类对能源的需求量越来越大。据统计，1850～1950 年的 100 年间，全球能源消耗年均增长率为 2%。到 20 世纪 60 年代后，发达国家能源消耗年均增长率达到 5%～10%，出现能源紧缺。化石能源属于不可再生资源，其储量是有限的，而全球消耗量却呈必然增长趋势，因此，全球性的能源危机随着人口的膨胀逐渐显现出来。

人口膨胀不仅使能源供应紧张，也缩短了煤、石油、天然气等化石燃料的耗竭时间，而且还会加速森林资源的破坏。因为许多发展中国家的燃料主要是依靠薪柴。

中国能源储量和产量的绝对数量很大，但是人均占有量很少。有人估算，在当代社会中，要满足衣食住行和其他需要，年人均能源消耗量不能少于 1.6t 标准煤。发达国家要远远超过此数量，以美国为例，2006 年美国人均能源消耗量折合标准煤达 12.4t，相当于全球年人均能源消耗量（2.4t 标准煤）的 5.2 倍。2006 年我国人口控制在 13.1 亿时，人均能源消耗量折合标准煤为 1.733t，比全球年人均能源消耗量低 0.667t 标准煤，略高于最低年人均能源消耗量水平。因人口总量巨大，2006 年全国能源需求总量也没有低于 $22.7\times10^8$t 标准煤。

#### 7.6.1.4 人口膨胀对森林资源的破坏

森林是维持全球碳循环的重要环节，是调节人类生存环境不可缺少的关键因素，是保持陆地生态系统平衡的基本组成部分。但是，人口膨胀势必毁林造田、毁林盖房……结果使越来越多的森林资源受到破坏。1850 年以来，人类砍伐了几乎 $10\times10^8hm^2$ 的森林，约占原始森林面积的 50%。从 1970～1990 年的 20 年间全球森林面积共减少 $3.70\times10^8hm^2$，1990～2007 年的 17 年间共减少森林面积 $1.02\times10^8hm^2$，从 1970～2007 年间全球森林正以年 $1.28\times10^7hm^2$ 的速度在减少。我国在历史上是一个森林资源丰富的国家，但是，随着人口的高速增长，大量地砍伐森林，致使我国变成了一个少林国。我国森林覆盖率远远低于全球平均水平，人均森林覆盖面积（$0.11hm^2$）仅相当于全球人均覆盖面积的 18%。

#### 7.6.1.5 人口膨胀对大气环境的影响

人口增长必然要消耗大量的矿物资源、化石燃料和其他燃料等能源。这些物质在燃烧、冶炼和生产过程中不可避免地要排放大量的二氧化碳、氮氧化物、硫氧化物、碳氢化合物等大气污染物，这些污染物质经过物理、化学、光化学反应，会引起酸雨、光化学烟雾、臭氧层空洞及温室效应，从而引起全球气温上升，大气环境质量下降，全球气候变化异常，还有生态系统的严重不平衡。

此外，人口膨胀还带来了恶臭、噪声、垃圾、污水、有机气体等城市环境污染。

关于人口膨胀对环境的影响，1970 年梅多斯（D. L. Meadows）提出了一个“人口膨胀-自然资源耗竭-环境污染”的全球模型，并做了形象的描述与概括（详见图 7-11）。该模型认为，人口激增必然导致下列 3 种危机同时发生。

① 土地利用过度，因而不能继续加以使用，结果引起粮食产量的下降；

② 自然资源因全球人口过多而发生枯竭，工业产品产量与质量也随之下降；

③ 环境污染严重，破坏惊人，从而使粮食急剧减产，人类大量死亡，人口增长停止。

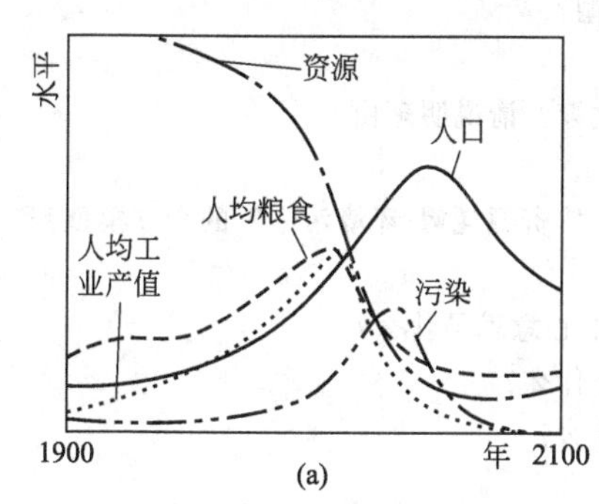


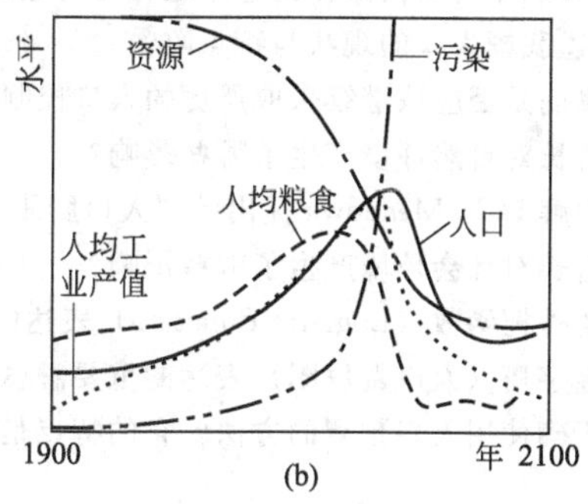


(a)在人均粮食和人均工业产量达到高峰值后，人口和污染仍在继续增加，其结果是死亡率的剧增；
(b)资源翻一番，此时工业化达到了更高的峰值，但是到2100年时仍会和(a)一样，所不同的是环境污染已经严重到无法控制的地步。

图 7-11　人口增长-自然资源耗竭-环境污染的全球模型

应该承认，该模型只是一种纯数字计算的结果，它忽视了人类自觉控制发展的主观能动作用，然而该模型也确实反映了生态平衡与人口增长的密切关系。人口增长必然要开垦土地、兴建房屋、采伐森林、开辟水源，结果改变了自然生态系统的结构和功能，使其偏离有利的平衡状态。如果偏离程度超过了生态系统自身调节的能力，则生态系统失衡，这时自然界就要对人类进行报复。因此，考虑人口增长和人口密度分布问题时，必须尊重自然生态规律，使其不断地保持最优平衡状态。

### 7.6.2　人口问题对社会环境的压力

#### 7.6.2.1　失业人口造成社会就业压力

人口过剩是社会问题，首先要解决的是就业、居住、教育、医疗，养老等问题；其次是涉及的经济发展、城镇环境、生态环境、社会治安管理等问题（详见图 7-12）。如果处理不好，将会引起巨大的社会冲击和环境冲击，这两种冲击合流后，往往会导致灾难性后果。

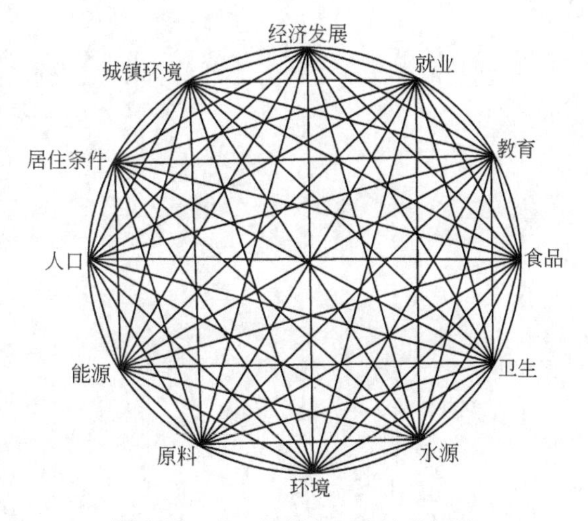


图 7-12　人口问题相互牵涉的领域

#### 7.6.2.2　人口老龄化对社会保障的压力

老龄人口上升意味着退休金、医疗费等各种形式的社会保障开支逐年增大，劳动力减少意味着越来越少的就业人口要为越来越多的老年人提供社会保障。

## 习　题

1. 能够简述世界人口增长过程的 3 个特点与 3 个时期吗？
2. 能够阐明世界人口增长的原因与特点吗？
3. 能够阐明发展中国家人口增长的原因与特点吗？

4. 如何看待世界60亿人口日？
5. 能够阐明中国人口发展史的主要4个时期吗？
6. 能够阐明中国人口总量变化的6个阶段吗？
7. 能清楚说明我国人口增长模式的变化特点吗？
8. 我国人口的年龄结构为什么过早地转变为老龄型？
9. 能够简述我国人口的现状与特点吗？
10. 今后我们是否应该继续采取严厉的人口控制政策？请说明理由。
11. 人口增长对自然环境产生了哪些影响？
12. 如何理解D. L. Meadows提出的“人口膨胀-自然资源耗竭-环境污染”的全球模型呢？
13. 人口增长对社会环境产生了哪些影响？
14. 罗吉斯蒂柯函数（Logistic Function）表达的中心意思是什么？
15. 人口金字塔（人口百岁图）表达的重要意思是什么？
16. 如何正确使用人口预测的方法？它的特点是什么？

# 第8章　环境伦理

伦理是研究道德的科学，是人们在各种社会关系中所遵循的规则和应尽的责任。它以道德现象为研究对象，包括道德意识、道德活动以及道德规范等。其中最重要的是道德与经济利益和物质生活的关系、个人利益与整体利益的关系，其理论基础是哲学，人们的世界观和历史观对道德实践具有直接的影响。伦理学与美学、心理学、社会学以及教育学等学科相互影响、相互渗透。传统伦理学研究人与人之间的关系，以建立合理的人际道德规范为目标。其功能是调整人与人、人与社会之间的相互关系，争取实现温馨的和谐社会。

环境伦理学是关于人与自然关系的伦理信念、道德态度和行为规范的理论体系，是一门尊重自然的价值和权利的新伦理学。它根据现代科学所揭示的人与自然相互作用的规律性，以道德为手段从整体上协调人与自然的关系。

## 8.1　不同环境伦理观出现的背景及其发展

### 8.1.1　中国古代朴素的“天人合一”观

中国古代儒家所倡导的“仁义”，即是其最高的思想境界和道德规范。“仁”是指对人、对物要有爱心，“义”是指实现“仁”的方式。孔子说：“智者乐水，仁者乐山”。程颢进而提出：“仁者，以天地万物为一体”。朱熹在注释《周易》时指出：“物各得宜，不相妨害。”进而承认自然界万事万物和谐共存的必要性。道家也有相似的见解。老子指出“人法地，地法天，天法道，道法自然”，就是要规范人们的行为，使之符合自然的法则。但是，与儒家“贵人贱畜”的价值取向不同，老庄学派主张“物无贵贱”。儒家自然观的基本思想是“三才”（天、地、人协调一致），道家则是“四大”（道、天、地、人协调一致），两者都有天、地、人三要素，它们既包含了人际伦理，又包含了对待人与自然关系的生态伦理。

“天人合一”的伦理观源于西周的天命论，认为天是有意志、能主宰自然和人类社会，可赏善罚恶的人格神，天人关系实际上是神人关系。到了春秋战国时代（公元前2200年），有一些人认为“天”是社会礼仪的最高依据；另一些人认为“天”即大自然，天道即自然规律。在天人关系方面，孟子强调天的道德属性，主张通过“尽心、知性、知天”达到天人合一的境界；庄子以天为自然，主张“无以人灭天”，试图否定不良的典章制度，借道德规范义实现“天人合一”的目的；荀子则主张“天行有常”，“知天命而用之”，各自都有其正确的部分。

古代先哲们朴素地保护自然的思想给我们留下了一笔宝贵的遗产。儒家“天人合一”、“天籁”的思想强调自然与人的和谐一致，这是古代朴素的环境伦理观的典型表述。它认为自然与人有着密切的联系，“天地与我并生，而万物与我为一”，强调要阴阳配合、刚柔相济、天地和谐，才能达到完美境界的协调思想。主张“得养则长，失养则消”，“钓而不纲，戈不射宿”，“得地则生，失地则死”，“天时地利，人和物丰”，“山林虽近，草木虽美，宫室必有度，禁发必有时”。显然，这些都是约束人们的行为，保护自然资源永续利用，维持生态平衡的思想萌芽。先民们创造的“桑基鱼塘”、“因地制宜，因时制宜，因物制宜”也正是我国古代哲学思想中“全局意识”和“整体观点”的体现。“天人合一”观反对人类纵欲，认为对欲望的过度满足必然带来“天人与合体”的破坏。道教也劝导人们返璞归真，过顺应自然的、纯真的、淡雅朴素的生活。

### 8.1.2 人类中心论

人类中心论（Anthropocentrism）把人的利益作为最高准则（Ultimate Norms）来判断一切事物。它倡导人类对自然的征服，提出人类有权为了自身的利益来随意对待自然，认为人类文明的进程是建立在自然的屈服之上的。其典型的代表 John Passmore 等人认为，人与自然的关系是征服与被征服的关系。

### 8.1.3 生物中心论

面对工业文明所带来的种种严酷现实，人类逐渐有所醒悟，并开始反思和审视自己的行为，从而产生了与人类中心论对立的生物中心论（Biocentrism）。生物中心论认为不仅动物有生存的权利，植物以及所有生物都有其自身的固有价值，都应该受到同等的尊重。大自然对于人类的价值包括：维持生命，为人类提供最基本的生活与生存的需要；生物多样性与丰富性；生态系统的稳定性与统一性；适时改造自然物以资利用，使之具有经济价值；娱乐和美感上的价值，满足人们精神世界与文化需求的价值；历史文化传承的价值；科学研究的价值。生物伦理学的奠基者保尔·泰勒（P. Tyler）、生命伦理学的奠基者阿尔贝特·史怀泽（A. Schweizter）是这方面的代表。

### 8.1.4 生态整体论

生态整体论视整个地球为一个大的生态系统，不仅动物、植物等生命体具有其内在价值，大气、水体、土地、岩石和自然景观等都有其固有的价值，自然界的一切存在物都有其生存权利。奥尔多·利奥波德（Aldo Leopold）被认为是发展这一理论的最有影响的大师。他的《沙乡年鉴》（1949 年）的最后一节“大地伦理”（Land Ethic）是第一次对整体论进行的系统性的环境哲学阐述。

### 8.1.5 自然价值论

霍尔姆斯·罗尔斯顿（Holmes Rolston）认为，生态系统也是价值存在着的一个单元，一个具有包容力的重要的生存单元，没有它，有机体就不可能生存。共同体比个体更重要，因为它们相对来说存在的时间较为持久。共同体的完整、稳定和美丽包括了对个性的持续不断的选择。生态系统拥有的是自在的价值，而不是自为的价值。最后他指出，环境伦理是一个人的道德境界的新的试金石。

### 8.1.6 代际均等的环境伦理观

代际均等的环境伦理观与生物中心论和生态整体论不同，这种观点是以人类为中心，强调人与人的权利均等以及自然环境、其他生命有机体与人类的权利均等。代际均等的环境伦理观考虑环境问题的出发点是：人类对大自然的道德义务，最终都源于人类各成员相互间所应该承担的义务。这种伦理观与传统伦理观相异之处，是它把人类各成员之间的平等关系从“代内”扩展到了“代际”，认为在享有自然资源与拥有良好的环境上，子孙后代与当代人具有同等的权利。因此，人们有义务保护好自然，使后代人能与当代人一样均等地享受自然资源的恩泽，使他们在住宅空间、肥沃土壤、新鲜空气等各个方面，都能得到相同的利益。并主张把保护濒危物种的责任与未来人类的利用价值联系在一起，当代人需要保留多种多样的动植物基因库，使以后的人们能够开发新的防病治病途径，消除有害细菌，探索适度控制昆虫及其他害虫的方法，并开辟新的食物源。子孙后代和我们一样有权利享受到生物多样性的美学价值。因此，当代人应该约束自己的行为，制定对自然的道德规则与义务，使自然环境得到应有的保护。

## 8.2 环境道德观

工业革命以来，人类影响环境的能力不断增长。人类活动加剧了对自然界的作用，人和社会对自然的影响从根本上改变了自然环境的组成、结构、功能和发展过程。特别是20世纪50年代以后，全球性的能源危机、资源枯竭的报警接踵而来，人口压力日益严重，环境空气质量每况愈下。空气污染，气候变化，臭氧层耗损，淡水资源枯竭，河流、湖泊及海岸环境污染，海洋和海岸带资源减少，水土流失，土地退化，沙漠化，森林破坏，生物多样性锐减，酸沉降、有毒物品扩散和管理不当，有害有毒物品和废弃物的非法贩运，城市环境恶化，环境事件突发等污染问题层出不穷，人、自然、社会之间相对稳定的关系遭到破坏，人与自然的关系愈来愈恶化，环境问题开始直接或潜在地威胁着人类的生存和发展。

严酷的生态环境现实，促使人们不得不重新审视传统的经济、政治和文化以及传统的生产、消费和资源利用方式，随着人们对环境问题的反思和觉醒，人们已进一步认识到，环境问题作为人类活动的后果，是人类过度干预自然造成的，它表明人与自然的关系出了问题，其实质是人与自然之间的关系不和谐。这种不和谐往往是盲目、短视的人类活动所致。而在人与自然之间，人是积极、主动的因素，因此调节人与自然之间的关系，关键就在于调节人的行为——包括人的个体行为和群体行为，树立以保护环境为根本目的的环境道德观已经成为国际社会的普遍要求和共识。

环境道德观要求人们首先要树立起正确的自然观，学会尊重自然、顺应自然、保护自然，把自己作为自然界的一员而与之和谐相处。把既要保护人类世世代代的生存条件，又不危及其他物种的生境作为人类的一项基本行为准则。但是，我们也不能因片面强调保护自然而无所作为，从把自然当作单纯的索取对象的极端走向把自然当作简单的保护对象的另一个极端。环境是资源，理应作为要素进入人类生产活动中去，该资源在不同程度上满足人类社会生存和发展的需要，因而必须在开发活动中注意保护，以免使大自然受到破坏。人类对大自然的“索取”应该与对大自然的“给予”保持动态平衡，既要大自然满足人类发展的需要，又要尊重大自然的“生存演化权利”，尊重自然演化的固有规律。我们可以通过改变生产方式与消费模式与大自然和谐相处、协调发展与协同进化。

长期以来，人们忽略了生态系统服务功能的重要性以及人类社会的生存和发展对生态系统整体功能的依赖性。1997年，美国生态经济学家R. Costanza等人将前人研究的自然生态系统为人类提供的服务功能归纳为大气平衡、气候调节、食物生产等17大类，进而测算出全球生态系统每年为人类社会提供的各种服务价值高达（16～54）万亿美元，平均值为33.3万亿美元（详见表8-1），相当于同期全球国民生产总值（GNP）28万亿美元的1.19倍。面对地球陆地生态系统日益恶化的现实，人们逐渐认识到，如果继续无视生态系统涵养水源、调节气候、抗旱防涝、净化环境、保育水土、食物生产、养分循环、栖息生境、基因保护、调蓄洪水、保护海岸带、维护生态系统良性循环等服务功能，人类社会的可持续发展也必将成为空谈。为此，在水资源和水环境领域，科学界已经逐渐放弃传统的以人类需求为中心的水资源管理观念，转而强调水资源、生态系统和人类社会的相互协调，重视生态环境和水资源的内在关系。在水资源管理中确立“必须首先满足基本生态需求的原则”，既完成了一次认识上的飞跃，又在水资源管理领域彰显了可持续发展的环境道德观。

表 8-1 全球年生态系统服务的平均价值

| 生态系统 | 面积/(×$10^4$hm$^2$) | 单位年价值/[美元/(hm$^2$·a)] | 全球价值/($10^{12}$美元/a) |
| --- | --- | --- | --- |
| 大洋 | 3320000 | 252 | 8.4 |
| 海岸 | 310200 | 4052 | 12.6 |
| 热带森林 | 190000 | 2007 | 3.8 |
| 其他森林 | 295500 | 302 | 0.9 |
| 草地 | 389800 | 232 | 0.9 |
| 湿地 | 33000 | 14785 | 4.9 |
| 湖泊与河流 | 20000 | 8498 | 1.7 |
| 耕地 | 140000 | 92 | 0.1 |
| 全球生态服务总价值: | | | 33.3 |

注：未计入沙漠、冻土、冰盖、岩石、城区等生态系统。

## 8.3 可持续发展的环境伦理观

可持续发展的环境伦理观的核心是公平与和谐。公平包括代际公平以及不同地域、不同人群之间的代内公平；和谐则是指全球范围的人与自然的和谐。代际公平的前提是代内公平，而代内公平则是用以调整不平等的国际政治经济秩序、消除世界贫困、寻求共同发展的伦理原则。人与自然和谐的原则，即人类活动应与环境系统协调。每一代人在满足本代人生存和发展需要的同时，应使资源和环境条件保持相对稳定，以便持续地供给后代。因此，人与自然和谐相处是可持续发展的根本原则，而可持续发展的环境伦理观的理论基础也正是人与自然相互依存、和谐统一的整体价值观。

在人与自然的基本关系中，可持续发展的环境伦理观认为人具有理性，具有能从根本上改变环境的强大力量。然而人类应该站在平等的立场尊重和善待其他生物。生物中心论对于纠正人们长期以来所习惯的人类利益高于一切，人类的需要就是绝对合理的思维模式具有积极意义。但它没有认识到人类社会的出现在自然史中的革命性意义，只重视人类活动对自然具有的破坏性，而忽视了人类通过理性地调整自己的行为，尊重大自然的规律，恢复自然界秩序的能力。同时，根植于工业文明的人类中心论又忽视了人与自然相互依存的关系，忽视了人类的存在必须以自然的持续存在为前提。自然界能为人类提供的资源在数量上都是有限的，一旦超过了限度，自然资源便不能被永续利用，最终必将危及人类自身的生存和发展。

由此可见，人类有权利利用自然，通过改变自然资源的物质形态来满足自身的生存需要，但必须以不改变自然界的基本秩序为限度。另外，人类又有义务尊重自然，维护自然自稳态性质。人类对大自然的权利和义务是相互制衡的关系，研究环境伦理和人类发展模式的目的，就在于促进整个人类-地球复合系统的和谐演进。

可持续发展思想是在现有国际关系的原则框架内达成的共识，它既是人类理性思考后作出的选择，也是各国在根本利益不受损害的前提下达成的相互妥协。可持续发展思想本身的一些不明确性以及在实践中遭遇的诸多困惑，都与当前各种矛盾的现实背景有关。可持续发展的理想能否实现，关键在于人类自身的理性行为能否战胜非理性行为。虽然现实世界发展的强大惯性会减缓或阻滞它的实施进程，但不可能彻底抵消其进程。通过一定社会制度下的政府行为，可遏制、纠正人们的非理性、非有序活动，推动传统发展行为的根本转变。要解决可持续发展道路中的生态环境问题，除了要依靠科学技术、环境经济等手段外，还必须依赖于社会制度，求助于伦理道德，这其中包括：法律法规和行政管理的硬约束，环境伦理和道德规范的软约束。

## 8.4　环境伦理的基本原则

（1）最小伤害原则　从保护生态价值与生态资源出发，要求人们在人类利益与生态利益发生冲突时，应谨慎行事，尽量将对自然生态的伤害减少到最低限度。

（2）比例性原则　人类的非基本利益应当让位于野生动植物的基本利益，不应为了追求过度消费而损害自然生态的基本利益。从这一原则出发，人类的许多非基本利益应该让位于野生动植物的基本利益。

（3）协调性原则　人类对自然的行为应受到限制，不能肆意破坏人-地复合系统的整体性状及其要素间的相互依存关系。为了维护与大自然的和谐关系，人类应约束自己的行为，避免与自然实体发生冲突和对抗。当人们实施一项改变自然的计划时，一定要顾及其长远后果，吸取以往失误的教训，对实施科学技术手段可能出现的后果要有充分的预见，以防止给环境系统造成损害。

（4）适度消费原则　人类应与其他物种及其生境共同构成一个相互依存、互利互惠的共生体系，遏制对自然资源过度的消费欲望。以生态思维的适度性原则，建立满足可持续发展目标的理性消费模式，放弃“无水不流”、“竭泽而渔”的资源消费观。人类在生产方式和生活方式上都应厉行节约，要改革生产工艺，节约能源和资源，尽可能采取循环再利用的生产工艺；在生活方式上要节制消费，防止浪费，尽量使用环保产品。

（5）公平分配原则　人类与自然或生物共享资源，在自然资源的利用上尽可能地实行功能替代，即用一种资源代替另一种更为宝贵的资源。例如，有时因经济发展的需要不得不缩小野生动植物活动的范围，但决不能让野生动植物濒临消失，必须保持相当数量的种群数量。应该采取划分永久性野生动植物保护区，采取轮作、轮耕和轮猎等措施，以使野生动植物至少保持部分不受人类干扰的生存环境和活动空间。

（6）公正补偿原则　自然界存在的生命和非生命客体及其关系都具有平等的存在价值和以各自适合的方式存在的权利。人类应当尊重自然，不能为所欲为。应该对于受人类活动干扰、影响、危害的生物进行适度的补偿，尤其是对濒危物种生境的补偿。例如，由于发展经济而毁掉大片森林，从保护和维持自然生态平衡出发，必须进行补偿性植树造林，且造林面积不能小于毁林面积。这条原则对于濒危物种的保护和处理尤其重要。

环境问题不仅仅是人与自然的关系问题，而且涉及人与人、地区与地区、国家与国家之间的利益与关系的调整。环境问题如同社会政治、经济问题一样，也存在着不同群体之间利益与价值观的对峙。生态环境问题能否真正解决，取决于全人类的共同努力，依赖于人与人之间的协调与合作。因此，关心个人和关心全人类便成为可持续发展伦理观的共识。鉴于环境系统的混沌性特点，局地环境污染有可能波及更大空间乃至全球。随着全球经济一体化的浪潮与国际交往的密切，生态环境问题的地区性和全球性特点日益鲜明。为此，在环境问题上处理人与人之间的关系应奉行如下行为准则。

① 公正性准则。可持续发展伦理必须正视当代人利益与后代人利益、当前利益与长远利益，不得偏废。当二者发生冲突时，要兼顾当代人与后代人的利益，对当代人与后代人的价值予以同等的重视。但是，实际生活中，眼前的、当代人的利益和价值易于发现，而未来的、后代人的利益和价值容易被忽视。因此，我们应该站在后代人的立场上，对当代人行为所导致的资源、环境效应作出正确的伦理道德判断。环境权不仅适用于当代人类，而且也适用于子孙后代。因此，如何确保子孙后代拥有一个合适的生存环境与空间，是当代人责无旁贷的义务和责任。当代人对地球资源与环境的不适当使用和开发，事实上是侵占了后代人的

切身利益。因此，当代人保护好自然环境，是把一个完好的地球传给子孙后代所应尽的责任而非义务。

② 权利平等准则。由于地球上的环境资源是有限的，如果一部分人占有了较多的环境资源，另一部分人的占有量就必然减少。因此，对环境资源的使用和消耗应提倡权利的平等。它不仅适用于人与人、部门与部门之间，也适用于地区与地区、国家与国家之间。因历史原因与经济发展水平的差异，当前群体之间、地区之间、国家之间占有的自然资源量差别很大。发达国家利用自己的技术及经济优势，消耗了大量的自然资源，而且还用不平等的方式掠夺穷国的资源，从而产生富者愈富、穷者愈穷的两极分化。权利平等准则认为，富国应该约束自己无限制消耗和浪费环境资源的行为，而且应该帮助穷国实现经济增长和社会进步。

③ 全球合作准则。各国、各地区与全球环境构成了一个相互依存、休戚与共、一荣俱荣、一损俱损的有机统一体，局部与全局之间往往存在着牵一发而动全身的关系。一旦发生全球性的环境灾难，任何地区和国家都难逃厄运。任何国家都不可能依靠自己的行动来避免其他国家或地区的环境灾难给它带来的危害。因此，地区与地区、国家与国家之间必须进行充分合作，才能解决和克服地区性及全球性的环境问题。正如温室气体导致全球气温上升所引起的一系列环境灾难一样，世界各国不齐心协力行动是很难解决的。

综上所述，可持续发展伦理观将人类对待自然的态度和责任作为一种道德原则提出，是为了更有效地指导和规范人们对待自然环境的态度和行为，以利于人-地复合系统长期和谐稳定地发展。

## 习　题

1. 环境伦理学的发生、发展经历了哪些阶段？各个阶段有什么思想产生？
2. 正确的环境伦理观是怎样的？有什么实际意义？
3. 社会伦理道德与环境伦理道德之间存在着什么关系？
4. 请问环境伦理都有哪些基本原则？
5. 环境道德观的社会价值意义在哪里？
6. 如何谈中国古代朴素的环境伦理思想渊源呢？
7. 可持续发展的环境伦理具有哪些实质性内涵？

# 第9章 走可持续发展道路

人类在不断征服自然的过程中，已经不自觉地把自己放到了大自然的对立面，18 世纪的工业革命发生之后，工业化程度和社会生产力迅速地获得了提高与发展，尤其是第二次世界大战之后，这种发展更是突飞猛进。有些人逐渐形成了这样一种认识：即，发展＝经济增长＝GDP，把产量、产值当成发展所追求的主要目标，甚至是惟一的目标。正是在这一进程中，全球范围的环境恶化、资源短缺程度开始变得越来越严重。然而，大自然以各种方式对人类的报复反而促使人们变本加厉地向自然界索取。直到有一天我们发现，人类赖以生存的环境已变得如此恶劣，我们曾以为取之不竭、用之不尽的资源已变得几近枯竭。这时我们才感到：原来人们是那么的需要一片湛蓝的天空，一池清澈的碧水，一个与自然和谐的发展空间……

## 9.1 形成可持续发展理论的历史过程

100 多年前，当人们为工业革命所带来的各种好处欣喜若狂的时候，恩格斯就深刻指出："我们不要过分陶醉于我们人类对自然界的胜利。对于每次这样的胜利，自然界都对我们进行了报复。……"在 100 多年后的今天，我们重温这一伟人的精辟论述，仍不禁为其"先知先觉"的预见而感慨不已。回顾历史，我国丝绸之路上的楼兰古城荒废了，南美的玛雅文化消失了，这些牵涉到千百万人口死亡的千古疑云，似乎都和人口过度增长、资源耗竭和环境退化有关。沉痛的历史教训启发人们深入反思传统发展模式的可持续性，并开始提出走人类与环境的可持续发展之路。

实际上，可持续发展概念的形成从古到今，由来已久。中国古代《逸周书·大禹篇》中就有这样的"戒律"："春三月，山林不登斧斤以成草木之长，川泽不入网罟以成鱼鳖之长。"《荀子·王制》中也有类似的思想："草木荣华滋硕之时，则斧斤不入山林，不夭其生，不绝其长也；鼋鼍鱼鳖孕别之时，罔罟毒药不入川泽，不夭其生，不绝其长也；春耕、夏耘、秋收、冬藏，四者不失时，故五谷不绝，而百姓有余粮也；洿池渊沼川泽，谨其时禁，故鱼鳖优多而百姓有余用也；斩伐养长不失其时，故山林不童而百姓有余柴也。"我国先哲有关动植物保护的思想就是早期可持续发展观念的体现。

应该说，从早期可持续发展的朴素思想上升到今天的可持续发展理论还是渊源于生态学，后来扩充并涉及社会经济发展的各个领域。一般认为，可持续发展理论经历了孕育、形成和发展的 3 个阶段。

### 9.1.1 孕育阶段

1962 年，美国生物学家蕾切尔·路易斯·卡逊（1907—1964）的专著——《寂静的春天》出版以后，向全世界公开揭示了滥用化学农药对动物、植物、人类及其生存环境带来的毁灭性影响，并提出了人类应该与其他生物在地球上共生共存的思想，向传统的征服自然的观念发起了挑战。罗马俱乐部的第一份研究报告——《增长的极限》指出，由于世界的人口、农业、工业、资源消耗和环境污染 5 项基本因素均呈指数增长，地球的承载能力将在几十年内达到其极限而崩溃，并由此开出限制增长，即"零增长"的处方。由此引发一场轩然大波，尽管该报告本身存在着某些缺陷而遭到非议，不过，俱乐部在第二份报告《人类处在转折点》中对部分结论进行了修正，然而，这两份报告依然因其对全球环境的“重重忧虑”而使世人觉醒，成为有关环境保护的划时代的著作，在全球环境保护运动中起着重要的作用。随后，全球环境保护运动蓬勃开展，于1970年4月22日由美国大学生率先发起，举行“地球日”活动。这次活动吸引了2000万美国人参加，后来进一步发展成为一项全球性活动。这一时期，科学家们的研究紧密地结合群众环境保护运动，终于使环境保护走上了政治舞台，其重要标志就是1972年在瑞典首都斯德哥尔摩召开的联合国人类环境会议。共有113个国家和地区的代表参加了这次大会，大会讨论了与人类命运生死攸关的环境问题。大会通过了《人类环境宣言》，其中包括7个共同观点和26项共同原则。宣言向全人类呼吁：“现在已经达到了历史上空前的时刻，我们在世界各地决定自己行动时，必须更加审慎地考虑到它们对环境产生的后果。由于我们的无知和漠不关心，已经给孕育我们生命并给予我们幸福生活的地球造成巨大的、无法挽回的损害……我们要在自然界获取自由，就必须运用科学知识协同地与自然合作，共求建设一个较好的环境。为了这一代和以后的世世代代，保护好地球家园是一个非常紧迫的核心目标，这个核心目标将争取世界和平与全球经济一体化这两个既定的目标同步实现。”

### 9.1.2 形成阶段

1978年，国际环境与发展委员会（WCED）的文件中，较早地使用了可持续发展概念并把它阐述为“在不牺牲后来人需要的前提下，满足我们这代人的需要”。1980年，联合国向全世界呼吁：“必须研究自然的、社会的、生态的、经济的以及利用自然资源过程中的基本关系，确保全球持续发展”。1981年美国世界观察研究所所长莱斯特·布朗《建设一个可持续发展的社会》一书出版，较为系统地论述了可持续发展社会的内容。1987年以挪威首相布伦特兰夫人（G. H Brundland）为首的世界环境与发展委员会向联合国大会提出了《我们共同的未来》的研究报告，全面、系统地分析了人类面临的社会、经济与人口、环境等一系列重大问题，如果环境（Environment）问题不能与人口（Population）、资源（Resource）和经济发展（Development）联系在一起，就无法解决由“人口-资源-环境-发展”共同组成的自然与社会体系问题，由此正式提出可持续发展的概念。这个报告成为使人类转向可持续发展模式的第一个正式的国际性文件。1992年联合国环境与发展大会通过的《环境与发展宣言》以联合国的名义宣布“人类处于普受关注的可持续发展问题的中心”。可持续发展理论开始被广泛传播和普遍接受，这次大会成为人类社会发展的新的里程碑。

### 9.1.3 发展阶段

1992年联合国环境与发展大会以后，各个世界组织、各国政府乃至社会各界都对可持续发展的理论进行了广泛深入的研究。首先，进一步阐述了可持续发展的定义，从不同角度丰富、发展、界定了可持续发展的定义和内涵，这对于实施可持续发展起到了很好的指导作用。其次，不同研究机构对可持续发展的指标体系进行了深入研究，提出了各种不同的方案，为建立评估信息系统、评估可持续发展水平、制定可持续发展战略和规划提供了指导原则和科学依据。目前，可持续发展理论在社会经济的各个领域得到全面推进，正在改变人类传统的生产方式、生活方式和思维模式，使人类处于一场深刻的变革之中。

在实践方面，联合国环境与发展大会通过的《21世纪议程》提出了全面实施可持续发展的行动计划，并且强调世界各国必须联合起来，建立促进可持续发展的全球伙伴关系，以实现可持续发展的长远目标。在此之后，各国相继制定了本国的《21世纪议程》，一个在全球实施可持续发展的行动高潮广泛兴起。在高潮中我国也制定了《中国21世纪议程》和各部委的《21 世纪议程》。1996 年在全国人大审议通过的关于《国民经济和社会发展“九五”计划和 2010 年远景目标纲要》中，把可持续发展和科教兴国作为振兴国家的两大战略。2005 年在全国人大审议通过的关于《国民经济和社会发展“十一五”计划和 2020 年远景目标纲要》中突出 6 大重点，其中包括：推进经济增长方式的转变、解决三农问题、促进区域协调发展、建设和谐社会等，从而标志着可持续发展理念全面进入我国社会经济体系。

## 9.2 可持续发展的内涵

从字面的意思上讲，可持续发展包含两层意思，第一层意思是人类为了生存不能不发展，第二层意思是这种发展要能够持续下去。

在传统意义上，发展是指经济领域的活动，以增加物质财富、产值和利润为主要目标。这种单纯发展经济的社会弊端已经被人们所认识，我们要实现经济增长，必须实行某些社会变革。吴丹在担任联合国秘书长时就曾提出一个著名的公式：

发展＝经济增长＋社会变革

然而，在实行这些社会变革时并没有考虑到环境的代价。工业革命的惨痛教训就是在发展经济技术的同时，牺牲了环境的利益，其恶果就是 20 世纪到处出现的公害事件和全球性环境退化。

惨痛的历史教训告诫人们，如果把发展局限于经济上的理解，将不可避免地给人类带来环境灾难。著名法国人权保护学者苏珊·乔治（Susan George）曾经指出：“发展是超脱于经济、技术和行政管理的现象，它不仅表现为经济增长、国民生产总值提高和人民生活水平的改善，还应该表现为文学、艺术和科学技术的昌盛，国民伦理道德水平的提高，社会秩序稳定、社会环境和谐和国民综合素质的提高等方面”。我们既要有经济繁荣，又要有社会进步；既要有量的增长，又要有质的提高。如果经济增长和人均收入提高并没有带来社会文明与进步和人民生活质量的实质性提高（包括物质的、精神的、生存环境的，并且生存环境是前两者的基础），就不能认为社会是在发展。

有些学者认为，发展应该解决以下问题：消除贫困、改善环境、消除战争以及限制大规模杀伤武器和限制军备、保障人权、避免正常人潜能的浪费等。这些问题中的前两个，即消除贫困和保护环境，实质上就是通常所说的保护环境与发展经济的两个问题，尤其强调保护自然环境；后面几个问题更多的指对人文环境的保护和改善。因此，归根结底，发展最终是同社会经济与生态环境紧密联系在一起的。

一方面要发展经济，一方面要保护环境、维护生态系统平衡，因此，发展就必然要受经济因素、社会因素和生态因素的制约。只有在经济、社会和生态承受能力之内的发展，才能达到在经济发展的同时不损害生态系统承载力的目的。只有人类生存的根基不被破坏，发展才有可能是持续的。

中国语言中早就有“持续”一词，但可持续发展中的“持续”一词源于英语的“Sustain”，本意是支撑、供养和维持、继续等意思，由于它比较贴切地描述了人类与自然的关系，因此，近年来被广泛使用，成为西方传媒经常应用的词语，并由此派生了可持续性（Sustainability）、可持续发展（Sustainable Development）和可持续利用（Sustainable Use）等词语。该词引入中文之初，曾将其译作“永续”。

从环境学的意义上说，可持续性是指资源、环境和生态过程的无限期延续。从生态学的角度看，PRED 系统的可持续性取决于生态系统的初级生产力。据估计，目前人类已经直接和间接地利用了陆地生态系统净初级生产力的 40%。如果按照目前的生产和消费方式，当全球人口增加到150亿时，地球生态系统的净初级生产力将被消耗殆尽。有人从理论上提出可持续性的3项必要条件：①可再生资源的消耗速度不应超过其再生速度；②不可再生资源的消耗速度不应超过其替代物的再生速度；③污染物的排放负荷不应超过环境容许的自净化能力。然而，这些在理论上似乎无可争辩的论点也有可争辩之处：①可再生资源中的有些资源，如水和空气，正在遭受日益严重的污染，数量骤减，质量每况愈下，况且，有些自然资源（水资源）以其无可取代的性质而显得更为重要；②环境对某些污染物质的自净化能力几乎为零，例如，对多种重金属和某些合成有机物，如DDT、POPs、PCBs、CFCs、放射性和电离辐射等。

在可持续发展理论形成的过程中，学者们从各种角度去阐述它，给它下了各种各样的定义。具有代表性和权威性的，首推《我们共同的未来》、《环境与发展宣言》和《保护地球——可持续生存战略》报告中所下的定义。

尽管学者们的定义有所差异，但是，它们的内涵却基本一致，就是追求人口-资源-环境之间的平衡与协调。它是一个包括社会经济、科学技术、人文环境、历史传承和自然环境的综合概念。所谓综合，就是不仅要有社会经济、资源环境、人口发展方面的可持续性，而且这三者之间是一个相互影响、相互制约的综合体。在以往，经济学家往往强调经济增长以保持人类生活水平的提高；生态学家往往强调保持生态系统的完整性及其良好的环境功能；而社会学家则更多地强调人的权利与社会文化的多样性。事实上，社会经济、资源环境、人口发展三者之间有这样的辩证关系，即如果没有资源环境的可持续利用与永续保护，人类的生存与发展就失去了根基，还谈什么社会经济的可持续发展？如果没有社会经济的可持续发展，哪能有良好的人口质量和适宜的人口数量？反过来，也是如此。但是，需要强调指出的是，其中最重要的关键因素是人口。

可持续发展有着丰富的内涵。在社会观上，它主张资源开发与分配上的公平；在经济观上，它主张在保护好生态系统的前提下去发展经济；在自然观上，它主张人类与环境之间的和谐；在伦理观上，它主张人类应该与地球上的一切生物和平共处。这些观念充分体现了当代社会可持续发展的一些重要原则：公平性、持续性和共同性。

公平性原则包括世代内的公平和世代间的公平。世代内的公平是指一切国家和民族都有平等享用资源和环境的权利。同时在保护资源和环境方面，发达国家和发展中国家也具有同样的义务，甚至发达国家应该承担更多的义务。世代间的公平是指当代人的发展不能以限制和削弱后代人的发展为代价。在资源消费和环境退化方面，后代人是没有办法有发言权的。当代人必须谨记：我们所享用的资源和环境，都是未经允许就从我们的后代借用的，我们有义务完好地交还给他们。

持续性原则主要是指在人类利用资源与环境方面的可持续性，因为二者是人类生存与发展的必要条件。人类在生产与消费的过程中都要消耗资源，并污染环境，如果对资源的消耗能控制在可再生和可替代的范围内，同时对环境的污染能控制在环境容量允许范围内，则社会发展就是可持续的，否则就是不可持续的。也就是说，人类的发展不应损害生命支持系统的大气、水、土壤和生物等自然条件，而且要充分考虑自然资源的有限性，考虑资源与环境的承载能力。人类只能根据资源与环境的承载力来调整自己的生产与生活方式，在地球容许的承载力范围内求得社会经济发展，决不能采取竭泽而渔和以邻为壑的方式对待资源与环境。

共同性原则是考虑到当代经济与环境问题的全球化特点。《我们共同的未来》一书首先提出"共同的问题"，继而论述"共同的挑战"，最后提倡"共同的努力"，自始至终以共同性原则贯穿全书。既然经济发展和环境保护是世界各国共同的任务，就需要各国积极参与，而少数发达国家是不能左右的。即鉴于此，布伦特兰夫人在该书的前言中郑重提出："今后我们最紧迫的任务也许是要说服各国将认识回到多边主义的必要性。”最后得出结论：“进一步发挥共同的认识和共同的责任感，是这个分裂的世界十分需要的。”

我们从以单纯经济增长为主要目标转向人口-资源-环境的协调发展，必然带来观念上的更新。例如，传统的经济理论一般用国民生产总值（GNP）作为衡量增长的指标，但是，在发展经济的同时，我们对自然资源的消耗和对自然环境的损害并没有考虑进去。按照可持续发展经济学的观点，对自然资源的消费必须作为资产折旧从 GNP 中扣除。如果国民收入的提高是以牺牲资源和环境为代价的，则这种收入的增加就是不可持续的。由此又导出了可持续收入的概念，可持续收入需要从传统 GNP 中的数据中扣除人造资本、自然资本、人力资本等的折旧费用。另一方面，对商品价格与投资的评估也应该反映资源成本、环境成本和后代成本（当代人使用资源造成后代人的机会收益减少）。

观念上的更新带来了理论与实践方面的进步。例如，为了定量地衡量发展对环境的影响，有些学者提出了环境影响方程，其数学表达式为：

环境影响＝人口数量×人均富裕程度×由谋求富裕水平的经济技术活动所造成的环境影响成本

类似地，为了衡量发展对环境造成的损害，有人提出了环境损害方程，其表达式为：

环境损害＝人口数量×人均经济活动×每次经济活动所使用的资源量×每种资源利用对环境造成的压力×每种环境压力的损害成本

此外，还提出了最大可持续利用的概念。所谓最大可持续利用，就是总边际成本恰好等于总边际效益的利用，其目的是防止个人利益最大化的经济活动。不超过这个限度的经济活动是可持续的，超过这个限度则是不可持续的。

## 9.3　可持续发展的指标体系

要实行可持续发展，就要建立一些能够反映可持续发展的指标，用以衡量和指导可持续发展的实践。一般意义上的指标，是用以表明某种事物是否存在事物的性质、数量和程度的定量化信息。指标一般要求简明且定量化，以便人们了解和掌握。可持续发展涉及人口、资源、环境和经济等各方面，情况较为复杂，难以用个别指标来表示和衡量。因此，需要有一个指标体系。

为了审议各国执行《21 世纪议程》的情况，并对联合国有关环境与发展的项目和计划在高层次上进行协调，联合国成立了可持续发展委员会。该委员会制定了一套可持续发展的指标体系，它由驱动力指标、状态指标和响应指标构成。

驱动力指标主要包括：就业率；人口净增长率；成人识字率；可安全饮水人口占总人口的比率；运输燃料的人均消费量；人均能源消费量；人均饮用水消费量；排入海域的氮磷量；土地利用变化量；农药和化肥施用量；人均可耕地面积；温室气体等大气污染物的排放量等。

状态指标主要包括：国民贫困度；人口密度；人均居住面积；已探明矿产资源储量；原材料使用量；资源利用强度；水中 BOD 和 COD 浓度；植被指数；土地条件的变化；受荒漠化、盐渍化和洪涝灾害的土地面积；森林面积；濒危物种占本国全部物种的比率；二氧化硫等大气污染物的浓度；人均垃圾处理量；每百万人口拥有的科学家和工程师人数；每百户居民拥有电话的数量等。

响应指标主要包括：人口出生率；教育投资占 GNP 或 GDP 的比率；再生能源消费量占非再生能源消费量的比率；环保投资占 GNP 或 GDP 的比率；污染物处理量；污染物处理种类；处理垃圾的支出；科研经费占 GNP 或 GDP 的比率等。

这个指标体系具有一定的权威性，虽然可供借鉴，但各国情况有所不同，况且，可持续发展的实践活动仍处在进步阶段，有些指标仍有待于不断修改补充，以臻完善。

从以 GNP 作为主要指标来衡量经济发展到社会经济-资源环境-人口发展相协调的可持续发展，在理论上经历了一个大的飞跃，在理念上也带来了较大的创新，不少国际组织和专家还提出了一些衡量发展的新概念和新标准。

### 9.3.1 衡量国家（地区）财富的标准

这是1995年世界银行颁布的。该标准认为，一个国家的财富由3种资本组成：人造资本、自然资本和人力资本。

人造资本就是通常经济统计和核算中的资本，包括机械设备、运输设备、基础设施、建筑物等人工创造的固定资产。

自然资本是指大自然为人类提供的自然财富，包括土地、森林、空气、水和矿产资源等。没有这些自然资本的可持续性，就没有可持续发展。而且，很多人造资本是依靠大量消耗自然资本换取的，在计算中应从中扣除自然资本的价值。如果考虑和计算了自然资本的消耗，则有些人造资本的生产未必是经济的。

人力资本是指人的生产能力，包括人的体力、身体状况、受教育程度、工作能力等方面。人力资本不仅与其先天素质有关，还与教育水平、健康水平和营养水平有直接关系。因此，人力资本可以通过人造资本的投入而获得增长。

综合考虑这3种资本，可以得出下列计算国家财富的公式：

国家(地区)财富＝GNP－国民消费－人造资本折旧费用－自然资本折旧费用

这个公式中没有对人力资本进行折旧，因为它可以包括在国民消费中，国民消费中应包括国民健康损害消费及其折寿成本。这里的创新概念是自然资本的折旧。一个国家或地区有权使用和消耗其自然资源，但是，必须在其生态系统保持平衡的条件下，消耗的自然资本才能够高效地转化为人造资本和人力资本，保证人造资本和人力资本的增长能补偿自然资本的消耗。否则，自然资本的消耗就是一种纯浪费型的消耗。

这种对财富的新概念包含了绿色国民经济核算的新概念，特别是资源与环境核算的一些研究成果。它通过对宏观经济指标的修正，试图从经济学角度阐明环境与发展的关系，并通过货币化度量一个国家或地区总资本存量（或人均资本存量）的变化，以判断一个国家或地区的社会发展是否具有可持续性，因而能够较真实地反映一个国家或地区的财富。

### 9.3.2 人文发展指数（HDI）

这是联合国开发计划署（UNDP）于1990年5月在《人文发展报告》中公布的，用以衡量一个国家的进步程度。该指数由收入、寿命和教育3个指标构成。收入是指人均 GDP 的多少，可以用人均 GDP 的实际购买力来估算；寿命反映了营养水平和环境质量状况，根据人口的预期平均寿命来测算；教育是指公众受教育的程度，也就反映了可持续发展的潜力，用成人识字率（2/3权数）和大中小学综合入学率（1/3权数）来计算。

人文发展指数 HDI 的提出，反映了一个国家和地区的发展应从传统的以物为中心向以人为中心的转变，强调了合理的生活水平而不是对物质的无限占有，向传统的消费观念提出了挑战。HDI 将收入与发展指标相结合，强调了健康和教育的重要性，提倡各国对人力资源给予更多的投资，更关注人们的生活质量和环境保护，体现了可持续发展的原则。

人文发展指数进一步确认了这样的概念：经济增长并不等于真正意义上的社会发展，人类追求的应该是真正意义上的社会发展。

### 9.3.3　绿色国民账户

从可持续发展的角度看，传统的国民经济核算体系在人文和自然方面均存在一些问题。在人文方面，国民账户未能准确反映社会福利状况；在自然方面，它既未考虑资源变化的状况，也未能将自然资源的成本和环境损失的成本计入国民账户之中。为了解决这个问题，世界银行和联合国统计局（UNSO）合作，试图将环境损失纳入国民账户体系中，建立经过环境调整后的国内生产净值（EDP）和经过环境调整后的净国内收入（EDI）统计体系，称为经过环境调整后的经济账户体系（SEEA），并开始试用。在尽可能保持现有国民账户体系概念和原则的情况下，将环境数据结合到现行的国民账户信息体系中。环境成本、环境收益、自然资产和环境保护支出均用同国民账户体系相一致的形式，作为附属账户内容列出。

传统上，国内生产净值（NDP）是指在国内生产总值（GDP）中扣除生产资本消耗后得到的国内生产总值。可用下式表达：

NDP＝国内生产总值(GDP)－生产资本消耗＝最终消费品＋净资本积累＋(出口额－进口额)

该公式显然忽略了自然环境资本的损耗。如果将环境因素考虑在内，就得到经过调整后的国内生产净值，即

EDP＝国内生产总值(GDP)－生产资本消耗－自然环境资本消耗＝最终消费品＋(产品资产的净资本积累＋非产品资产的净资本积累－自然环境资本的消耗和退化累积)＋(出口额－进口额)

### 9.3.4　国际竞争力评价体系

该体系由世界经济论坛（World Economic Forum，WEF）和瑞士国际管理发展学院(International Institute for Management and Development，IMD）共同制定，它清晰地描述了经济强国正在经历的变化，并能展示未来经济发展的趋势，对社会经济发展具有重要导向作用，可作为制定经济政策的参考。

该体系由1996年的8大竞争力评价要素（国内经济实力、国际化程度、政府作用、金融环境、基础设施、企业管理、科技开发、国民素质）革新为现在的4大竞争力评价要素，主要包括经济绩效竞争力、政府效率竞争力、企业效率竞争力、基础设施与基础能力竞争力。经济绩效竞争力是从宏观经济的角度，对国内经济实力、国际贸易、国际投资、国民就业和商品价格进行的系统评价；政府效率竞争力是从政府管理效率的角度，对公共财政、财政和货币政策与政体组织、企业和市场保障组织、社会管理进行的系统评价；企业效率竞争力是从企业创新、获利能力和商品责任的角度，对生产效率、人力市场、资本市场、企业管理结构与适应全球化能力、生活观和价值观进行的系统评价；基础设施与基础能力竞争力是从满足市场经济需要的基础设施和社会系统对于基本基础设施、技术基础设施、科学基础设施、健康和环境基础设施、教育基础设施和能力所进行的系统评价。这个体系能够较全面地评价一个国家的发展水平及其现实的与潜在的竞争力，揭示其未来发展趋势。

## 9.4　走可持续发展道路

美国世界观察研究所创始人莱斯特·R.布朗（Lester. R. Brown）认为，当前的环境革命是人类历史上继1万年前开始的农业革命和200年前开始的工业革命之后的第三次伟大的革命。如果说，农业革命导致了世界人口的增加，工业革命开始了化石燃料的使用，则当前的环境革命将以稳定世界人口、摒弃化石燃料和重建人与自然系统的关系为标志。

1972年斯德哥尔摩的联合国人类环境会议和1992年的里约热内卢的联合国环境与发展大会，是环境保护运动和环境革命的两座里程碑。从单纯污染治理到走可持续发展的道路，人类在正确处理环境与发展关系的道路上迈出了关键性一步。然而，从传统的发展观真正转变为可持续的发展观，仍然有许多具体问题需要我们解决。里约热内卢大会上通过的全球《21世纪议程》是人类贯彻可持续发展战略的行动纲领。这份纲领性文件虽然不具有法律约束力，但是，它是环境与发展领域的全球共识和最高级别的政治承诺，为各国提供了推进全球可持续发展的行动准则。

### 9.4.1 全球《21世纪议程》的基本思想

《21世纪议程》是一个广泛的行动计划，它向全世界提供了一个21世纪的行动蓝图。《21世纪议程》指出，人类正处在一个历史的关键时刻。我们面对着国家之间和国家内部永存的两极分化现象，不断加剧的贫困、饥饿、病痛和文盲问题以及我们福祉所依赖的生态系统的持续恶化。如果把环境和发展结合起来，提高这方面的认识，就有可能使人类的基本要求得到满足，所有人的生活水平有所提高，生态系统得到更好的保护和管理，从而带来一个更为安全、更加繁荣的未来。正如环境与发展大会秘书长指出的那样，没有哪一个国家能单独实现这个目标，但只要我们共同努力，建立一种促进可持续发展的全球伙伴关系，就有可能实现这个目标。

《21世纪议程》的目的是促使全世界为21世纪的挑战作好准备。它强调各国政府首先负起责任圆满实施议程。为了实现《21世纪议程》的目标，至关重要的是各国政府要制定好战略计划、方针政策和工作程序。我们的国际间合作既需要各国相互支持，又需要各国共同努力。同时，还要注重经济转型阶段许多国家所面临的特殊情况和挑战。这个文件还指出，《21世纪议程》是一个能动的方案，应该根据各国和各地区的实际情况、能力和优先次序来实施，并视情况的改变而不断调整。当时除了《21世纪议程》得到大会通过外，大会还通过并签署了4个重要文件——《里约环境与发展宣言》、《关于所有森林管理、养护和可持续发展的原则声明》、《气候变化框架公约》和《生物多样性保护公约》。大会在提高全人类环境意识，推动环境与发展相协调，维护发展中国家主权等方面都具有明显作用。这是人类在环境保护与可持续发展进程中迈出的重要一步。

### 9.4.2 全球《21世纪议程》的主要内容

《21世纪议程》涉及人类可持续发展的所有领域，提供了21世纪如何使社会经济与资源环境协调发展的纲领和行动蓝图。全文40多万字，分为4篇。

第一篇论述经济与社会问题。内容主要包括：发展中国家加速可持续发展的国际合作和有关国内政策；消除贫困；改变消费模式；人口动态的可持续能力；保护和增进人类健康；促进人类居住区的可持续发展；以及将环境与可持续发展内涵纳入决策过程等方面。

第二篇为促进发展的资源保护及管理。内容主要包括：大气层保护；陆地资源的统筹规划和管理；森林消退的防治；脆弱生态系统的保护与管理——防治荒漠化、山区防旱抗旱及其可持续发展；促进农业和农村可持续发展；生物多样性保护；生物技术的环境无害化管理；大洋和各种海域以及沿海地区的保护；海洋生物资源的保护、合理利用与开发；淡水资源和水生生态系统的综合开发、保护与管理；有毒化学品的环境无害化管理；防止毒品的非法国际买卖与贩运；危险废物的环境无害化管理和防止其跨国界非法贩运；固态废物的环境无害化管理以及同污水有关的问题；放射性废物的安全防范和环境无害化管理等方面。

第三篇为加强国际民间团体的作用。内容主要包括：妇女参与全球性行动以及谋求可持续的公平发展；儿童和青年参与可持续发展；承认和加强土著居民及其社团的作用；加强非政府组织作为可持续发展的合作伙伴作用；支持地方当局的参与与合作；加强工人和工会的作用；加强商业和工业的作用；发挥科技界在环境与防治过程中的作用；以及加强农民的作用等方面。

第四篇为可持续发展的实施手段。内容主要包括：向发展中国家提供财政支持的机制；环境安全和无害化技术转让、合作和共同建设；利用科学促进可持续发展；促进教育、提高公众意识和加强培训；促进发展中国家能力建设的国家机制和国际合作；国际合作体制改革计划；完善国际法文件和机制；以及改善决策信息的收集与分析等方面。

### 9.4.3 《中国21世纪议程》简介

中国政府高度重视联合国环境与发展大会，并承诺要认真履行大会所通过的《21世纪议程》及其文件精神。会后不久，中国政府就提出了促进中国环境与发展的“十大对策”。国务院环境保护委员会在1992年7月召开的第23次会议上决定，由原国家发展计划委员会和国家科学技术委员会牵头，组织国务院各部委、机构和社会团体编制《中国21世纪议程——中国21世纪人口、环境与发展白皮书》。该白皮书于1993年4月完成第一稿，经过多次修改定稿后，于1994年3月25日在国务院第16次常务会议上通过，并予以公告。

《中国21世纪议程》是在联合国开发计划署的支持和帮助下编制的，本文与全球《21世纪议程》相呼应，它广泛吸纳和集中了政府各部委正在组织进行和将要实施的各类计划，因而具有综合性、指导性和可操作性。《中国21世纪议程》全面阐述了中国可持续发展战略与对策。全文20章，涉及78个方面，可分为4大部分。

第一部分为可持续发展的总体战略与政策。它论述了实施中国可持续发展战略的背景和必要性，提出了中国可持续发展的战略目标、战略重点和重大行动，建立中国可持续发展的法律体系，制定可持续发展的经济技术政策，将资源和环境纳入经济核算体系，参与国际环境与发展合作的意义、原则立场和主要行动纲领，其中特别强调了可持续能力建设，包括建立和健全可持续发展管理体系，费用与资金机制，加强教育，发展科学技术，建立可持续发展信息系统，促使妇女、青少年、少数民族、工人和科学界人士及团体参与可持续发展。

第二部分为社会可持续发展。它包括人口、居民消费与社会服务，消除贫困，卫生与健康，人类居住区可持续发展和防灾减灾等内容。其中最重要的是实行计划生育、控制人口数量、提高人口素质，包括引导建立适度和健康消费的生活体系。它强调要尽快消除贫困，提高中国人民的卫生和健康水平。通过正确引导城市化，加强城镇用地规划和管理，合理使用土地，加快城镇基础设施建设，促进建筑业发展，向所有人提供住房，改善居住区环境，完善居住区环境与功能。建立与社会主义发展相适应的防灾救灾体系。

第三部分是经济可持续发展。它把促进经济快速增长作为消除贫困、提高人民生活水平、增强综合国力的必要条件，其中包括：可持续发展的经济政策；农业与农村经济的可持续发展；工业与交通、通信业的可持续发展；可持续能源生产和消费等方面。它强调利用市场机制和经济手段推动可持续发展，提供新的就业机会，在工业生产活动中积极推广清洁生产，大力发展环保产业，提高能源效率与节能、开发利用新能源和可再生能源等。

第四部分是资源与环境可持续发展。它既包括了水、土等自然资源的保护与可持续利用，也包括了生物多样性保护、防止荒漠化、防灾减灾、保护大气层（如控制大气污染和防治酸雨）、固体废物无害化管理等。它强调在自然资源管理决策中要推行可持续发展的影响评价制度，对重点区域和流域进行综合开发与整治，完善生物多样性保护的法律体系，建立和扩充国家自然保护区网络，建立全国土地荒漠化的监测和信息系统，开发消耗臭氧层物质的替代产品和替代技术，大面积植树造林，建立有害废弃物处置和利用的新法规和技术标准等。

## 9.5 中国可持续发展战略的实施

1992年中国政府向联合国环境与发展大会提交了《中华人民共和国环境与发展报告》，报告系统地总结了中国环境与发展的情况，阐明了中国关于可持续发展的基本立场和观点。中国政府在各种场合以各种形式表示了中国要走可持续发展道路的决心与信心，并将可持续发展战略和科教兴国战略一起确定为我国的两大发展战略。同时，中国也积极有效地实施了可持续发展战略，并取得了成就，特别是在社会经济全面发展和人民生活水平不断提高的同时，人口过快增长的势头得到了控制，自然资源保护和生态系统管理得到了加强，生态建设步伐有所加快，部分城市和地区环境质量有所改善。

1992年8月，中国政府制定了“中国环境与发展十大对策”，提出了走可持续发展道路是中国当代以及未来的选择。同年，中国政府成立了制定《中国21世纪议程》领导小组及其办公室。1994年中国政府制定并批准通过了《中国21世纪议程——中国21世纪人口、环境与发展白皮书》，确立了中国21世纪可持续发展的总体战略框架和各个领域的主要目标。在此之后，国家有关部委和很多地方政府也相应地制定了部委和地方可持续发展实施行动计划。

1996年3月第八届全国人民代表大会第四次会议批准的《国民经济和社会发展“九五”计划和2010年远景目标纲要》，把可持续发展作为一条重要的指导方针和战略目标，并明确作出了中国今后在经济和社会发展中实施可持续发展战略的重大决策。“十五”和“十一五”计划还具体提出了各个领域可持续发展的阶段目标，并专门编制和组织实施了生态建设和环境保护重点专项规划，社会经济的其他领域也都全面地体现了可持续发展战略的要求。

2002年中国政府向可持续发展世界首脑会议递交了《中华人民共和国可持续发展国家报告》，该报告全面总结了自1992年，特别是1996年以来，中国政府实施可持续发展战略的总体情况和取得的成就，阐述了履行联合国环境与发展大会有关文件的进展和中国今后实施可持续发展战略的构想，以及中国对可持续发展若干国际问题的基本原则立场与看法。

近年来，中国可持续发展的实施取得了积极的进展，主要表现在以下几个方面。

① 建立了可持续发展战略实施的组织管理体系。在中央政府一级成立了《中国21世纪议程》领导小组及其办公室和《中国21世纪议程》管理中心，并在大部分省、自治区和直辖市成立了21世纪议程领导小组。还在若干省、直辖市和一些城市开展了实施《中国21世纪议程》的地方试点工作。

② 在《中国21世纪议程》的指导下，制订了若干省、市级乃至个别县级的21世纪议程或行动计划。国务院各部委也制订了本行业的21世纪议程或行动计划，如国家林业局的《中国21世纪议程林业行动计划》、原国家环境保护总局的《中国环境保护21世纪议程》等。

③ 将可持续发展思想落实到国民经济和社会发展计划中，例如，国家科委组织制订了《全国生态环境建设规划》、水利部制订了《全国水利中长期供求计划》和《跨世纪节水行动计划》等，原国家环境保护总局实施的《“九五”期间全国主要污染物排放总量控制计划》和《中国跨世纪绿色工程计划》等。

④ 可持续发展立法进程加快，执法力度加强，使可持续发展战略的实施逐步走向法制化和科学化的轨道。近年来，所制定和修订与此有关的法律法规有《矿产资源法》、《土地管理法》、《森林法》等。迄今我国颁布了环境保护法6部，自然资源管理法9部，环境保护与

资源管理行政法规 30 多部，各类国家环境标准 395 项，地方性环境保护与资源管理法规 600 多项。

⑤ 环境污染治理取得阶段性成果，环保产业已经起步。国家确定为污染治理重点的“三河”（淮河、辽河、海河）、“三湖”（太湖、滇池、巢湖）、“两区”（酸雨控制区、二氧化硫控制区）、“一市”（北京市）的污染防治工作已经全面展开，并取得了初步成效。到 2010 年止，环保企事业单位已有 35000 多家，从业人员 300 万人，固定资产总值 7900 亿元，年创产值 1000 亿元，占 GNP 的 1.34%。

⑥ 生态建设步伐加快。1998 年后国务院先后批准了《全国自然保护区规划》和《全国生态环境建设规划》，标志着生态环境保护建设提到了优先议程。全国已建立国家级生态农业示范区 51 个，省级示范区 100 多个，市县级示范区 2000 多个，总面积达 $1.30\times10^7 hm^2$ 以上，约占全国耕地面积的 13.7%，其中有 7 个生态农业示范区进入了 UNEP 的“全球 500 佳”。到 2010 年为止，国家已经建立各类自然保护区 1800 个，面积达 $1.046\times10^8 hm^2$，约占国土总面积的 16.0%，使 90%的国家重点保护野生动植物种和 90%的典型生态系统类型得到保护。武夷山、神农架、长白山等 26 处自然保护区加入了世界生物圈保护区网，全国建立了 200 多处珍稀濒危物种保护基地。

⑦ 国民可持续发展意识与社会参与意识有所提高。环境科学基础公共课程开始纳入高等学校教学内容。可持续发展研究进入了高等学校和科研机构的研究视野，并通过大众传媒将可持续发展思想传播到千家万户，极大地提高了国民的可持续发展意识。

最后，应该指出，可持续发展是人类全新的发展模式，其理论基础仍有待于完善，实践也刚刚开始，实施可持续发展战略的社会难度和社会问题是显而易见的。然而，为了人类文明能够延续下去，为了人类能够处理好自我发展与自我生存之间的关系，走可持续发展是必由之路。

## 习　题

1. 你知道我国古代和民间有哪些有关可持续发展的思想吗？
2. 你认为社会发展与经济发展有何区别呢？
3. 经济发展就等于社会发展吗？为什么？
4. 如何理解传统发展与可持续发展呢？它们之间的根本区别在哪里？
5. 可持续发展具有什么内涵？
6. 可持续发展体系是如何构成的呢？
7. 什么是衡量国家或地区财富的自然资本、人造资本和人力资本？目前我国的这三种资本中，何者占优势，何者占劣势？
8. 作为个人，我们能为《中国 21 世纪议程》做些什么？
9. 何为人文发展指数（HDI）？
10. 国际竞争力评价体系都包括哪些内容？能说明些什么？
11. 如何才能走好我国的可持续发展道路呢？
12. 能谈谈全球《21 世纪议程》的基本思想吗？
13. 全球《21 世纪议程》的主要内容是什么？

# 附　录

## 附录Ⅰ　全球环境与生态保护公约

### 1959年 南极条约体系

(Systems of Antarctic Treaty)

南极条约体系是指《南极条约》和南极条约协商国签订的有关保护南极的公约以及历次协商国会议通过的各项建议和措施。从1958年6月起，阿根廷、澳大利亚、比利时、智利、法国、日本、新西兰、挪威、南非、美国、英国、前苏联12国代表经过60多次会议，在1959年12月1日签署了《南极条约》(1961年6月23日生效)。此后，南极条约协商国又于1964年签订了《保护南极动植物议定措施》，1972年签订了《南极海豹保护公约》，1980年签订了《南极生物资源保护公约》。1988年6月通过了《南极矿物资源活动管理公约》的最后文件，该公约在向各协商国开放签字之时，由于《南极条约环境保护议定书》的通过而中止。但由于南极条约环保议定书中的很多条款系直接引自矿物资源活动管理公约，因此，《南极矿物资源活动管理公约》仍被视为可引为参考的重要法律文件。1991年10月在马德里通过了《南极环境保护议定书》和"南极环境评估"、"南极动植物保护"、"南极废物处理与管理"、"防止海洋污染"和"南极特别保护区"5个附件，并于10月4日公开签字，在所有协商国批准后生效。

1983年6月8日中国政府递交了加入书，并自同日起该条约对中国生效。

### 1971年 国际重要湿地特别是水禽栖息地公约（拉姆萨尔公约）

(Convention on Wetlands of International Importance Especially as Waterfowl Habitat)

1971年2月，在伊朗的拉姆萨尔召开了"湿地及水禽保护国际会议"，会上通过了"国际重要湿地特别是水禽栖息地公约"。《拉姆萨尔公约》于1975年12月21日生效，规定每3年召开一次缔约国会议，审议各国湿地现状和保护活动的有关报告和预算。《拉姆萨尔公约》主张以湿地保护和"明智利用"(wise use)为原则，在不损害湿地生态系统的范围内以期持续利用湿地。其内容主要包括：缔约国有义务将境内至少及一个以上的有国际重要意义的湿地列入湿地名单，并加以保护；缔约国应根据本国的制度对所登记的湿地进行保护和管理，并在其生态学特征发生变化时向秘书处报告。该公约为了保证发展中国家的湿地保护和管理，于1989年设置"湿地保护基金"，从各国政府及非政府组织获取资金，应用于发展中国家的湿地保护计划的实施。

1992年1月3日中国政府递交了加入书，并自同日起该条约对中国生效。

### 1972年 保护世界文化和自然遗产公约（世界遗产公约）

(Convention Concerning the Protection of the World Cultural and Natural Heritage)

联合国教科文组织于1972年11月16日在法国巴黎通过该项国际公约。该公约是基于国际自然保护同盟IUCN制定的法案形成的，其目的是要对具有突出的普遍价值的文化和自然遗产提出共同的保护制度，并持久性地加以特别保护，因为这些文化和自然遗产对全世界人民都具有重要的价值意义。自然遗产是指从审美或科学角度看具有突出的普遍价值的自然面貌、地质景观和自然地理以及生态环境、天然名胜或明确划分的濒临灭绝物种生息地。

1986年3月12日中国政府递交了加入书，并自同日起该条约对中国生效。

### 1972年 防止倾倒废弃物及其他物质污染海洋公约（伦敦倾废公约）

(The Convention on the Prevention of Marine Pollution by Dumping of Wastes and Other Matter/London Dumping Convention)

该公约于1972年在伦敦通过，1975年生效。其目的是限制从船舶、海洋设施、飞机上向海洋投弃陆地上产生的废弃物。公约严厉禁止将含有重金属、有机氯化物等有害物质的废弃物投入海洋。公约经1978年修正后，追加了有关限制在船舶甲板等处焚烧陆地产生的废弃物等条款。

1985年12月15日中国政府递交了加入书，并自同日起该条约对中国生效。

### 1973年 濒危野生动植物物种国际贸易公约（华盛顿公约）

（Convention on International Trade in Endangered Species of Wild Fauna and Flora）

为了防止野生动物的国际间贸易直接或间接地造成野生动植物族群生存的威胁，遂由世界最具影响力的国际自然保护联盟（World Conservation Union）率先在1963年呼吁各国政府正视这一问题，并着手野生动植物国际间贸易的管制，历经10年努力，该公约于1973年6月21日在美国华盛顿签署，1975年7月1日正式生效，至今已有130多个国家加入该公约。

我国于1980年12月25日加入了这个公约，并于1981年4月8日对我国正式生效。

### 1973年 国际防止船舶污染公约1978年议定书（马波尔73/78公约）

（1973/1978 Covention for the Prevention of Pollution by Ships on MARPOL）

针对油轮的大型化和石油以外有害物质的海上运输量增加，以及1967年英国南部沿海大型油轮触礁时所造成的大面积油污染，非常有必要建立国际性的法规，所以于1973年通过了马波尔公约。因为公约还遗留有未解决的技术性问题，1978年进行了修正，通过了马波尔73/78公约。

该公约1983年10月2日生效，并于同日对中国生效。

### 1979年 远距离越境大气污染公约（LRTAP公约）

（Convention on Long-Range Transboundary Air Pollution）

1979年11月在日内瓦举行的联合国欧洲经济委员会的环境部长会议上，通过了《控制远距离越境大气污染公约》，并于1983年正式生效。公约规定，到1993年底，缔约国必须把二氧化硫排放量削减到1980年排放量的70%。欧洲和北美（包括美国和加拿大）等32个国家都在公约上签了字。同时，美国的《酸雨法》规定，密西西比河以东地区，二氧化硫排放量要由1983年的$2000\times10^4$t/a，经过10年时间要减少到$1000\times10^4$t/a；加拿大二氧化硫排放量要由1983年的$470\times10^4$t/a，经过10年时间（1994年）要减少到$230\times10^4$/a。

### 1982年 联合国海洋法公约

（United Nations Convention on the Law of the Sea）

1982年由联合国召开第三次海洋法会议通过的公约，其目的是确立关于海和大洋的国际法规，它具有管辖各国海洋水域的法律地位，是调整国家之间、国家与国际组织之间在海洋关系方面的国际公法，是加强预防和抑制海洋污染的国际性准则。此公约对内水、领海、临接海域、大陆架、专属经济区（亦称“排他性经济海域”）、公海等重要概念做了界定。对当前全球各处的领海主权争端、海上天然资源管理、污染处理等具有重要的指导和裁决作用。

### 1985年 保护臭氧层维也纳公约

（Vienna Convention for the Protection of the Ozone Layer）

1985年该公约在联合国环境规划署的保护臭氧层全权代表会议上通过，公约规定促进关于臭氧层保护的国际性合作项目研究，采取适合各国国情的削减破坏臭氧层物质的共同对策。由于公约未对当事国作出有关减少破坏臭氧层化学物质消费义务的有关规定，因此在通过蒙特利尔议定书时进行了修正。

随后，自1989年12月20日起该公约对中国生效。

### 1985年 关于最少削减30%的硫排放物及其远距离越境转移的大气污染公约议定书（赫尔辛基议定书）

（Protocol on the Reduction of Sulfur Emissions or Their Transboundary Fluxes by At Least 30 Perecent/Helsinki Protocol）

该议定书以远距离越境大气污染公约为基础，属于联合国欧洲经济委员会的21个国家于1985年签字，1987年生效。议定书规定：1993年以前，各国最低限度要削减1980年硫排放量的30%。在1984年“有关酸雨的加拿大欧洲环境部长会议（渥太华会议）”上追加了削减30%硫氧化物的宣言。

### 1987年 关于消耗臭氧层物质的蒙特利尔议定书（蒙特利尔议定书）

（Montreal Protocol on Substances that Deplete the Ozone Layer/Montreal Protocol）

本议定书的主要内容有：以1986年为基准，到1994年以前力争将5种氟里昂（氯氟烷烃）和3种哈龙（溴氟烷烃）削减20%；到1999年以前，力争达到削减50%。对发展中国家在一定期限内免除议定书上规定的义务。议定书的内容可随着科学的进步而进行修改。在1990年的蒙特利尔议定书缔约国第二次会议上大家对议定书进行了部分修改，限制对象扩大到15种氟里昂，3种哈龙，四氯化碳和1,1,1-三氯乙烷，议定书规定以上物质到2005年之前禁用，其他物质到2000年之前全部禁用。在1992年的蒙特利尔议定书缔约国第四次会议上通过了提前全部禁用日期等强化限制措施。

修正后的议定书于1992年8月20日生效，并于同日对中国生效。

### 1988年 关于限制氮氧化物排放及远距离越境转移的大气污染公约议定书（索菲亚议定书）

(Protocol Concerning the Control of Emissions of Nitrogen Oxides or Their Transboundary Fluxes/Sofia Protocol)

该议定书以《远距离越境大气污染公约》为基础，联合国欧洲经济委员会的25个国家于1988年签字，1991年生效。议定书规定，在1994年以前，氮氧化物的排放量应维持在1987年的水平上；对于新上设施，汽车要执行能够经济地使用最佳技术为基础的排放标准和充分供应无铅汽油的义务。

### 1989年 控制有害废物越境转移及其处置公约（巴塞尔公约）

(Basel Convention on Control of Transboundary Movement of Hazardous Wastes and Their Disposal/Basel Convention)

该公约的目的是通过对有害废弃物的越境转移进行国际性管理，对越境的，特别是由于发展中国家的废弃物不恰当处置引起的环境污染，防患于未然。其原则是禁止有害废弃物的越境转移并要求在本国进行处置。虽然允许出口国在没有处理能力的情况下出口，但出口国负有在越境转移时事先通告等义务。该公约还规定对违法的越境转移进行取缔，建立发展中国家的技术合作基金。

该公约1992年5月5日生效，1992年8月20日对中国生效。

### 1992年 生物多样性条约

(Convention on Biological Diversity)

该条约1992年5月在《内罗毕公约》谈判会议上通过，6月在里约热内卢的“联合国环境与发展大会”上有157个国家签字。其目的是扩展保护野生生物的框架，全面保护地球上生物多样性，以求达到持续性利用和公平分配，使生物所具有的遗传资源得到充分利益。在《华盛顿公约》和《拉姆萨尔公约》中仅以特定的行为和特点的栖息地为对象，当时没有同时保护热带雨林和在那里生活的各种生物的国际条款。公约要求缔约国拟定确保生物多样性的国家战略，选定受保护的重要地区和物种以及确定监测和保护区体系，维持并恢复生态系统，保护濒危物种，引入评价制度等。

中国政府于1992年6月签署该公约，1993年12月29日该公约对中国生效。

### 1992年 联合国气候变化框架公约

(United Nations Framework Convention on Climate Change)

1992年5月22日联合国政府间谈判委员会就气候变化问题达成公约，于1992年6月4日在巴西里约热内卢举行的联合国环境与发展大会（地球首脑会议）上通过，并签字。至此已有159个国家签字。它根据全球气候变暖的最初国际性框架，列出了温室气体的排放源和吸收汇清单，规定了各国气候变暖对策、计划的拟定和实施等；特别强调了作为发达国家的共同责任，通过了控制温室气体的排放、保护和增进吸收汇的国家对策和应对措施；公约还以到20世纪90年代末将二氧化碳和其他温室气体排放量控制在1990年的水平为目的，规定了就政策措施和排放吸收预测向缔约国会议通报及提出建议，同时还规定了向发展中国家提供资金以及技术援助。

中国政府于1992年6月11日签署了该公约，并同时生效。

### 1997年《联合国气候变化框架公约》京都议定书

(United Nations Framework Convention on Climate Change and Kyoto Protocol)

为了人类免受气候变暖的威胁，1997年12月，《联合国气候变化框架公约》第3次缔约方大会在日本京都召开。149个国家和地区的代表通过了旨在限制发达国家温室气体排放量以抑制全球变暖的《京都议定书》。《京都议定书》规定，到2010年，所有发达国家二氧化碳等6种温室气体的排放量，要比1990年减少5.2%。具体地说，各发达国家从2008～2012年必须完成的削减目标是：与1990年相比，欧盟削减8%、美国削减7%、日本削减6%、加拿大削减6%、东欧各国削减5%～8%。新西兰、俄罗斯和乌克兰可将排放量稳定在1990年水平上。议定书同时允许爱尔兰、澳大利亚和挪威的排放量比1990年分别增加10%、8%和1%。联合国气候变化会议就温室气体减排目标达成共识。

《京都议定书》需要占1990年全球温室气体排放量55%以上的至少55个国家和地区批准之后，才能成为具有法律约束力的国际公约。欧盟及其成员国于2002年5月31日正式批准了《京都议定书》。目前已有170多个国家批准加入了该议定书。2007年12月，澳大利亚签署《京都议定书》，至此全球发达国家中只有美国没有签署《京都议定书》。截至2004年，主要工业发达国家的温室气体排放量在1990年的基础上平均减少了3.3%，但是，全球最大的温室气体排放国——美国的排放量比1990年上升了15.8%。2001年，美国总统布什刚开始第一任期就宣布美国退出《京都议定书》，理由是议定书对美国经济发展带来过重负担。

中国于1998年5月签署并于2002年8月核准了该议定书。

### 2009年《联合国气候变化框架公约》哥本哈根协议

(United Nations Framework Convention on Climate Change and Copenhagen Protocol)

联合国气候变化大会2009年12月19日在丹麦首都哥本哈根举行，各方代表最终达成不具有法律约束力的《哥本哈根协议》，这份协议采取自愿加入原则。《哥本哈根协议》规定，全球气温较工业化前上升幅度应控制在2℃内，发达国家设立强制减排指标，发展中国家开展自主减排行动。大会主席丹麦首相拉斯穆森说，41个发达国家已提出到2020年的削减温室气体排放目标，35个发展中国家已作出减排规划。这76个国家的温室气体排放量占全球总排放量的80%以上。尚未签署《哥本哈根协议》的国家包括部分石油输出国组织（OPEC）国家以及一些小岛国。迄今有111个国家及欧洲联盟签署了《哥本哈根协议》，但各国在削减温室气体排放方面所做承诺仍不足以实现《哥本哈根协议》所设定目标。

# 附录Ⅱ 名词解释

### (1) 环境可持续指数

环境可持续指数是一项整合性指标体系，它追踪21项环境永续的元素，包括自然资源丰度、过去与现在的污染程度、环境管理努力程度、对国际公共事务的环保贡献、历年来改善环境绩效的社会能力等。国际上，环境可持续指数由美国耶鲁大学环境法律与政策中心、哥伦比亚大学国际地球科学资讯网路以及世界经济论坛协同合作进行评定。

### (2) 环境绩效指数

环境绩效指数是衡量一个国家对努力保护环境所获得的结果导向指数，该指数主要包括：城乡环境卫生结果；环境保护结果；温室气体排放量削减结果；减少大气污染物结果；控制自然资源浪费结果5个方面的表现情况进行综合评定。

### (3) 人口贫困线标准

2007年，我国的贫困线划定在年人均收入1067元。目前，我国将贫困线标准提高到年人均收入1300元。按照这一标准，我国2008年的贫困人口数量增至为8000万。世界银行《2005年世界发展报告》按照贫困线每人每天生活费不足1美元标准（这个标准适用于世界各国，包括非洲国家）确定。

### (4) 联合国大学

联合国大学（United Nations University，UNU）是联合国下设的国际大学。1969年，联合国秘书长吴丹（缅甸人）积极提议建设一所符合联合国宪章的，以贡献于世界和平和人类进步为宗旨的真正的国际性大学。在1972年联合国大会的一项决议中决定建立一所国际大学，其名称为联合国大学。1973年联合国通过了联合国大学章程。1975年该大学正式建于日本东京。其宗旨是致力于实现《联合国宪章》规定的人类和平与人类进步，研究联合国及其各个机构所关心的有关人类生存、发展和福利等紧迫问题。

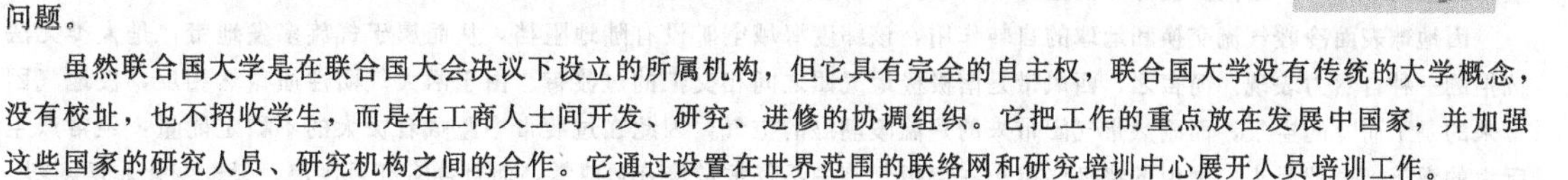

虽然联合国大学是在联合国大会决议下设立的所属机构，但它具有完全的自主权，联合国大学没有传统的大学概念，没有校址，也不招收学生，而是在工商人士间开发、研究、进修的协调组织。它把工作的重点放在发展中国家，并加强这些国家的研究人员、研究机构之间的合作。它通过设置在世界范围的联络网和研究培训中心展开人员培训工作。

联合国大学开展研究的领域有：人类的普遍性价值和责任、世界经济的新趋势、维护全球生命的体系、科学技术进步、人口资源与福利。中国从1980年起与大学签订了专业合作协议。

### (5) 夜光云

夜光云（Noctilucent Cloud）是一种形成于中间层的云，距地面高度约80km。这种罕见的云只有在高纬度地区（50°～65°）的冬季或夏季才能看见。夜光云看起来有点像卷云，但比它薄得多，且颜色为银白色或蓝色，出现日落后太阳与地平线夹角在6°～15°之间的时候。很自然，如果时候太早会因为其太薄而看不见，若太迟了它也会落到地球的阴影之中去。

夜光云的成因在科学界争议较大，目前有二种理论：①第一种理论认为，它主要是由极细冰晶构成的。因为距地面80km高的大气很冷。显然，这一理论只有在中间层才成立；②因为平流层向上是中间层，所以第二种理论认为，它可能是由于中间层垂直方向上的重力波衰减造成的。重力波由于各种异常原因而可能在某些地方减弱，从而导致了低层大气向上的动量传递。这样那些在向东方向上具有很强相速度的重力波将向东的动量传递给了高层的大气。我们知道，向东方向的流动将受到赤道方向的科里奥利力（Coriolis Force ）的作用，这将引起垂直方向上带有水汽的大气流动（需要说

明的是，高层大气中水汽不一定直接来自于地面，有可能是由于甲烷的光分解形成的）。因为只有夏季时高纬度的平流层才允许相速度东向的重力波传入中间层（与冬季季风方向相反，因而东向的动量不能传入中间层），这样，在夏季的半球的中间层温会因动量的流失而降低（相应地冬季半球的中间层温度会升高），从而导致了中间层的降温现象。实际上，在整个极地的夏天，卫星能够观察到大片的中间层云团，但是纬度太高的地区在夏季处于极昼，因而夜光云是不易被发现的。这样夜光云就只能在冬季的某些高纬度地区被观察到。

## (6) 北极光

长久以来极光的神秘一直是人们渴望了解与探索的，在20世纪，人们利用航天照相机、摄影机及卫星，才能比较清楚地看到和了解到太阳能流与地球磁场碰撞产生的放电现象，它是一束束电子光河，在离地球95～98km的天空，释放出$100\times10^4$MW的光芒，但在无科学的时代，人们只有发挥无穷的想像力，来叙述这奇妙的大自然景色，因而有了许多古老相传的神秘传说。北极光名称的由来，是科学家卡森迪在反复考虑下，把这种现象称为“欧若”(Aurora)，她是古罗马神话里的织架女神，代表旭日东升前的黎明。科学家柏克莱认为，太阳发出的电子在太空中自由飞扬，当它们闯进地球磁场，电子与气体碰撞时会发出光芒，就是北极光，他的理论直到20世纪60年后才得到证实。美国采索14号火箭升空，科学家才首次证明地球有2个磁场，一年后港湾2号首次测量太阳的等离子流（构成太阳气流的带电物质），太阳气流可触及地球。太阳气流亦称太阳风，这些放射物以$300\times10^4$km的速度冲向地球，幸而地球磁场改变太阳风的方向，使我们免受太阳风的袭击，当太阳风与地磁场碰撞时，会产生$100\times10^4$MW的能量，地球大气层的小粒子会释放出能量，氧原子放出绿光或红光，氧分子放出红光或黄光，氮分子放出紫光或粉红光。虽然目前科学家已大至了解极光的成因，但极光仍留下许多难解的问题让人们继续探索它的奥秘，如极光出现是否有声音？加拿大北极圈内的土著人说，北极光会发出口哨声和脚步声，那是灵魂在天堂踏雪散步的声音，还有太阳风撞击地球磁场释放出的能量究竟有多大？这都是科学家亟待解开之谜。本质上来说，极光是原子与分子在地球大气层最上层（距地面100～200km处的高空）运作激发的光学现象。它的形成有3大要素：太阳、地球磁场、大气。所谓“太阳风”是太阳对宇宙不断放射的一种能量，它由电子与质子组成。由于太阳的激烈活动，放射出无数的带电微粒，当带电微粒流射向地球进入地球磁场的作用范围时，受地球磁场的影响，便沿着地球磁力线高速进入到南北磁极附近的高层大气中，与氧原子、氮分子等质点碰撞，因而产生了“电磁风暴”和“可见光”的现象，就成了众所瞩目的“极光”。

## (7) 西风带

“西风带”又称暴风圈，位于南纬45°～60°之间的海域，是赤道上空受热上升的热空气与极地上空的冷空气交汇的地带，极易形成气旋，常常是一个气旋未完，另一个气旋已经生成。这里终年刮着平均风力为8～10级的大风，风大涌浪就大，浪高十几米，巨浪汹涌呼啸而至。

因地球表面冷暖气流交换和地球的自转作用，该纬度海域空旷没有陆地阻挡，从而属于气旋多发地带，是人类无法抗拒的一种自然力表现。简言之，西风带是南极极地气团之间相交汇的过渡带。由于两大气团性质截然相反，极地气团带来的是干而冷的空气，而副热带气团带来的是温暖潮湿的空气，因此在过渡带中蕴藏着极大的不稳定能量，经常产生巨大的涡旋，也就是人们常说的绕极气旋。在绕极气旋中不仅常常伴有雨或雪，而且伴有狂风巨浪，天气变化非常剧烈。

## (8) 小冰期

大约15世纪初，全球气候进入一个寒冷时期，通称为“小冰期”(Small Glacier Epoch)，小冰期结束于20世纪初期。

最后一次冰期是出现陆地和海洋上积雪和积冰范围达到最大值或出现较大值的一段时期。最大的极值点在不同地区出现于不同年代。一般地说，北半球出现较早，特别是北美、北极地区、中国和日本；南半球出现较晚。对小冰期时间界限的说法颇多，始于1300～1310年、1430年或1560年，结束于1700年、1850年或1900年，亦即1550～1700年为全球大多数地区小冰期的主要时段。大多数地区的地面气温50年、100年和150年的最低平均值大多出现在这一时期。小冰期的气候特点不仅表现在长期平均气温低于现代的正常值，而且气温变化幅度增大，一些地区还出现过炎热时期。这也是中纬度地带经常出现经向环流的特点。一般认为小冰期的主要环流特点是北半球冰冠、极涡的范围扩大，以及相伴随的低压路径南移。小冰期冰川扩展，除了低温的原因，也可能是降水量增加的结果。如阿尔卑斯山冰川和冰岛附近海水最后一次的最大规模的扩展出现在1800～1850年。但据当时英格兰可靠文献记载及格陵兰岛冰岩心氧同位素测温记录表明，该时期的气温并不像17世纪那么低。故这一种类冰川和海冰的扩展只能归因于降水量的增多。小冰期对人类社会产生了重大影响。如中国江西柑橘自唐朝以来一直列为贡品，但在1654年和1676年两次毁灭性寒潮打击下，当地农民已不敢再种植。1550～1650年，英格兰、法国、荷兰和意大利北部的小麦价格上涨了几倍；1550～1700年，法国南部连续发生饥荒；当时的文献记载都把饥荒与严寒的冬季和多雨的夏季联系在一起。

## (9) 油当量

油当量（Oil Equivalent）是按照标准油的热值计算各种能源量的换算指标。1kg油当量的热值，联合国按照42.62兆焦（MJ）计算。1t标准油相当于1.454285t标准煤；1L（Liter）柴油＝0.9778油当量；1L车用汽油＝0.8667油当量。

## (10) 煤当量

煤当量（Coal Equivalent）是按照标准煤的热值计算各种能源量的换算指标。煤当量迄今尚无国际公认的统一标准。煤当量的热值，联合国、前苏联、日本、西欧大陆国家按照29.3MJ/kg（7000kcal/kg）计算，而英国是根据能源用煤的加权平均热值确定，中国采用的煤当量热值为29.3MJ/kg。

## (11) 城市化

城市化也有的学者称之为城镇化、都市化，是由农业为主的传统乡村社会向以工业和服务业为主的现代城市社会逐渐转变的历史过程。具体包括：人口职业性质的转变；产业结构的转变；土地利用方式的转变；人类生存地域与空间的变化。人口学、地理学、社会学、经济学对城市化都有不同的定义：人口学把城市化定义为农村人口转化为城镇人口的过程，特指“农村人口向城市集中，或农业人口变为非农业人口的过程”；地理学把城市化定义为一个地区的人口向城镇和城市集中的过程，城市化也意味着城镇用地扩展，城市生活方式和文化价值观向农村地域的扩散过程；社会学把城市化定义为农村生活方式转化为城市生活方式的过程，是城市社会经济要素向广阔农村的普及。其根本目的是为了提高人类生存质量，提升人与人、人与社会和人与自然、社会与自然之间的和谐发展水准；经济学从工业化的角度来定义城市化，认为城市化就是农村生产经济转化为城市生产经济的过程，城市化是工业化的必然结果。一方面，工业化会加快农业生产的机械化水平、提高农业劳动生产率，为农村剩余劳动力提供就业机会；另一方面，农村的落后也会不利于城市地区的发展，从而影响整个国民经济的发展。它们之间是互促互进、互惠互利的关系。

## (12) 逆温

在对流层中，正常情况下气温是随着高度的增加而降低的。但是，有些时候气温会随着高度的增加而升高。一般来说，近地面的空气冷却较快时，或者有一股较暖的空气移来时，上层空气温度就会高于近地面空气，这时就出现逆温了。逆温的出现不利于空气的上升运动，如果有污染物的话，污染物就会长期滞留在原处而不易扩散，造成较为严重的大气污染。

## (13) 极涡

极涡（Polar Vortex）或称为绕极环流（Circumpolar Circulation）、绕极涡旋（Circumpolar Vortex），它是绕南极或北极的高空气旋性大型环流。常常表现为北半球冬季极区对流层中上层500hPa上的绕极区气旋式涡旋。它是大规模极寒冷空气的象征，地面为浅薄冷高压，从700hPa转换为低压环流。

## (14) 科里奥利力

科里奥利力（Coriolis Force），又称为地转偏向力，它是由于地球自转运动而作用于地球上运动质点的偏向力。该力是对直线运动质点由于惯性相对于旋转体系产生的直线运动偏移的一种描述，它以牛顿力学为基础。1835年，法国气象学家科里奥利提出，为了描述旋转体系的运动，需要在运动方程中引入一个假想力，当引入这个假想力之后，人们就可以像处理惯性系中的运动方程一样简单地处理旋转体系中的运动方程。

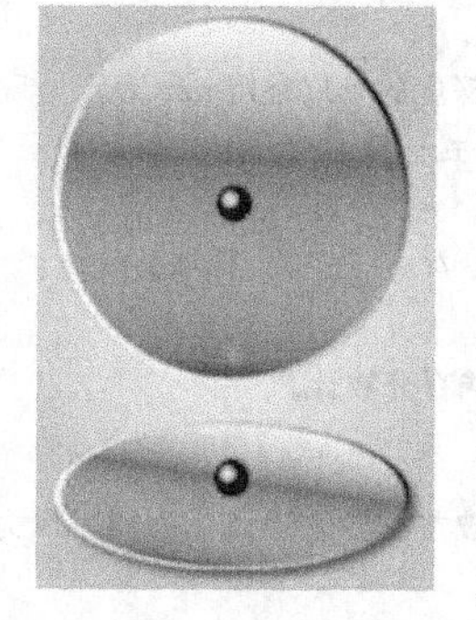

在旋转体系中进行直线运动的质点，由于惯性，有沿着原有运动方向继续运动的趋势，但是因体系本身是旋转的，在经历了一段时间的运动之后，体系中质点的位置会有所变化，而它原有运动趋势的方向，如果以旋转体系的视角去观察，就会发生一定程度的偏离。如右图所示，当一个质点相对于惯性系做直线运动时，相对于旋转体系，其轨迹是一条曲线。立足于旋转体系，我们认为有一个力驱使质点运动轨迹形成曲线，这个力就是科里奥利力。

### (15) 蓝藻

蓝藻又称蓝绿藻，由于蓝色的有色体数量最多，所以宏观上呈现蓝绿色，是地球上最早出现的原核生物，也是最基本的生物体，大约出现在38亿年前（在寒武纪），为自养生物，它的适应能力非常强，可忍受高温、高寒、冰冻、缺氧、干涸、高盐度和强辐射，所以从热带到极地，由海洋到山顶，85℃以上的温泉，−62℃的雪原，27%高盐度的湖沼，干燥的岩石等环境下，它均能生存。

蓝藻的科属分类为蓝藻门，分为两纲：色球藻纲和藻殖段纲，色球藻纲藻体为单细胞体或群体；藻殖段纲藻体为丝状体，有藻殖段。

目前，已知蓝藻约2000多种，分布全球，中国记载的有900种之余。多数蓝藻（约75%）生长于淡水，少数蓝藻（25%）生长于海水；常常与一些菌、苔藓、蕨类和裸子植物共生；有些能穿入钙质岩石中（如穿钙蓝藻）或土壤深层中（如土壤蓝藻）。

蓝藻是单细胞生物，没有细胞核，但细胞中央含有核物质，通常呈颗粒状或网状，染色体和色素均匀地分布在细胞质中。该核物质没有核膜和核仁，但具有核的功能，故称其为原核。和细菌一样，蓝藻属于“原核生物”。它和具原核的细菌等一起，单立为原核生物界。

在一些营养丰富的水体中，有些蓝藻常于夏季大量繁殖，并在水面形成一层蓝绿色而有腥臭味的浮沫，称为“水华”，大规模形成的蓝藻爆发，被称为“绿潮”。绿潮引起水质恶化，严重时耗尽水中氧气而造成鱼类的死亡。更为严重的是，有些种类的蓝藻（如微囊藻）还会产生毒素（简称MC），大约50%的绿潮中含有大量MC。MC除了直接对鱼类、人畜产生毒害之外，也是肝癌的重要诱因。MC耐热，不易被沸水分解，但可被活性炭吸收，所以可以用活性炭净水器对被污染水源进行净化。也可以在蓝藻爆发前，利用鱼类消灭蓝藻，如在水中养育虎头鲢、白鲢等鲢鱼。

### (16) 人口密度

人口密度是单位面积土地上居住的人口数量。它是表示世界各地人口密集程度的指标。通常以$1km^2$内的常住人口为计算单位。全球陆地面积为$14800\times10^4km^2$，以全球2009年68亿人口计，平均人口密度为46人/$km^2$。但是，全球人口实际分布是很不均匀的。按照各国的平均人口数而论，以农业经济为主，人口比较密集的孟加拉国为例，其2005年人口密度为881人/$km^2$；而以国家比较小，全部国土中城市占主要地位或全部为城市的新加坡与摩纳哥为例，前者2005年的人口密度为7714人/$km^2$，后者为17565人/$km^2$。再看人口少的国家或地区，如蒙古2005年的人口密度为1.6人/$km^2$；北美洲的格陵兰地区只有0.023人/$km^2$，即平均每$42.7km^2$才有1人。在冰天雪地的南极洲，它的面积达$1400\times10^4km^2$，是一个无固定居民的地区。我国人口数量居全球第一，人口密度2009年平均为140人/$km^2$，密度最高的江苏为734人/$km^2$，密度最低的西藏只有2人/$km^2$。以城市而论，北京市市区的人口密度2009年平均为980人/$km^2$，但是，各区县差别却很大，如市内的宣武区，人口密度2009年达到28734人/$km^2$，而远郊的门头沟区则只有268人/$km^2$。因人口数量经常发生变动，故人口密度的计算需针对一定地区和一定时点进行，以便相互比较。

### (17) 浅层地下水

地质结构中位于第一透水层中，且在第一隔水层之上的地下水。主要由大气降水、地表径流透人而形成，埋藏浅，更新较快，水质较差，水质与水量均受降水和径流影响。一般井水（非深机井）就是典型的浅层地下水。

### (18) 径流与径流量

流域地表面的降水，如雨、雪等，沿着流域的不同路径向河流、湖泊和海洋汇集的水流叫径流。在某一时段内通过河流某一过水断面的水量称为该断面的径流量。

径流量的表示方法如下。

① 径流量$Q$是指单位时间内通过某一过水断面的水量。常用$m^3/s$表示。各个时刻的径流量是指该时刻的瞬时径流量，此外还有日平均径流量、月平均径流量、年平均径流量和多年平均径流量等。

② 径流总量$W$是指某时段$\Delta t$内通过河流某一断面的总水量。以所计算时段的时间$\Delta t$乘以该时段内的平均径流量$Q$，就得到该径流总量$W$，即$W=Q\Delta t$，单位是$m^3$。以时间$t$为横坐标，以径流量为纵坐标，描点绘出来的径流量$Q$随时间$t$的变化过程就是径流量过程线。径流量过程线与纵横座标所包围的面积即为径流总量。

③ 径流深$R$是指在计算时段内的径流总量平铺在整个流域面积上所得到的水层深度。深度的单位常用mm表示。

若时段为$\Delta t$(s)，平均流量为$Q$($m^3/s$)，流域面积为$A$($km^2$)，则径流深$R$（mm）由下式计算：

$$R=Q\Delta t/(1000A)$$

④ 径流模数$M$是指在一定时段内单位面积上所产生的平均径流量。$M$的常用单位为$m^3/(s\cdot km^2)$，计算公式为：

$$M=Q/A$$

⑤ 径流系数$\alpha$是指在一定时段内降水所产生的径流量与该时段降水量的比值，以小数或百分数计。

### (19) 荒漠地貌

荒漠地貌是荒漠地区各种地表形态的总称。荒漠气候干燥，降水极少，蒸发强烈，植被贫乏，物理风化剧烈，风力蚀作用强劲，其蒸发量超过降水量数倍至数十倍。

副热带荒漠是在副热带高压带下沉气流控制下，由空气极端干燥形成的。主要包括北半球的撒哈拉荒漠、阿拉伯荒漠、塔尔荒漠及墨西哥荒漠；南半球主要有南非的卡拉哈迪-纳米布荒漠，澳大利亚中西部荒漠及南美的阿塔卡马荒漠。

温带荒漠主要包括苏联的卡拉库姆，克孜尔库姆，蒙古大戈壁，美国西部大荒漠以及中国塔克拉玛干等西北大荒漠。它们都是由于地形闭塞，距海遥远，海洋气流不能深入，使这些地区终年极其干燥而成，因而又称地形荒漠。

### (20) 总和生育水平

总和生育水平（TFR）指假设妇女按照某一年的年龄别生育率度过育龄期，平均每个妇女在育龄期生育的孩子数。

总和生育水平将特定时点上全体妇女的生育率综合起来，以一个数字来表示。实际上，它就是假设一个妇女在整个育龄期都按照某一年的年龄别生育率生育，她所生育孩子的总数。

总和生育水平是一个合成指标。事实上，没有哪一个妇女在30年育龄期中完全按照某一年的年龄别生育率来生育。而且，年龄别生育率随着时间也会发生变化，并出现波动。因为总和生育水平能很好地说明妇女现在究竟生育多少孩子，所以它是衡量生育水平最常用的指标。

## 附录Ⅲ 著名人物介绍

### (1) 詹姆斯·拉乌洛克（James Lovelock）

詹姆斯.拉乌洛克毕业于哈佛大学。从20世纪60年代开始，他以气象学家的身份开始研究地球。他发现，从大气化学的角度来看，地球极其不稳定，但它却依然存在了几十亿年。因此，地球自身肯定拥有某种力量来维持稳定，就像一个生命有自我调节的功能一样。在拉乌洛克的邻居、小说家威廉·戈尔登的启发下，拉乌洛克把这种能够进行自我调节的有机系统叫做“盖亚”。在古希腊神话中，盖亚是大地之神，又叫做“母神”或“大神”，显赫而德高望重。她是世界的开始，所有的天神都是她的后代，宙斯是她的孙子。事实上，西方人一直到现在还常用“盖亚”来代称地球。

2009年对于90岁高龄的詹姆斯·拉乌洛克来说是够忙的，这位曾被人称为“疯狂科学家”的“盖亚理论”的提出者最近出版新作《消失的盖亚：最终警告》，他把矛头直接指向政府间气候变化专门委员会（IPCC），言论也越来越悲观。《自然》杂志声称读这本书以后“就好像听到了BBC宣布世界末日到来一样”。拉乌洛克在接受《自然》杂志采访时表示，他要在今年晚些时候成为一名“太空人”，用自己亲临太空的形式告诫我们如果再不采取行动，人类将面临突然的灾难，届时惟一的自救方式只能是离开地球家园。

### (2) 格罗·哈莱姆·布伦特兰夫人（Gro Harlem Brundtland）

格罗·哈莱姆·布伦特兰夫人1939年4月20日出生于挪威奥斯陆市，1963年毕业于奥斯陆大学医学系，1965年获美国哈佛大学公共卫生硕士学位，曾任社会部卫生署官员、奥斯陆卫生局副主任医生。

布伦特兰夫人1974～1978年任工党政府环境保护大臣，1975年当选为工党副主席，1977年当选为议员，曾任议会财政委员会委员、议会外交委员会主席、工党议会党团副主席等职。1981年2月，布伦特兰夫人出任挪威首相，成为挪威历史上第一位女首相。同年4月，布伦特兰夫人当选为工党主席。1984年被联合国秘书长任命为联合国环境与发展委员会主席。1986年和1990年她又两度出任首相。1939年9月，工党在议会大选中获胜，布伦特兰夫人连任首相。1996年10月辞去首相职务。1998年7月～2003年7月任世界卫生组织总干事。

她1961年与挪威国际关系研究所的高级研究员阿恩·布伦特兰结婚，有4个孩子。

### (3) 蕾切尔·路易斯·卡逊（Rachel Louise Carson）

她是美国的海洋生物学家，她是以她的作品《寂静的春天》引发了美国以至于全球的环境保护事业的。

蕾切尔·路易斯·卡逊出生于美国宾夕法尼亚州的斯普林达尔的农民家庭，1929年毕业于宾夕法尼亚女子学院，1932年在霍普金斯大学获动物学硕士学位。毕业后曾在霍普金斯大学和马里兰大学任教，并在马萨诸塞州的伍德豪海洋生物实验室攻读博士学位。但是，由于1932年她父亲去世，老母需人赡养，经济条件不允许她继续攻读博士，只得在渔业管理局找到一份兼职工作，为电台专有频道广播撰写科技文章。1936年通过严格的考试筛选，战胜了当时对妇女在行政部门工作的歧视，作为水生生物学家，成为渔业管理局第二位受聘的女性。她的部门主管有一次认为她的文章太具有

文学性，不能在广播中使用，建议她投到杂志，居然被采用。后来出版社建议她将这些文章整理出书，1941年出版第一部描述海洋生物的著作《海风的下面》。

1949年渔业管理局（后更名为“鱼和野生动物管理署”）晋升她为该出版物主编，此时的她开始撰写第二部书，但15次被出版社退稿，直到1951年被《纽约人》杂志以《纵观海洋》的标题连载。之后又出版了另外一部《我们周围的海洋》，连续86周荣登《纽约时代》杂志最畅销书榜，被《读者文摘》选中，获得自然图书奖，还获得两个荣誉博士学位。

由于经济情况有了保障，1952年卡逊辞职，开始专心写作，1955年完成第三部作品《海洋的边缘》，又成为一本畅销书并获奖和被改编成纪录片电影，虽然卡逊对电影耸人听闻的手法和任意曲解的改变不满，拒绝和电影方合作，这部电影仍然获得了奥斯卡奖。

她抚养的一个外甥女在36岁就去世了，留下一个5岁的儿子，她收养了这个孩子，为了给这个孩子一个良好的成长环境，同时还要照顾年过90的老母亲，她在马里兰州买了一座乡村宅院，正是这个环境促使她关心一个重要的问题，并产生了她最重要的作品《寂静的春天》。

蕾切尔·卡逊因患乳腺癌，一年后逝世，时年56岁。在她去世后，1980年美国政府追授她普通公民的最高荣誉——“总统自由奖章”。

《寂静的春天》播下了新环境保护主义的种子，并深深植根于广大民众之中。“她的声音永远不会寂静，她惊醒的不但是我们自己的国家，甚至是整个世界。”——这就是美国前副总统阿尔·戈尔为该书所作的再版前言。

### (4) 奥尔多·利奥波德（Aldo Leopold）

奥尔多·利奥波德（1887—1948），美国著名生态学家和环境保护主义的先驱，被誉为“美国新环境理论的创始者、生态伦理之父”。

1887年，利奥波德出生在美国衣阿华州伯灵顿市的一个德裔移民之家。父亲为一课桌商人，祖父是园艺设计师。

1906年，他成为耶鲁大学林业专业的研究生。毕业后，他作为联邦林业局的职员被派往亚利桑那州和新墨西哥州当了一名林业官。1912年，利奥波德升迁为新墨西哥北部的卡森国家森林的监察官。1915年他被派往西南部工作，在西南部期间，利奥波德还注意到了西南部的土壤侵蚀问题。

1924年，他受林业部门的调遣，又到设在威斯康辛州麦迪逊市的美国林业生产实验室担任负责人，他于1928年离开林业局。利奥波德把兴趣转移到了自己更为关心的野生动物研究上。有一年，他得到赞助，使他有条件在美国中部和北部的一些州从事野生动物考察工作，并写出了《野生动物管理》。如今，利奥波德已经被公认为是野生动物管理研究的始创者。

1933年，利奥波德成为威斯康辛大学农业管理系的教授，他渐渐形成了一套完整的大地生态观念和大地道德观念。1935年，他与著名的自然科学家罗伯特·马歇尔一起创建了“荒野学会”，宗旨是保护和扩大面临被侵害和被污染的荒野大地以及荒野上的自由生命。利奥波德应邀担任学会主席。同年4月，利奥波德在威斯康星河畔一个叫“沙郡”的地方买了一块被废弃的农场，其后多年，他和家人种植了上千棵树以重新恢复土地的健康。他还以“沙郡”的木屋生活经历为素材写了很多随笔，后汇编成著名的《沙乡年鉴》。

1948年4月21日，邻居农场起火。利奥波德在赶赴扑火的途中，因心脏病猝发逝世。

### (5) 远山正瑛先生

远山正瑛（1906—2004）日本鸟取大学农学系教授，农学博士。1980年来华访问，与中国科学院搞合作计划，回国后成立了日本沙漠绿化实践协会并任会长，开始向中国派遣中国沙漠开发日本协力队。1980年，他就本着“绿化沙漠是世界和平之道”的崇高精神，开始了在甘肃、宁夏、内蒙古等黄河流域搞绿化沙漠的事业。他每年在中国沙漠工作八九个月，每天工作近10个小时，一直坚持14年。为了筹集恩格贝治沙款，他在日本全国巡讲，号召日本国民每周省下一顿午餐钱，来支援中国恩格贝沙漠绿化。在他的感召下，共有包括他的子女在内的数万名日本友人先后来到内蒙古恩格贝参加沙漠绿化运动，并捐款200多万元，相继完成了3个“百万株植树工程”。经过老人的不懈努力，恩格贝地区30万亩流动沙丘已经披上绿装。由此被联合国授予“人类贡献奖”，被中国政府授予“内蒙古自治区荣誉市民”称号和“骏马奖”。

这位令人尊敬的日本老人在临终的10年前就立下遗嘱：死后一定要葬在中国大漠。2004年3月5日，97岁高龄的远山正瑛逝世的一周后，骨灰便被带到了内蒙古，葬在中国八大沙漠之一库布齐沙漠的腹地——恩格贝。

## (6) 阿尔贝特·史怀泽 (Albert Schweitzer)

阿尔贝特·史怀泽（1875—1965）是世界上最具有影响力的思想家，他创立的以“敬畏生命”为核心的生命伦理学是当今世界和平运动、环保运动的思想源泉。1992年，他的代表作《敬畏生命》中译本问世，其生平与思想打动了中国读者。他的诺贝尔和平奖演讲《我的呼吁》被收入中国高一语文课本。2004年1月，中国社会科学出版社出版了钟肇政编译的《史怀泽传》，这使我们再一次沉浸于史怀泽的博大胸怀和神奇经历之中。

1875年，史怀泽诞生于德法边界阿尔萨斯省的小城凯泽尔贝格。特殊的地理环境使他精通德、法两种语言，他先后获得哲学、神学和医学3个博士学位，还是著名的管风琴演奏家和巴赫音乐研究专家。1904年，在哲学、神学和音乐方面已经拥有巨大声望的他听到刚果缺少医生的呼吁，决定到非洲行医。历经9年的学习，他在38岁的时候获得了行医证和医学博士学位。史怀泽于1913年踏上非洲土地，在加蓬的兰巴雷内建立了丛林诊所，服务非洲直至逝世。他于1952年获得了诺贝尔和平奖，被称为“非洲之子”。

史怀泽的著作众多，横跨四大领域，均具有极高的专业性。著有《康德的宗教哲学》（1899）、《巴赫论》（1905法文版，1908德文版）、《耶稣生平研究史》（1906）、《德法两国管风琴的制造与演奏风琴的技巧》（1906）、《原始森林的边缘》（1921）、《文明的哲学》（1923）、《非洲杂记》（1938）等，其生命伦理学方面的代表作则是《敬畏生命》。爱因斯坦曾经称赞：“像史怀泽这样理想地集善和对美的渴望于一身的人，我从没有见过，他质朴而伟大”。

1915年，阿尔贝特·史怀泽置身于非洲丛林，在河流的跋涉中感悟生命世界，追念第一次世界大战蔑视生命的悲剧，他提出了“敬畏生命”（Reverence for Life）的理念，将伦理学的范围由人扩展到所有生命，成为生命伦理学的奠基人。

## (7) 霍尔姆斯·罗尔斯顿 (Holmes Rolston)

霍尔姆斯·罗尔斯顿1932年出生于美国，曾在美国获得物理学学士和哲学博士学位，在英国获得神学博士学位，现为美国科罗拉多州立大学哲学教授。他是国际环境伦理学会与该会会刊《环境伦理学》的创始人，美国国会和总统顾问委员会环境事务顾问。出版《哲学走向荒野》、《科学与宗教》、《环境伦理学》、《保护价值》、《生物学》、《伦理学与生命的起源》6部学术专著，发表学术论文70多篇。他的论著被译成近十种文字。自1975年发表《存在着一种生态伦理吗?》的学术论文以来，他的思想就引起了人们的广泛关注。他的学术影响和演讲的足迹遍及五大洲。他曾于1991年和1998年两次来华进行学术访问，对推进我国的环境伦理研究起到了积极的建设性作用。

## (8) 马寅初先生

马寅初（1882—1982），男，回族，出生在浙江省嵊县浦口镇。1901年考入天津北洋大学（今天津大学）专修矿冶。1906年赴美国留学，先后获得耶鲁大学经济学硕士学位和哥伦比亚大学经济学博士学位。1914年回国，先后在北洋政府财政部当职员、在北京大学担任经济学教授。1919年任北大第一任教务长。1921年国立东南大学（1928年更名国立中央大学，1949年更名南京大学）分设上海商科大学时，马寅初任上海商科大学（现上海财经大学）第一任教务主任，曾兼任中国银行总司券（总发行人）等职。1927年到浙江财务学校任教并任浙江省省府委员。1928年任南京政府立法委员，1929年后，出任财政委员会委员长、经济委员会委员长，兼任南京中央大学、陆军大学和上海交通大学教授。1938年初，任重庆大学商学院院长。1940年12月6日被蒋介石逮捕。释放后，1946年9月，到上海私立中华工商专科学校任教。1949年8月，出任浙江大学校长。新中国成立后，曾担任中央财经委员会副主任、华东军政委员会副主任、中央人民政府委员等职。1979年9月，担任北大名誉校长，并重新当选为第五届全国人民代表大会常务委员会委员。1981年2月27日，当选为中国人口学会名誉会长。主要著作有：《通货新论》、《战时经济论文集》、《中国国外汇兑》、《中国银行论》、《中国关税问题》、《资本主义发展史》、《中国经济改造》、《新人口论（重版）》等。他是中国大陆著名的经济学家、教育学家、人口学家，对中国社会的经济、教育、人口等方面作出了卓越贡献。1993年8月获首届中华人口奖的“特别荣誉奖”。

## 参 考 文 献

[1] 高密来．环境学教程［M］．北京：中国物价出版社，1997．
[2] 邓南圣，吴峰．环境光化学［M］．北京：化学工业出版社，2003．
[3] 贾振邦，黄润华．环境学基础教程［M］．北京：高等教育出版社，2006．
[4] 鞠美庭，池勇志，李洪远．环境学基础［M］．北京：化学工业出版社，2004．
[5] 刘培桐，薛纪渝，王华东．环境学概论［M］．北京：高等教育出版社，2001．
[6] 孙强．建设项目环境影响评价案例评析［M］．北京：中国建材工业出版社，2009．
[7] 孙强．环境经济学概论［M］．北京：中国建材工业出版社，2005．
[8] 霍尔姆斯．罗尔斯顿．环境伦理学［M］．杨通进译，许广明校．北京：中国社会科学出版社，2000．
[9] 余谋昌，王耀先．环境伦理学［M］．北京：高等教育出版社，2004．
[10] 傅桃生．环境应急与典型案例［M］．北京：中国环境科学出版社，2006．
[11] Scott J．Callan，Janet M Thomas．Environmental Economics and Management［M］．New York：The Dryden Press，2000．
[12] 邝福光．环境伦理学教程［M］．北京：中国环境科学出版社，2000．
[13] 关伯仁，郭怀成，陆根法等．环境科学基础教程［M］．北京：中国环境科学出版社，2000．
[14] 贾秀英．环境科学研究进展［M］．杭州：浙江大学出版社，2008．
[15] 杨志峰，刘静玲．环境科学概论［M］．北京：高等教育出版社，2004．
[16] 赵景联．环境科学导论［M］．北京：机械工业出版社，2005．
[17] 何强，井文勇，王翊亭．环境学导论［M］．北京：清华大学出版社，2005．
[18] 吴彩斌，雷恒毅，宁平．环境学概论［M］．北京：中国环境科学出版社，2005．
[19] William P Cunningham，Barbara Woodworth Saigo．环境科学：全球关注［M］．戴树桂主译．北京：科学出版社，2004．
[20] 安根卓郎．环境论：人类最终的选择［M］．何鉴译．南京：南京大学出版社，1999．
[21] 孙强，黄锦梅，常征等．环境伦理的焦点：中国殡葬制度改革的新思路［J］．大连大学学报，2009（4）：79-81．
[22] Fidld B，Fidld M K．环境经济学［M］．原毅军，陈艳莹译．北京：中国财政经济出版社，2006．
[23] 朱坦．环境伦理学：理论与实践［M］．北京：中国环境科学出版社，2001．
[24] 王明星．大气化学［M］．北京：气象出版社，1999．
[25] 王明星，郑循华．大气化学概论［M］．北京：气象出版社，2006．
[26] 汤懋苍．理论气候学概论［M］．北京：气象出版社，1989．
[27] 约翰·格列宾．气候变化［M］．北京：海洋出版社，1991．
[28] 田中正之．地球在变暖［M］．北京：气象出版社，1992．
[29] 罗哲贤，屠其璞．人类活动与气候变化［M］．北京：气象出版社，1993．
[30] 章基嘉．气候变化的证据、原因及其对生态系统的影响［M］．北京：气象出版社，1995．
[31] 丁一汇，石广玉．中国的气候变化与气候影响研究［M］．北京：气象出版社，1997．
[32] J．Houghton．全球变暖［M］．北京：气象出版社，1998．
[33] 胡秀莲，姜克隽．中国温室气体减排技术选择及对策评价［M］．北京：中国环境科学出版社，2001．
[34] 施介宽．大气环境及其保护［M］．上海：华东理工大学出版社，2001．
[35] 李爱贞，刘厚凤，张桂芹．气候系统变化与人类活动［M］．北京：气象出版社，2003．
[36] 黄继民．气候变化与自然灾害［M］．北京：气象出版社，2006．
[37] 国际复兴开发银行，世界银行．2010年世界发展报告：发展与气候变化［M］．华盛顿特区：世界银行出版办公室，2009．
[38] 政府间气候变化专门委员会（IPCC）．气候变化2007综合报告［M］．瑞典：TERI出版社，2008．
[39] IPCC气候变化项目组．综合报告：气候变化的全球风险、挑战与决策［M］．Copenhagen：University of Copenhagen Press，2009．
[40] 国际货币基金组织．世界经济展望［M］．北京：中国金融出版社，2008．
[41] 联合国环境规划署．技术和经济评估小组关于评估氟氯烃和氢氟碳化物替代品和更新数据的报告：执行摘要［E］．日内瓦：联合国环境规划署出版印刷，2009．
[42] 美国环境保护局甲烷市场化合作网络行政支援组．全球甲烷排放减缓之机会［E］．华盛顿特区：U．S．EPA Press，2008．

[43] BP. Statistical Review of Word Energy. BP 世界能源统计 [E]. London：BP. Statistical Review of Word Energy Press，2009.

[44] 张海鹰. 论我国沙尘暴的成因与防治对策 [J]. 黑龙江环境通报，2003 (1)：9-12.

[45] 马寅初. 新人口论 [M]. 长春：吉林人民出版社，1997.

[46] 刘湘溶，朱翔等. 生态文明——人类可持续发展的必由之路 [M]. 长沙：湖南师范大学出版社，2003.

[47] 孙强，赵丽，娇学成等. 英纳河流域资源开发与环境影响 [A]. 见：云南省科学技术交流中心. 环境保护与环境工程（全国第三届环境保护与环境工程学术研讨会论文集）[C]. 西安：陕西人民教育出版社，2002：412-415.

[48] 孙强，陈丽杰. 城市垃圾资源开发 [A]. 见：陈复，郝吉明，唐华俊等. 中国人口资源环境与可持续发展战略研究 [C]. 北京：中国环境科学出版社，2000：1590-1591.

[49] 孙强，赵丽. 加速汽车消费商品化改革 激励汽车工业可持续发展 [A]. 见：陈复，郝吉明，唐华俊等. 中国人口资源环境与可持续发展战略研究 [C]. 北京：中国环境科学出版社，2000：3772-3774.

[50] 窦芳. 治水之本在治山，治山之道在兴林 [A]. 见：陈复，郝吉明，唐华俊等. 中国人口资源环境与可持续发展战略研究 [C]. 北京：中国环境科学出版社，2000：1013-1014.

[51] 孙强. 辽宁省英纳河流域水资源保护的基本原则与策略 [J]. 水利水电科技进展，2003 (增)：83-85.

[52] 孙强，赵铖铖，韩竹. 辽宁省英纳河流域环境资源损益分析与价值评估研究 [J]. 水利经济，2006 (6)：18-22.

[53] Roger Peman，Yue Ma，et al. 自然资源与环境经济学 [M]. 侯元兆，张涛，李志勇等译. 北京：中国经济出版社，2002：434-437.

[54] 孙强，王艳，邢颖. 最优污染水平的数学解析与模式 [J]. 水利经济，2007 (4)：13-15.

[55] 孙强. 大连市高架桥交通噪声污染防治对策 [J]. 噪声与振动控制，2004 (3)：35-37.

[56] 孙强. 城市住宅区噪声污染的综合防治 [J]. 云南环境科学，2001 (1)：32-36.

[57] 孙强. 我国城市机动车尾气污染防治策略 [J]. 环境保护，1999 (2)：43-45.

[58] 鲁志强. 人口问题与发展战略决策 [M]. 北京：新华出版社，1988.

[59] 孙强. 我国发展循环经济亟待解决的问题 [J]. 云南环境科学，2006 (3)：8-10.

[60] 程祖瑞. 经济学数学化导论 [M]. 北京：中国社会科学出版社，2003.

[61] Tietenberg T. 环境经济学与政策 [M]. 朱启贵，译. 上海：上海财经大学出版社，2003.

[62] 张青松，王勇. 中国南极考察 28 年来的进展 [J]. 自然科学，2008 (5)：255-257.

[63] 杨学祥，陈殿友. 构造形变、气象灾害与地球轨道的关系 [J]. 地壳形变与地震，2000 (3)：39-48

[64] Zhang Q S. Encouraging Advabces Won by China in Its Antarctic Research [J]. Bulletin of the Chinese Academy of Sciences，2003 (2)：42-45.

[65] 任贾文. 南极中山站—Dome A 断面 1100km 内陆考察圆满成功 [J]. 冰川冻土，1999 (2)：22-27.

[66] 陆龙骅，卞林根，程彦杰. 中国南极气象考察与全球变化研究 [J]. 地学前缘，2002 (2)：255-262.

[67] 王道林，林杨挺，王桂琴. 不同类型陨石的宇宙射线暴露年龄及其宇宙化学意义 [J]. 极地研究，2004 (1)：46-64.

[68] Biswas A. k The Ozone Layer [M]. New York：Pergamon Press，1979.

[69] 王自发，高超，谢付莹. 中国酸雨模式研究回顾与所面临的挑战 [J]. 中国自然杂志，2007，29 (2)：78-82.

[70] 叶小锋，王自发，安俊岭等. 东亚地区降水离子成分时空分布及其特征分析 [J]. 气候与环境研究，2005，10 (1)：115-123.

[71] 赵艳霞，侯青，徐晓斌等. 2005 年中国酸雨时空分布特征 [J]. 气候变化研究进展，2005，10 (1)：115-123.

[72] 任仁. 北京悄然进入酸雨城市行列 [J]. 资源与环境，2006，14 (2)：67-71.

[73] 王体健，李宗凯，南方. 区域酸性沉降的数值研究 1 模式 [J]. 大气科学，1996，20 (5)：606-614.

[74] 王体健，张艳，杨皓月. 利用次网络技术模拟华东地区大气硫氮沉降 [J]. 高原气象，2006，25 (5)：870-876.

[75] 崔应杰，王自发，朱红等. 空气质量数值模式预报中资料同化的初步研究 [J]. 气候与环境研究，2006，11 (5)：616-626.

[76] 唐永銮. 大气环境化学 [M]. 广州：中山大学出版社，1992.

[77] 朱拥军，苏炳凯，周叶芳. 黄河中上游流域降水量的时空特征及其对三门峡库区水沙量的影响 [J]. 干旱区地理，2005，28 (3)：282-286.

[78] 王金花，唐玲玲，余辉等. 气候变化对黄河上游天然径流量的影响分析 [J]. 干旱区地理，2005，28 (3)：288-291.

[79] 苏丽坦，宋郁东，张展羽. 近 40a 天山北坡气候与生态环境对全球变暖的响应 [J]. 干旱区地理，2005，28 (3)：343-346.

[80] 徐瑞英. 沙尘暴对大气环境质量的影响 [J]. 辽宁城乡环境科技，2002，22 (5)：1-2.
[81] 张业健，周海东. 论城市生活垃圾综合处理 [J]. 辽宁城乡环境科技，2002，22 (5)：50-52.
[82] 延军平. 跨世纪全球环境问题及行为对策 [M]. 北京：科学出版社，1999.
[83] 朱亮，张文妍. 农村水污染成因及其治理对策研究 [J]. 水资源保护，2002 (2)：17-19.
[84] 杨永洁. 辽宁太子河水污染问题的成因与对策 [J]. 水资源保护，2002 (2)：14-16.
[85] 姜桂华，王文科，杨晓婷等. 关中盆地潜水硝酸盐污染分析及防治对策 [J]. 水资源保护，2002 (2)：6-8.
[86] 刘洪斌，雷宝坤，张云贵等. 北京市顺义区地下水硝酸氮污染的现状与评价 [J]. 植物营养与肥料学报，2001，7 (4)：385-390.
[87] 何祖安. 1991～1998 年湖北省农村饮用水水质分析 [J]. 实用预防医学，2001，8 (2)：92-93.
[88] 刘帅霞，安刚. 河南省农村饮用水水源污染的分析与保护方法的研究 [J]. 河南纺织高等专科学校学报，2001 (5)：29-31.
[89] 余建新，金有信，周丽忠. 水土流失对农村人畜饮用水水质影响的调查研究 [J]. 水土保持通报，1999，19 (3)：15-19.
[90] 林爱新，陈素琼. 莆田市郊区水污染成因分析及防治对策研究 [J]. 中山大学学报论丛，2000，20 (5)：102-103.
[91] 任丽萍，宋玉芳，许华夏等. 旱田养分淋溶规律及对地下水影响的研究 [J]. 农业环境保护，2001，20 (3)：133-136.
[92] 王惠忠. 六安地区农村生活饮用水水质调查结果与分析 [J]. 安徽预防医学杂志，1999，5 (1)：65-66.
[93] 杨文丽. 陇川县农村生活饮用水水质监测结果分析 [J]. 中国公共卫生管理，2003，19 (3)：219-220.
[94] 徐致祥，谭家驹，陈凤兰等. 农家肥料污染水源诱发鸡咽食管癌胃癌和肝癌 [J]. 中华肿瘤杂志，2003，25 (4)：344-347.
[95] 于永利. 欠发达地区农村生活饮用水水质卫生状况调查 [J]. 环境与健康杂志，1999，16 (5)：5-6.
[96] 屈倩萍. 花山校区饮用水的处理 [J]. 广州化工，2002，30 (3)：41-47.
[97] 安文静，武强，董玉枝. 化肥、农药对水污染初探 [J]. 河南化工，2000 (9)：32-33.
[98] 王林魁，顾晓明，陆娟. 新疆农村饮用水工程卫生状况调查 [J]. 干旱环境监测，2001，15 (3)：156-159.
[99] 祈培春，辛会学，李振等. 安丘市农村生活饮用水卫生现状调查 [J]. 预防医学文献信息，2000，6 (2)：135-136.
[100] 国家环境保护局开发监督司编. 环境影响评价技术原则与方法 [M]. 北京：北京大学出版社，1992.
[101] 王进. 我们只有一个地球——关于生态问题的哲学 [M]. 北京：中国青年出版社，1999 年.
[102] 赵学勤. 让天空更蓝 [M]. 北京：人民教育出版社，1999.
[103] 刘成国. 让生物更繁茂 [M] 北京：人民教育出版社，1999.
[104] 陈星桥. 生态平衡·环境保护. 佛教 [J]. 法音，1999 (5)：10-11.
[105] 魏德东. 佛教的生态观 [J]. 中国社会科学，1999 (5)：16-18.
[106] 欧东明. 印度佛教与当代生态学思想 [J]. 南亚研究季刊，2000 (2)：71-72.
[107] 杨海莲. 略谈佛教的生态关怀 [J]. 青海民族研究，2000 (11)：22-25.
[108] 李时蓓，曹晓红，邢鹤等. 重点环保城市二氧化硫扩散特性的研究 [J]. 环境科学研究，1999，12 (6)：18-23.
[109] 李时蓓，曹晓红，景峰. 确定二氧化硫总量控制目标方法的研究 [J]. 环境科学研究，1999，12 (4)：6-9.
[110] 刘杜鹃. 中国沿海地区海水入侵现状与分析 [J]. 地质灾害与环境保护，2004，15 (1)：31-36.
[111] 龙爱华，徐忠民，张志强. 虚拟水理论方法与西北 4 省 (区) 虚拟水实证研究 [J]. 地球科学进展，2004，19 (4)：577-584.
[112] 孙强，赵丽，徐铭等. 大连地区水资源可持续利用问题的思考 [J]. 辽宁城乡环境科技，2001 (2)：15-18.
[113] 孙凯. 中国是世界上最贫穷的挥霍者 [J]. 教师博览，2004 (8)：11-13.
[114] 毛春梅. 美国的水价制度 [J]. 水利经济，2009 (4)：17-20.
[115] 赵敏，常玉苗. 跨流域调水对生态环境的影响及其评价研究综述 [J]. 水利经济，2009，27 (1)：1-4.
[116] 陈君君. 水务投入与城市化关系的实证研究 [J]. 水利经济，2009，27 (1)：5-7.
[117] 严婷婷，贾绍凤. 水资源投入产出模型综述 [J]. 水利经济，2009，27 (1)：8-13.
[118] 谢永刚，顾俊玲. 我国小型灌区水权制度创新及经济绩效分析 [J]. 水利经济，2009，27 (1)：24-27.
[119] 曹国圣. 城市水循环经济生态产业链的构建与运行 [J]. 水利经济，2009，27 (1)：32-35.
[120] 刘朝辉，刘高峰，仇蕾. 城市洪水灾害损失评估及应用 [J]. 水利经济，2009，27 (1)：36-38.
[121] 李慧，雷玉桃. 公众参与水循环经济对水价形成机制的影响——以广州市居民生活用水价格为例 [J]. 水利经

济，2009，27（1）：39-41.
[122] 李伯华，樊春梅．外部性与汉江平原农村饮水安全治理［J］．水利经济，2009，27（1）：42-45.
[123] 金春华，张世伟，李霞．循环经济模式对海水淡化利用经济性的影响［J］．水利经济，2009，27（1）：46-48.
[124] 刘东勃．水权交易中的水量分配问题［J］．水利经济，2009，27（1）：49-51.
[125] 宋广泽，刘永强，汪亚军．公益性水利工程投资控制研究［J］．水利经济，2009，27（1）：52-55.
[126] 许佳君，刘艳．水库移民经济研究综述［J］．水利经济，2009，27（1）：71-74.
[127] 张颖．中国水荒报告：经济发展隐现缺水死穴［N］．中国经营报，2004．5．9（3）.
[128] 朱和海．中东，为水而战［M］．长春：吉林人民出版社，1996.
[129] 郑红星，刘昌明．黄河源区径流年内分配变化规律分析［J］．地理科学进展，2003，22（6）：585-590.
[130] 王维佳．四川地区近60a大气可降水量分析［J］．干旱气象，2009，27（4）：346-349.
[131] 王春泽，乔光建．河北省降水特性与农业需水耦合关系分析［J］．南水北调与水利科技，2008，6（6）：19-21.
[132] 周建军，林秉南．从历史看潼关高程变化［J］．水利发电学报，2003（3）：56-60.
[133] 吴保生，夏军强，王兆印．三门峡水库淤积及潼关高程的滞后响应［J］．泥沙研究，2006（1）：9-16.
[134] 吴慧仙，姚建良，刘艳．三峡水库初次蓄水后干流库区枝角类的空间分布与季节变化［J］．生物多样性，2009，17（5）：512-517.
[135] 汤杰，卞建民，林年丰．GIS-Pmodflow联合系统在松嫩平原西部潜水环境预警中的应用［J］．水科学进展，2006，17（4）：483-489.
[136] 赵云革，曹小虎，许昆．从可持续发展高度论运城地区地下水资源开发利用的对策意见［J］．山西水利科技，2001，138（5）：10-11.
[137] 刘昌明．发挥南水北调的生态效益 修复华北平原的地下水［J］．南水北调与水利科技，2003，7（1）：1-4.
[138] 刘昌明，左建兵．南水北调中线主要城市节水潜力分析与对策［J］．南水北调与水利科技，2009，40（1）：1-7.
[139] 范宏喜．华北平原地面沉降损失逾三千亿元［N］．地质勘查导报，2008-08-21（1）.
[140] 季永兴，何刚强．城市河道整治与生态城市建设［J］．水土保持研究，2004，11（3）：245-247.
[141] 陈庆华，汤亦平．嘉兴市区水环境现状与河道整治初探［J］．浙江水利水电专科学校学报，2007，19（3）：39-43.
[142] 夏军，陈曦，左其亭．塔里木河河道整治与生态建设科学考察及再思考［J］．自然资源学报，2008，23（5）：746-753.
[143] 李卫红，袁磊．新疆博斯腾湖水盐变化及其影响因素探讨［J］．湖泊科学，2002，14（3）：223-227.
[144] 李明琴，刘远明，廖丽萍．贵州地氟病与碘缺乏症区环境中氟与碘的研究［J］．环境科学研究，2001．14（6）：44-46.
[145] 贾玉连，王苏民，吴艳宏等．24Ka．B．P．以来青藏高原中部湖泊演化及古降水量研究——以兹格唐错与错鄂为例［J］．海洋与湖泊，2003，24（3）：283-294.
[146] 王明翠，刘雪芹，张建辉．湖泊富营养化评价方法及分级标准［J］．中国环境监测，2002，18（5）：47-49.
[147] 荆红卫，华蕾，孙成华等．北京城市湖泊富营养化评价与分析［J］．湖泊科学，2008，20（3）：357-363.
[148] 金相灿等．中国湖泊环境［M］．北京：海洋出版社，1995.
[149] 胡焕庸．人口地理选集［M］．北京：中国财政经济出版社，1990.
[150] 全为民，严力蛟，虞左明等．湖泊富营养化模型研究进展［J］．生物多样性，2001，9（2）：168-175.
[151] 袁文权，张锡挥，张丽萍．不同供氧方式对水库底泥氮磷释放的影响［J］．湖泊科学，2004，16（1）：29-33.
[152] 王绍强，于贵瑞．生态系统碳氮磷元素的生态化学计量学特征［J］．生态学报，2008，28（8）：3937-3947.
[153] 岳维忠，黄小平，孙翠慈．珠江口表层沉积物中氮磷的形态分布特征及污染评价［J］．海洋与湖泊，2007，38（2）：111-116.
[154] 联合国粮食及农业组织．2009年世界森林状况［E］．意大利，罗马：联合国粮食及农业组织出版，2009.
[155] 尊秀高原．北大荒最后的狼群［N］．中国绿色时报，2008．2．14（6）.
[156] 世界卫生组织．2008年世界卫生报告（初级卫生保健）——过去重要现在更重要［W］．瑞士，蒙特勒：世界卫生组织出版，2008.
[157] 联合国开发计划署，联合国环境计划署，世界银行，世界资源研究所．2002-2004世界资源——为了地球的决策：平衡，呼声，权利［M］．胡新萍，何俊编译．昆明：云南民族出版社，2002.
[158] The world bank，The world resources institute. The World resources2005——The Wealth of the poor［U］. Washington：UNDP and UNEP Published and press by world resources institute，2005.
[159] 姜群鸥，邓祥征，战金艳等．黄淮海平原气候变化及其对耕地生产潜力的影响［J］．地理与地理信息科学，

2007，23（5）：82-85.

[160] 崔凯. 全球生物柴油发展对油料及农产品价格的影响［J］. 饲料广角，2008，29（5）：3-5.

[161] 葛全胜，戴君虎，何凡能等. 过去300年中国土地利用、土地覆被变化与碳循环研究［J］. 地球科学，2008，38（2）：197-210.

[162] 刘彦随，陈百明. 中国可持续发展问题与利用/覆盖变化研究［J］. 地理研究，2002，21（3）：324-330.

[163] 熊惠波，侯会乔，江源. 扎鲁特旗土地利用变化及其驱动力分析［J］. 农村生态环境，2002，18（3）：5-10.

[164] 李如忠，钱家忠，孙世群等. 不确定性信息下流域土壤侵蚀量计算［J］. 水利学报，2005（1）：1-7.

[165] 宋颖. 土壤侵蚀模型研究进展及发展方向［J］. 山西水利科技，2006，161（3）：39-41.

[166] 蔡强国，刘纪根. 关于我国土壤侵蚀模型研究进展［J］. 地理科学进展，2003，22（3）242-245.

[167] 张结瑕，陈右启，万利等. 我国土地生产力研究进展与展望［J］. 中国农业大学学报，2009，14（3）：135-144.

[168] 范一大，史培军，周俊华等. 近50年来中国沙尘暴变化趋势分析［J］. 自然灾害学报，2005，14（3）：22-28.

[169] 李维新. 中国城市垃圾资源回收利用途径及对策［J］. 资源科学，22（3）：17-19.

[170] 王欢，王伟. 城市生活垃圾产生量及组分的预测方法研究［J］. 环境卫生工程，2006，14（4）：6-8.

[171] 聂永丰，李欢，金宜英等. 类比法在城市生活垃圾产生量预测中的应用［J］. 环境卫生工程，2005，13（1）：31-34.

[172] 刘景辉，王志敏，李立军等. 超高产是中国未来粮食安全的基本技术途径［J］. 农业现代化研究，2003，18（5）：161-165.

[173] 赵俊华，李秀峰，王川. 几年来我国粮食产量变化的主要影响因素分析［J］. 中国食物与营养，2006，21（9）：18-21.

[174] 李林，周玲，张扬等. 西安市饮用水中六六六滴滴涕污染的调查研究［J］. 环境与健康杂志，1998，15（5）：208-209.

[175] 朱晓青. 有机氯农药对贵州农业生态环境污染状况及残留分析［J］. 农业环境保护，1988，7（4）：38-40.

[176] 李延红，王香，朱颖俐等. 长春市哺乳妇女有机氯农药蓄积水平的研究［J］. 环境与健康杂志，2000，17（1）：18-20.

[177] 李忠芳，徐明岗，张文菊等. 长期施肥下中国主要粮食作物产量的变化［J］. 中国农业科学，2009，42（7）：2407-2414.

[178] 赵子军. 影响我国粮食安全的主要因素分析［J］. 经济纵横，2008（12）：6-10.

[179] 李径宇，孙展，李楠等. 矿竭城衰 中国要拯救50座贫血城市［J］. 中国新闻周刊，2003，137（23）：6-9.

[180] Ramade F. Ecology of Natural Resources［M］. New York：John Wiley and Sons，Chichester，1984.

[181] 国土资源部信息中心编著. 世界矿产资源年评（2003～2004）［M］. 北京：地质出版社，2005.

[182] 李永浮，鲁奇，周成虎. 2010年北京市流动人口预测［J］. 地理研究，2006，25（1）：131-138.

[183] Costanza R，d'Arge R，de Groat R，et al. The value of the world's ecosystem services and natural capital［J］. Nature，1997，387：253-260.